普通高等教育"十三五"规划教材

基础化学实验

Basic Chemical Experiments

韩晓霞　赵　堂　主编
倪　刚　副主编

化学工业出版社

·北京·

《基础化学实验》为化学国家级实验教学示范中心（宁夏大学）的建设成果之一。

本书包括两部分内容，一是化学实验基础知识和基本操作，介绍基础化学实验的基本知识与规范操作。二是实验，教材中的实验是根据当前教学实际情况编写的。本书选编了物质的制备与合成、分离提纯、物理量的测定、定量分析实验。将无机化学实验、有机化学实验、分析化学实验内容进行了整体优化，避免了学科之间的重复和脱节。基础实验、综合实验、设计实验循序渐进地安排，利于对学生分阶段有层次地进行科学研究训练。

本书可作为高等院校农、林、牧、食品、生物科学、生物技术、资源环境等专业基础化学实验教材，也可供医学、药学等非化学专业的学生选用或参考。

图书在版编目（CIP）数据

基础化学实验/韩晓霞，赵堂主编. —北京：化学工业出版社，2018.9（2023.8重印）
ISBN 978-7-122-32717-8

Ⅰ.①基… Ⅱ.①韩…②赵… Ⅲ.①化学实验-教材 Ⅳ.①O6-3

中国版本图书馆 CIP 数据核字（2018）第 166955 号

责任编辑：蔡洪伟　于　卉　　　　　　　　文字编辑：陈　雨
责任校对：宋　夏　　　　　　　　　　　　装帧设计：刘丽华

出版发行：化学工业出版社（北京市东城区青年湖南街13号　邮政编码100011）
印　　装：北京天宇星印刷厂
787mm×1092mm　1/16　印张11½　字数282千字　2023年8月北京第1版第3次印刷

购书咨询：010-64518888（传真：010-64519686）　售后服务：010-64518899
网　　址：http://www.cip.com.cn
凡购买本书，如有缺损质量问题，本社销售中心负责调换。

定　价：35.00元　　　　　　　　　　　　　　　　　　　　版权所有　违者必究

前言
FOREWORD

  为适应 21 世纪着重培养学生创新精神和进行整体化知识教育的现代教育思想，我们将无机化学实验、分析化学实验、有机化学实验进行统筹考虑，整体设计，重新构建实验课程的内容，融合成《基础化学实验》。本书可作为非化学专业基础化学实验教材使用。

  本教材根据当前化学教育形式和发展的需要进行编写。本书主要特色为：(1) 用电子（分析）天平取代托盘天平和电光分析天平，用 722 分光光度计取代 721 分光光度计，用 PB-10 型酸度计取代 pHS-3C 型酸度计；(2) 用一些更严谨、新颖、污染小的实验取代了某些旧实验；(3) 一些实验增加了实验容量，同一内容安排了不同的实验，其目的是为采用本教材的其他兄弟院校提供更多的选择余地；(4) 在有机合成实验中，增加了合成产物的红外、核磁共振谱测定，以确定结构和纯度。

  本书的编写与出版是在宁夏回族自治区"化学工程与技术"国内一流学科建设项目（CET-TX-2017A01）与"化学"一流专业建设项目的支持下完成的。

  参加本书编写工作的有韩晓霞、赵堂、倪刚、杨文远、田华、王玲、李莉、田晓燕、门秀琴、王富强、毕淑娴、吴玉花。

  由于编者水平所限，书中难免有不妥之处，恳请读者批评指正。

编者
2018 年 5 月

目录 CONTENTS

0 绪论	1
0.1 基础化学实验课程的目的	1
0.2 基础化学实验课程的学习方法	1

第1部分 化学实验基础知识和基本操作

第1章 化学实验规则及安全知识	4
1.1 化学实验规则	4
1.2 实验室安全知识和意外事故处理	4
1.3 实验室三废处理	7
第2章 化学实验基础知识	8
2.1 基础化学实验常用仪器及装置介绍	8
2.2 实验室用水的规格、制备及检验	14
2.3 化学试剂的规格及存放	15
第3章 化学实验基本操作技能	17
3.1 玻璃器皿的洗涤和干燥	17
3.2 试剂的取用	18
3.3 加热与冷却	19
3.4 气体的获取	22
3.5 滴定分析仪器与基本操作	26
3.6 固体的溶解和液固分离	30
3.7 重量分析的基本操作	34
3.8 重结晶	39
3.9 干燥与干燥剂	41
3.10 色谱法	42
3.11 萃取	47
3.12 普通蒸馏	49
3.13 水蒸气蒸馏	52

3.14 减压蒸馏 ... 53
3.15 升华 ... 56
3.16 熔点的测定 ... 57
3.17 沸点的测定 ... 59
3.18 折射率的测定 ... 60
3.19 有机化合物结构表征 ... 62

第4章 天平及常用光、电仪器的使用 ... **70**
4.1 电子天平 ... 70
4.2 酸度计 ... 73
4.3 分光光度计 ... 75
4.4 电导率仪 ... 77

第5章 分析数据的记录和处理 ... **79**
5.1 准确度和精密度 ... 79
5.2 误差的来源和分类 ... 80
5.3 提高测定结果准确度的方法 ... 81
5.4 有效数字及运算规则 ... 81
5.5 分析结果的报告 ... 82

第2部分 实 验

第6章 基础实验 ... **85**
实验一 电子天平称量练习 ... 85
实验二 粗食盐的提纯 ... 86
实验三 化学反应速率的测定 ... 88
实验四 滴定分析基本操作练习 ... 90
实验五 盐酸和氢氧化钠溶液的标定 ... 93
实验六 乙酸离解度及离解平衡常数的测定 ... 94
实验七 食醋总酸量的测定 ... 96
实验八 氨水中氨含量的测定 ... 97
实验九 尿素含氮量的测定（甲醛法） ... 99
实验十 EDTA 的配制与标定 ... 101
实验十一 自来水硬度的测定 ... 103
实验十二 过氧化氢含量的测定（$KMnO_4$ 法） ... 105
实验十三 碘溶液和硫代硫酸钠溶液的配制与标定 ... 107
实验十四 果蔬中维生素 C 含量的测定 ... 109
实验十五 天然水中溶解氧的测定（碘量法） ... 111
实验十六 $I_3^- \rightleftharpoons I^- + I_2$ 平衡常数的测定 ... 113
实验十七 氯化物中氯含量的测定（莫尔法） ... 116

实验十八　化学平衡及移动 …………………………………………………… 118
实验十九　邻二氮菲分光光度法测定铁 …………………………………… 120
实验二十　熔点的测定 ……………………………………………………… 122
实验二十一　沸点的测定 …………………………………………………… 124
实验二十二　薄层色谱和纸色谱 …………………………………………… 125
实验二十三　柱色谱 ………………………………………………………… 126
实验二十四　萃取和蒸馏 …………………………………………………… 127
实验二十五　重结晶及熔点的测定 ………………………………………… 129
实验二十六　油脂的提取 …………………………………………………… 131
实验二十七　从茶叶中提取咖啡因 ………………………………………… 132
实验二十八　橙皮中橙皮油的提取 ………………………………………… 133
实验二十九　正溴丁烷的制备 ……………………………………………… 134
实验三十　苯甲酸的制备 …………………………………………………… 136
实验三十一　乙酸异戊酯的制备 …………………………………………… 138
实验三十二　Cannizzaro 反应 ……………………………………………… 139

第 7 章　综合和设计实验 ……………………………………………………… **142**

实验三十三　硫酸亚铁铵的制备及亚铁离子含量测定 …………………… 142
实验三十四　分光光度法测定硫酸亚铁铵中铁离子的含量 ……………… 144
实验三十五　纯碱的制备及含量分析 ……………………………………… 145
实验三十六　硫代硫酸钠的制备、检验及含量测定 ……………………… 147
实验三十七　三草酸合铁（Ⅲ）酸钾的制备和组成测定 ………………… 149
实验三十八　去离子水的制备与检验 ……………………………………… 151
实验三十九　枸杞叶茶中总黄酮含量的测定 ……………………………… 155
实验四十　碘酸铜溶度积的测定 …………………………………………… 156
实验四十一　乙酰水杨酸的制备及含量测定 ……………………………… 157
实验四十二　燃料油酸值的测定 …………………………………………… 161
实验四十三　明矾晶体的制备及 Al 含量测定 …………………………… 162
实验四十四　蛋壳中碳酸钙含量的测定 …………………………………… 164
实验四十五　补钙制剂中钙含量的测定 …………………………………… 165
实验四十六　石灰石中碳酸钙含量的测定 ………………………………… 165
实验四十七　牛乳酸度和钙含量的测定 …………………………………… 165
实验四十八　碘盐的制备及检验 …………………………………………… 166
实验四十九　禾本植物叶子中叶绿素含量的测定 ………………………… 166
实验五十　天然水体水质检测 ……………………………………………… 166
实验五十一　含碘废液中碘的回收 ………………………………………… 167
实验五十二　虚拟仿真实验 ………………………………………………… 167

附录 ……………………………………………………………………………… **169**

附录一　国际原子量表 ……………………………………………………… 169

附录二　常用酸碱的密度、含量和浓度……………………………………………………170
　　附录三　一些弱电解质的离解常数……………………………………………………170
　　附录四　危险药品的性质和管理………………………………………………………171
　　附录五　常用有机溶剂的沸点、相对密度……………………………………………173
　　附录六　几种常用液体的折射率………………………………………………………173
　　附录七　不同温度下水的折射率………………………………………………………173
　　附录八　实验报告格式实例……………………………………………………………173

参考文献…………………………………………………………………………………**176**

0 绪 论

0.1 基础化学实验课程的目的

化学是一门实验科学，化学实验教学不仅传授化学知识和训练实验技能，还培养学生的思维、科学精神和品德。基础化学实验是融知识、能力、素质教学于一体，培养创新意识的有效手段。

通过基础化学实验的学习，学生达到以下要求：

（1）掌握基本操作，正确使用基本的化学仪器，认真观察实验现象、准确记录并科学处理实验数据，正确表达实验结果，具有安全和环保意识；

（2）能应用现代化信息技术手段处理化学问题；

（3）能够合理设计实验（选择实验方法、实验条件、仪器和试剂等），解决实际问题；

（4）具有查阅资料、获取信息的能力；

（5）形成实事求是的科学态度、勤俭节约的优良作风、整洁卫生的良好习惯、相互协作的团队精神和勇于探索的创新意识。

0.2 基础化学实验课程的学习方法

0.2.1 预习

认真预习是做好实验的前提。结合理论教学和实验教材或模拟仿真实验进行预习，必要时查阅相关资料，明确实验目的和原理，弄清仪器结构、使用方法和注意事项，了解试剂的等级、毒性、物理化学性质（熔点、沸点、折射率、密度等）。实验步骤、实验装置要做到心中有数。

用反应式、流程图、表格等简洁、明了的方式写出预习报告，每一项实验内容后留足空位，以便填写实验记录。

0.2.2 听讲、观看、互动

用心倾听教师实验前对实验原理、内容、方法、安全、注意事项等的讲解和提问，仔细观看教师做的操作示范或播放的视频，积极参加问题讨论。

0.2.3 动手实验

实验过程中要正确、规范地进行操作和使用仪器，亲手完成每项实验操作。当实验时间较长时，要始终如一地认真完成全部实验工作，逐步提高实验技能。

0.2.4 过程记录

实验记录是培养学生科学素养的途径，养成专心致志地观察实验现象的良好习惯。及时、如实地将观察到的现象、测量到的数据记录在预习报告上，记录与操作步骤一一对应，手脑并用。遇到反常现象，与指导教师进行沟通、交流，并如实记录下来，写清楚实验条件，以利于分析原因。原始记录如果写错，可以用笔划去，但不能随意涂改。

记录的内容包括物料用量、试剂浓度、实验过程中观察到的现象，如温度的变化、体系颜色的变化、结晶或沉淀的产生或消失、是否有气体放出；滴定时滴定管初始、终了体积；产品的熔点或沸点等物化数据。记录内容简明扼要，条理清楚。实验结束，交给教师审阅并签字。

0.2.5 实验报告

实验报告是将感性认识上升为理性认识的过程，也是撰写科技论文的初步训练。根据实验记录，对实验现象和测定的数据进行归纳总结，分析讨论实验结果和存在的问题，给出相应的结论或建议。及时、独立、认真地完成实验报告。

基础实验大致可分为三种类型：基本操作实验、物理量测定与分析实验、制备与合成实验。实验报告需给出所有原始数据，计算结果应该有具体数据处理过程。制备与合成实验要写出相关化学原理、步骤、实验装置图、原料量、产量、产率及性质等。

实验报告内容一般包括：实验目的、实验原理、仪器与试剂、实验步骤、实验装置图、实验现象或数据记录、现象解释或数据处理、问题讨论、提出的改进意见、思考题解答等。不同类型的实验，报告格式有所不同。附录8给出了几种基础化学实验典型实验报告示例，供参考。

第1部分
化学实验基础知识和基本操作

第 1 章

化学实验规则及安全知识

1.1 化学实验规则

（1）实验前认真预习，写出预习报告。

（2）遵守纪律，不迟到早退。进入实验室要穿着工作服，穿覆盖脚面的鞋，禁止穿着短裤、裙子、拖鞋。

（3）实验前，清点仪器。实验过程中损坏仪器及时报告指导教师，填写破损单，由实验员依具体情况处理。

（4）实验时遵守操作规程，仔细观察，严格按照实验中所规定的实验步骤、试剂规格及用量来进行。若要改变，需经教师同意方可进行。将观察到的现象和数据如实记录在预习报告上。禁止在实验时说笑、打闹、听音乐、接打手机以及进行与实验无关的活动。保持实验室内安静。

（5）公用仪器和试剂用后复位，注意保持实验台面整洁。火柴、纸屑投入废物缸，有毒或腐蚀性废液、废渣收集于指定容器，以免堵塞或腐蚀水池造成污染。

（6）节约使用试剂、水、电。爱护仪器设备，使用精密仪器要填写使用记录，发现仪器故障，立即停止使用，告知指导教师。

（7）实验结束，整理台面、仪器、试剂架；清理废物、废液。所有实验废物应按固体、液体、有害、无害等分类方式收集于不同的容器中。少量的酸或碱在倒入下水道之前进行中和，用水稀释；有机溶剂必须倒入贴有标签的回收容器中，并存放在通风橱内；对能与水发生剧烈反应的化学品，处理之前要用适当方法在通风橱内分解；对可能致癌的物质，处理时有防护措施，戴口罩、手套等，避免与手直接接触。

（8）值日生负责整个实验室的清洁工作，关闭水、电、阀门及门窗。实验室一切物品不得带离实验室。

1.2 实验室安全知识和意外事故处理

进行化学实验会接触一些有毒、易燃、易爆、有腐蚀性的试剂以及玻璃器皿、电气设备、加压和真空器具等。如不按照使用规则进行操作就可能发生中毒、火灾、爆炸、触电或仪器设备损坏等事故。因此实验者必须严格执行必要的安全规则。

1.2.1 实验室安全知识

（1）必须先学习安全守则及培养安全防护知识，才准许进入实验室工作。

（2）在实验室内进行每一项新工作以前，都得针对性地了解并制定预防事故发生的措施。

（3）指导教师有责任定期检查学生关于实验室安全知识的掌握情况。

（4）熟悉实验室环境，了解急救箱和消防用品放置的位置，熟悉使用方法。

（5）有毒和有刺激性气味的实验，在通风橱进行，或采用气体吸收装置。

（6）绝不允许任意混合各种化学药品。

（7）浓酸、浓碱等具有强腐蚀性的药品，切勿溅在皮肤或衣服上，特别注意保护眼睛。

（8）实验过程中，不能用敞口容器加热和放置易燃、易挥发的化学药品。应根据实验要求和物质的特性，选择正确的加热方法。如易燃有机溶剂（乙醇、乙醚、丙酮、苯等），使用时远离明火，用后塞紧瓶塞，置于阴凉处。

（9）勿直接俯视容器中的化学反应或正在加热的液体。

（10）进行危险实验时，使用防护眼罩、面罩、手套等防护用具。

（11）仪器安装要正确，常压蒸馏及回流时，整个系统不能密闭；减压蒸馏时，应事先检查玻璃仪器是否能承受系统的压力；反应过于猛烈时，应适当控制加料速度和反应温度，必要时采取冷却措施。无论是常压蒸馏还是减压蒸馏，均不能将液体蒸干，以免局部过热或产生过氧化物而发生爆炸。有些有机物与氧化剂会发生猛烈的爆炸或燃烧，操作或存放应格外小心。

（12）严禁在实验室内饮食、吸烟或把食具带入实验室。实验室任何药品严禁入口或接触伤口。

（13）实验完毕，洗手后离开。

1.2.2 实验室意外事故处理

（1）割伤　先取出伤口内异物，用水冲洗后，贴上创可贴。

（2）烫伤　轻度烫伤可用冷水冲洗或将烫伤部位在冷水中浸 10~15min，用苦味酸饱和溶液洗涤后涂抹凡士林或烫伤药膏。大面积及深度烫伤，切勿用水冲洗。重度烫伤，要立即送医院治疗。

（3）酸灼伤　先用大量水冲洗，再用饱和 $NaHCO_3$（眼睛灼伤用 1% $NaHCO_3$ 溶液；皮肤灼伤用 5% $NaHCO_3$）或稀氨水冲洗，之后再用水冲洗。如被浓硫酸溅到，先用药棉尽量擦净后再按上法处理。

（4）碱灼伤　先用大量水冲洗，再用质量分数为 1%~2% 的乙酸或硼酸溶液洗，之后用水冲洗。

（5）吸入刺激性或有毒气体　吸入 Cl_2、HCl、Br_2 蒸气时，可吸入少量乙醇和乙醚混合蒸气解毒，吸入 H_2S、NO_2、CO 等感到不适时，立即到室外呼吸新鲜空气。

1.2.3 灭火常识

（1）防止火势蔓延　关闭煤气阀门，切断电源，移走一切可燃物质。

(2) 灭火　一是降温，二是隔绝空气。

① 小火可用湿布、石棉布或沙土覆盖于着火物体。

② 火势较大用灭火器灭火。泡沫灭火器可用于一般的起火，但不适用于电器和有机溶剂起火。二氧化碳灭火器用于油类、电器等起火，但不适用于金属起火。

③ 衣服着火时，可立即脱下或泼水就地打滚等方法灭火，切勿慌乱。

1.2.4　灭火器简介

1.2.4.1　灭火器原理

如果实验室内发生火灾，应根据具体情况，立即采取措施尽快扑灭。一般燃烧需要足够的氧气来维持，因此可以采用下列方法扑灭火焰。

(1) 移去或隔绝燃料的来源。

(2) 隔绝空气来源。

(3) 冷却燃烧物质，使其温度降低到着火点以下。某些类型的灭火器就是利用(2)、(3) 两种作用制造的。

1.2.4.2　几种常见灭火器的构造和使用方法

常见的灭火器有泡沫灭火器、二氧化碳灭火器和干粉灭火器等。

(1) 泡沫灭火器　泡沫灭火器的结构如图 1-1 所示。

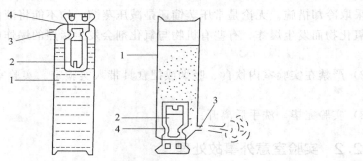

图 1-1　泡沫灭火器构造简图
1—钢制圆筒；2—玻璃瓶；3—喷口；4—金属支架

钢筒内几乎装满浓的碳酸氢钠（或碳酸钠）溶液，并掺入少量能促进起泡沫的物质。钢筒的上部装有一个玻璃瓶，内装硫酸（或硫酸铝溶液）。使用时，把钢筒倒翻过来使筒底朝上，并将喷口朝向燃烧物，此时硫酸（或硫酸铝）与碳酸氢钠接触，随即作用产生二氧化碳气体。被二氧化碳所饱和的液体受到高压，掺着泡沫形成一股强烈的激流喷出，覆盖住火焰，使火焰隔绝空气；另外，由于水的蒸发使燃烧物的温度降低，因此火焰就被扑灭。泡沫灭火器用来扑灭液体的燃烧最有效，因为稳定的泡沫能将液体覆盖住使之与空气隔绝，但因为灭火时喷出的液体和泡沫是一种电的良导体，故不能用于电器失火或漏电所引起的火灾。遇到电器失火或漏电引起的火灾应先把电源切断，然后再使用其他灭火器灭火。

(2) 二氧化碳灭火器　将二氧化碳装在钢瓶内，使用时将喷口朝向燃烧物，旋开阀门，二氧化碳即喷出覆盖于燃烧物上，由于钢瓶喷出的二氧化碳温度很低，燃烧物温度剧烈下降，同时借二氧化碳气层把空气与燃烧物隔开，以达到灭火目的。

这一类的灭火器比泡沫式灭火器优越，因为二氧化碳蒸发后没有余留物，不会使精密仪器受到污损，而且对有电流通过的仪器也可使用。

（3）干粉灭火器　手提储压式干粉灭火器是一种新型高效的灭火器，它用磷酸铵盐（干粉）作为灭火剂，以氮气作为干粉驱动气。灭火时，手提灭火器，拔出保险销，手握胶管，在离火面有效距离内，将喷嘴对准火焰根部，按下压把，推动喷射。此时应不断摆动喷嘴，使氮气流及载出的干粉横扫整个火焰区，可迅速把火扑灭。灭火过程中，机头应朝上，倾斜度不能过大，切勿放平或倒置使用。这种灭火器具有灭火速度快、效率高、质量轻、使用灵活方便等特点，适用于扑救固体有机物质、油漆、易燃液体、气体和电器设备的初起火灾。

1.2.4.3　灭火器的维护和使用注意事项

（1）应经常检查灭火器的内装药品是否变质和零件是否损坏，药品不够，应及时添加，压力不足，应及时加压，尤其要经常检查喷口是否被堵塞，如果喷口被堵塞，使用时灭火器将发生严重爆炸事故。

（2）灭火器应放在固定的位置，不得随意移动。

（3）使用灭火器时不要慌张，应以正确的方法开启阀门，才能使内容物喷出。

（4）灭火器一般只适用于熄灭刚刚产生的火苗或火势较小的火灾，对于已蔓成大火的情况，灭火器的效力就不够。不要正对火焰中心喷射，以防着火物溅出使火焰蔓延，而应从火焰边缘开始喷射。

（5）灭火器一次使用后，可再次装药加压，以备后用。

1.3　实验室三废处理

（1）所有实验废物应按固体、液体，有害、无害等分类方式收集于不同的容器中，对一些难处理的有害废物可送环保部门专门处理。

（2）废气　废气根据其特性，使用气体吸收装置和相应的吸收液或吸附材料来吸收处理。例如：卤化氢、二氧化硫等酸性气体，可用碳酸钠、氢氧化钠等碱性水溶液吸收。一些有毒气体可用活性炭、分子筛、硅藻土等吸收塔吸收。

（3）废液　对于废酸液，可先用耐酸塑料网纱或玻璃纤维过滤，然后加碱中和，调pH值至6~8后可排出。对于含汞、铅、镉、砷、氰化物等有毒物质的溶液，根据化合物的性质，采用化学反应使其转化为固体、沉淀或无毒化合物，送交专业人员和部门处理。有机溶剂废液应根据其性质尽可能回收利用。

（4）废渣　对无害的固体废物，如滤纸、碎玻璃、软木塞、氧化铝、硅胶、干燥剂等直接倒入普通废物箱中，不应与其他有害物质相混；有害的固体渣物应放在贴有标签的广口瓶中，定期收集送交有关专业部门处理。

第 2 章

化学实验基础知识

2.1 基础化学实验常用仪器及装置介绍

2.1.1 基础化学实验常用仪器用途及使用方法

基础化学实验常用仪器名称、用途、使用方法及注意事项见表 2-1。

表 2-1 基础化学实验常用仪器名称、用途、使用方法及注意事项

仪器图形与名称	主要用途	使用方法及注意事项
试管/离心试管	1. 作少量试剂的反应器。 2. 收集少量气体用。 3. 离心试管还可用于沉淀分离	1. 可直接加热。 2. 加热固体时,管口略向下倾斜,固体平铺在管底。 3. 加热液体时,液体量不超过容积的 1/3,管口向上倾斜,与桌面成 45°,切忌管口朝向人。装溶液时不超过试管容积的 1/2。 4. 离心试管不可以直接加热
烧杯	1. 作大量物质反应容器。 2. 配制溶液用。 3. 代替水槽用。	1. 反应液体不得超过烧杯容量的 2/3。 2. 加热前要将烧杯外壁擦干,烧杯底要垫石棉网,防止玻璃受热不均匀而破裂
量筒	用于量取一定体积的液体	1. 根据量取的用量,选合适规格减小误差。 2. 读数时,视线和液面水平,读取与弯月面底相切的刻度,保证读数准确。 3. 不可加热,不可作实验容器(如溶解、稀释等)。 4. 不可量热溶液或液体,以免容积不准确
锥形瓶	滴定中的反应器,也可收集液体,组装洗气瓶	加热应下垫石棉网或置于水浴中,防止受热不均而破裂

续表

仪器图形与名称	主要用途	使用方法及注意事项
滴瓶	盛放少量液体试剂的容器,由磨砂滴管和内磨砂瓶颈的细口瓶组成,滴管置于滴瓶内,分棕色、无色两种	1. 棕色瓶放见光易分解或不太稳定的物质,防止物质分解或变质。 2. 滴管不能吸得太满,也不能倒置,防止试剂侵蚀橡胶胶头
试剂瓶 广口瓶　细口瓶	放置试剂用,磨口并配有玻璃塞,有无色和棕色两种。广口瓶用于盛放固体药品(粉末或碎块状);细口瓶用于盛放液体药品	1. 见光分解需避光保存的使用棕色瓶。 2. 盛放强碱时,不能用玻璃塞,需用胶塞和软木塞
漏斗 长颈漏斗	1. 过滤或向小口径容器注入液体。 2. 长颈漏斗常装配气体发生器,加液用	1. 不可直接加热,防止破裂。 2. 过滤时漏斗颈尖端必须紧靠承接滤液的容器壁,防止滤液溅出。 3. 用长颈漏斗加液时,漏斗颈应插入液面内,防止气体自漏斗漏出
分液漏斗	1. 用于分离密度不同且互不相溶的液体。 2. 组装反应器,以随时加液体	1. 不能加热,防止玻璃破裂。 2. 塞上涂一薄层凡士林,旋塞旋转灵活,旋塞处又不漏液。 3. 分液时,下层液体从漏斗管流出,上层液体从上口倒出,防止分离不清。 4. 放液时打开上盖或将塞上的凹槽对准上口小孔。 5. 装气体发生器时漏斗管应插入液面内(漏斗管不够长,可接管)或改装成恒压漏斗,防止气体自漏斗管喷出
表面皿、蒸发皿	表面皿:玻璃质地,以直径表示大小,盖在蒸发皿或烧杯上以免液体溅出或灰尘落入。 蒸发皿:瓷质,用容积表示容量,用于蒸发溶剂,浓缩溶液	1. 表面皿不能用火直接加热。 2. 蒸发皿能直接加热,高温时不能骤冷
烧瓶	用作加热或不加热条件下较多液体参加的反应容器	1. 平底烧瓶一般不作加热仪器,圆底烧瓶加热要垫石棉网,或用水浴加热。 2. 液体量不超过容积的 1/2
蒸馏烧瓶	用作液体混合物的蒸馏或分馏容器	1. 加热要垫石棉网,要加碎瓷片防止暴沸。 2. 分馏时温度计水银球位置在支管口处

续表

仪器图形与名称	主要用途	使用方法及注意事项
抽滤瓶、布氏漏斗	用于晶体或沉淀的减压过滤（利用抽气管或真空泵降低抽滤瓶中压力来减压过滤）	1. 不能直接加热。 2. 滤纸要略小于漏斗的内径。 3. 先开抽气管，后过滤。过滤完毕后，先分开抽气管与抽滤瓶的连接处，后关抽气管，防止抽气管水流倒吸
坩埚	用于高温灼烧固体试剂，有瓷质、石墨、石英、氧化锆、铁、镍或铂等材质	1. 随固体性质不同选用不同质地坩埚。 2. 在泥三角上直接加热。 3. 加热或反应完毕后用坩埚钳取下时，放置在石棉网上，坩埚钳应预热，防止骤冷而破裂，防止烧坏桌面
坩埚钳	夹持坩埚和坩埚盖的钳子，也可用来夹持蒸发皿	1. 使用时必须用干净的坩埚钳，防止弄脏坩埚中药品。 2. 坩埚钳用后，尖端向上平放在实验台上（如温度很高，则应放在石棉网上），保证坩埚钳尖端洁净，并防止烫坏实验台。 3. 实验完毕后，应将钳子擦干净，放入实验柜中，干燥放置，防止坩埚钳锈蚀
三脚架	放置较大或较重的加热容器	1. 放置加热容器（除水浴锅外）应先放石棉网，使加热容器受热均匀。 2. 下面加热灯焰的位置要合适，一般用氧化焰加热，加热温度高
药匙	由牛角、瓷质和塑料、不锈钢等制成，取固体药品用。药匙两端各有一个勺，一大一小。根据用药量大小分别选用	取用一种药品后，必须洗净，并用滤纸屑擦干后，才能取用另一种药品，避免沾污试剂，发生事故
研钵	有玻璃、白瓷、玛瑙或铁制研钵。 1. 研碎固体物质。 2. 混合固体物质。 3. 按固体的性质和硬度选用不同的研钵	1. 大块物质只能压碎，不能砸碎，防止击碎研钵和杵，避免固体飞溅。 2. 物质放入量不宜超过研钵容积的1/3，以免研磨时把物质甩出。 3. 易爆物质只能轻轻压碎，不能研磨，防止爆炸。 4. 制混合物粉末，将组分分别研磨后再混合，如二氧化锰和氯酸钾，分别研磨后再混合，以防发生反应
干燥管	常与气体发生器一起配合使用，内装块状固体干燥剂，用于干燥或吸收某些气体	欲收集干燥的气体，使用时大口一端与气体输送管相连。球部充满粒状干燥剂，如无水氯化钙和碱石灰等

续表

仪器图形与名称	主要用途	使用方法及注意事项
泥三角	由铁丝扭成，套有瓷管。灼烧坩埚时放置坩埚用	1. 使用前应检查铁丝是否断裂，断裂的不能使用，铁丝断裂，灼烧时坩埚不稳也易脱落。 2. 坩埚横着斜放在三个瓷管中的一个瓷管上，这样灼烧得快
石棉网	由铁丝编成，中间涂有石棉。石棉是一种不良导体，它能使受热物体均匀受热，不致造成局部高温	1. 应先检查，石棉脱落的不能用。 2. 不能与水接触，以免石棉脱落或铁丝锈蚀。 3. 不可卷、折，石棉松脆时，易损坏

2.1.2 标准磨口仪器

有机实验室广泛使用标准磨口玻璃仪器，由于仪器口尺寸的标准化、系统化，磨砂密合，凡属于同种规格的接口，均可任意连接，各部件能组装成各种配套仪器。使用标准磨口玻璃仪器，既可免去配塞子的麻烦，又能避免因使用塞子而污染体系，且磨口塞磨砂性能良好，有利于蒸馏尤其是减压蒸馏，对于有毒物或挥发性液体的实验较为安全。有机化学实验室常用的标准磨口玻璃仪器见图 2-1。

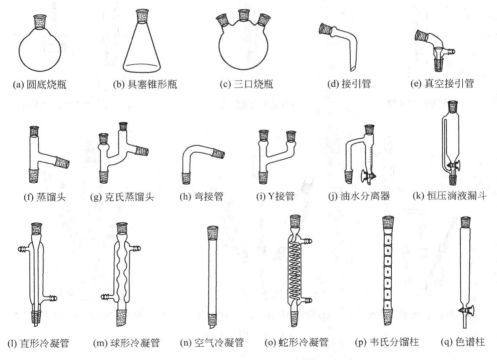

图 2-1 常用的标准磨口玻璃仪器

使用标准磨口仪器应注意如下几点：
（1）磨口处必须洁净，若粘有固体杂物，则磨口对接不紧密，将导致漏气，其至损坏磨口。

(2) 用后立即拆卸清洗,否则对接处常会粘牢,以致拆卸困难。

(3) 一般使用磨口仪器不需涂润滑剂。若反应中有强碱,则应涂润滑剂,否则磨口连接处因强碱腐蚀粘牢而无法拆卸。减压蒸馏时,磨口涂真空脂,以免漏气。

(4) 装拆时应注意相对的角度,不能在角度偏差时硬性装拆,否则,极易造成破损。磨口和磨塞只需轻微对旋连接,不要用力过猛,不能装得太紧,只要润滑密闭即可。

2.1.3 常用的有机实验装置

2.1.3.1 回流装置

回流装置是有机化学实验中常用的装置,主要用于需要保持沸腾时间较长的反应、低沸点溶剂的重结晶、液-固萃取等方面,其作用为使蒸气不断地在冷凝管内冷凝而返回圆底烧瓶,防止试剂挥发损失。按实验要求不同有普通回流冷凝装置、干燥回流冷凝装置、带尾气吸收的回流装置等。回流一般用球形冷凝管,冷凝管夹套内自下而上通入冷水,使夹套内充满水,水流速度只要使蒸气充分冷凝即可。加热的程度控制在使冷凝管内蒸气上升的高度不超过冷凝管的 1/3 为宜。

各种回流装置见图 2-2。

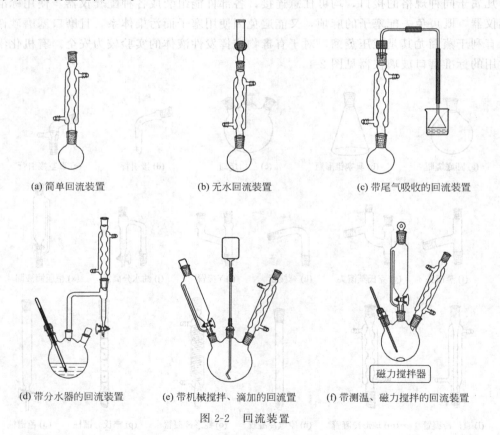

(a) 简单回流装置　　(b) 无水回流装置　　(c) 带尾气吸收的回流装置

(d) 带分水器的回流装置　(e) 带机械搅拌、滴加的回流装置　(f) 带测温、磁力搅拌的回流装置

图 2-2　回流装置

2.1.3.2 液体有机化合物的分离提纯装置

液体有机化合物的分离提纯装置主要有简单蒸馏装置、分馏装置、水蒸气蒸馏装置、减压蒸馏装置等。

简单蒸馏装置主要用于分离和纯化沸点相差比较大（至少在30℃以上）的液体混合物、测定液体化合物的沸点，也常用于溶剂的回收。沸点相差比较小的液体混合物可用分馏法分离。水蒸气蒸馏装置常用在与水不相溶、具有一定挥发性的有机物的分离、提纯上。减压蒸馏特别适用于常压蒸馏时未达到沸点就可能受热分解、氧化或聚合的物质，特别是高沸点或低熔点有机物的分离。各种蒸馏装置见图2-3。

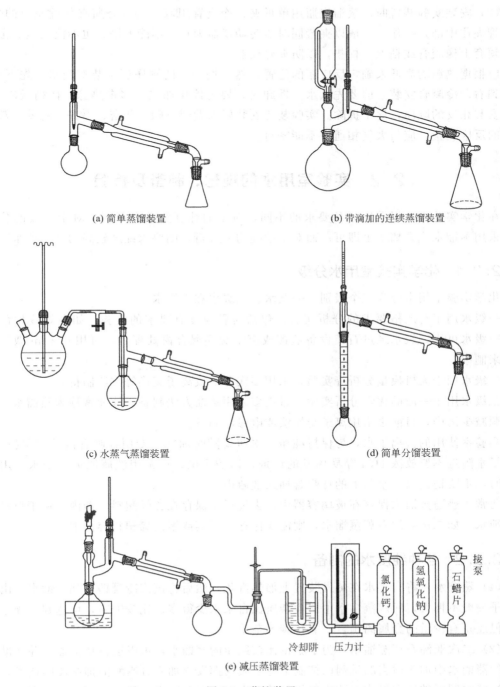

(a) 简单蒸馏装置　　　　　　　　　(b) 带滴加的连续蒸馏装置

(c) 水蒸气蒸馏装置　　　　　　　　(d) 简单分馏装置

(e) 减压蒸馏装置

图2-3　蒸馏装置

2.1.3.3 仪器的选用与安装注意事项

(1) 根据待蒸馏液体的多少选择烧瓶，一般液体的体积应占容器体积的 1/3～1/2 为宜，最多不能超过 2/3。进行水蒸气蒸馏时，液体的体积不应超过容器体积的 1/3。

(2) 一般情况下，回流用球形冷凝管，蒸馏用直形冷凝管。但当蒸馏或回流温度超过 140℃时，应改用空气冷凝管。

(3) 安装实验装置时，蒸馏烧瓶用单爪夹、冷凝管用双爪夹（烧瓶夹住近瓶口的颈部，冷凝管夹住中部）夹住，一般以夹紧同时能转动仪器为宜，不能太松，也不能太紧。金属夹子必须套上橡胶管或粘上石棉垫，以防夹碎仪器。

应根据热源的高低来确定反应瓶的位置，然后按一定的顺序逐个装配起来，先下后上、从左到右。冷凝管安装之前要先试水。拆卸时，要先停止加热，移走热源，待稍微冷却后，按与安装相反的顺序，逐个拆除。实验装置安装要求做到正确、严密、整齐、稳妥。常压下进行的反应装置，应与大气相通，不能密封。

2.2 实验室用水的规格、制备及检验

在化学实验中，根据任务及要求的不同，对水的纯度要求也不同。对于一般的分析工作，采用蒸馏水或去离子水即可；而对于超纯物质分析，则要求纯度较高的"高纯水"。

2.2.1 化学实验室用水分级

化学实验室用水分为三个级别：一级水、二级水和三级水。

一级水用于有严格要求的分析实验，包括对颗粒度有要求的实验，如高效液相色谱用水。一级水可用二级水经过石英设备蒸馏或离子交换混合窗处理后，再用 0.2nm 微孔滤膜过滤来制取。

二级水用于无机痕量分析等实验，采用多次蒸馏或离子交换等方法制得。

三级水用于一般的化学分析实验，过去多采用蒸馏方法制备，故通常称为蒸馏水。为节省能源减少污染，目前多采用离子交换法或电渗法制备。

实验室使用的去离子水，为保持纯净，水瓶要随时加塞，专用虹吸管内外应保持干净。去离子水附近不要放浓 HCl 等易挥发的试剂，以防污染。通常用洗瓶取去离子水。用洗瓶取水时，不要把去离子水瓶上的虹吸管插入洗瓶内。

通常，普通蒸馏水保存在玻璃容器中，去离子水保存在乙烯塑料容器内，用于痕量分析的高纯水，如二次亚沸石英蒸馏水，则需要保存在石英或聚乙烯塑料容器中。

2.2.2 各种纯度水的制备

(1) 蒸馏水　将自来水在蒸发装置上加热汽化，然后将蒸汽冷凝即得到蒸馏水。由于杂质离子一般不挥发，所以蒸馏水中所含杂质比自来水少得多，比较纯净，可达到三级水的标准，但还是有少量的金属离子、二氧化碳等杂质。

(2) 二次亚沸石英蒸馏水　为了获得比较纯净的蒸馏水，可以进行重蒸馏，并在准备重蒸馏的蒸馏水中加入适当的试剂以抑制某些杂质的挥发。加入甘露醇能抑制硼的挥发，加入碱性高锰酸钾可破坏有机物并防止二氧化碳蒸出。二次蒸馏水一般可达到二级标准。第二次

蒸馏通常采用石英亚沸蒸馏器，其特点是在液面上方加热，使液面始终处于亚沸状态，可使水蒸气带出的杂质减至最少。

(3) 去离子水　去离子水是自来水或普通蒸馏水通过离子交换树脂柱后所得水。一般将水依次通过阳离子交换树脂柱、阴离子交换树脂柱和阴阳离子交换树脂柱。这样得到的水纯度高，质量可达到二级或一级水指标，但对非电解质及胶体物质无效，同时会有微量的有机物从树脂溶出，因此，根据需要可将去离子水进行重蒸馏得到高纯水。

2.3　化学试剂的规格及存放

2.3.1　化学试剂的规格

根据国家标准（GB）及部颁标准，化学试剂按其纯度和杂质含量的高低分为四种等级（表2-2）。

表 2-2　化学试剂的级别

试剂级别	一级品	二级品	三级品	四级品
纯度分类	优级纯(GR)	分析纯(AR)	化学纯(CP)	实验试剂(LR)
标签颜色	绿色	红色	蓝色	黄色

(1) 优级纯试剂，又称保证试剂，为一级品，纯度高，杂质极少，主要用于精密分析和科学研究，常以 GR 表示。

(2) 分析纯试剂，简称分析试剂，为二级品，纯度略低于优级纯试剂，适用于重要分析和一般性研究工作，常以 AR 表示。

(3) 化学纯试剂，为三级品，纯度较分析纯试剂差，适用于工厂、学校一般性的分析工作，常以 CP 表示。

(4) 实验试剂，为四级品，纯度比化学纯试剂差，但比工业品试剂纯度高，主要用于一般化学实验，不能用于分析工作，常以 LR 表示。

化学试剂除上述几个等级外，还有基准试剂、光谱纯试剂及超纯试剂等。基准试剂纯度相当或高于优级纯试剂，是专作滴定分析的基准物质，用以确定未知溶液的准确浓度或直接配制标准溶液，其主成分含量一般在 99.95%～100.0%。光谱纯试剂主要用于光谱分析中作标准物质，其杂质用光谱分析法测不出或杂质低于某一限度，纯度在 99.99% 以上。超纯试剂又称高纯试剂，是用一些特殊设备如石英、铂器皿生产的。

2.3.2　试剂的存放

化学试剂在储存时常因保管不当而变质。有些试剂容易吸湿而潮解或水解；有的容易跟空气里的氧气、二氧化碳或扩散在其中的其他气体发生反应，还有一些试剂受光照和环境温度的影响会变质。因此，必须根据试剂的不同性质，分别采取相应的措施妥善保存。一般有以下几种保存方法：

(1) 密封保存　试剂取用后用塞子盖紧，特别是挥发性的物质（如硝酸、盐酸、氨水）以及很多低沸点有机物（如乙醚、丙酮、甲醛、乙醛、氯仿、苯等）必须严密盖紧。有些吸湿性极强或遇水蒸气发生强烈水解的试剂，如五氧化二磷、无水 $AlCl_3$ 等，不仅要严密盖紧，还要蜡封。

（2）用棕色瓶盛放并置于阴凉处　光照或受热容易变质的试剂（如浓硝酸、硝酸银、氯化汞、碘化钾、过氧化氢以及溴水、氯水）要存放在棕色瓶里，并放在阴凉处，防止分解变质。

（3）危险药品要跟其他药品分开存放　易发生爆炸、燃烧、中毒、腐蚀和辐射等事故的物质，以及受到外界因素影响能引起灾害性事故的化学药品，都属于化学危险品，一定要单独存放，例如高氯酸不能与有机物接触，否则易发生爆炸。

强氧化性物质和有机溶剂能腐蚀橡胶，不能盛放在带橡胶塞的玻璃瓶中。容易侵蚀玻璃而影响试剂纯度的试剂，如氢氟酸、含氟盐（氟化钾、氟化钠、氟化铵）和苛性碱（氢氧化钾、氢氧化钠），保存在聚乙烯塑料瓶或涂有石蜡的玻璃瓶中。剧毒品必须存放在保险柜中，加锁保管。取用时要有两人以上共同操作，并记录用途和用量，随用随取，严格管理。腐蚀性强的试剂要设有专门的存放橱。

第3章

化学实验基本操作技能

3.1 玻璃器皿的洗涤和干燥

3.1.1 玻璃仪器的洗涤

为了使实验得到正确的结果，实验所用的仪器必须洁净，有些实验还要求仪器是干燥的。应根据实验要求、污物性质和沾污的程度来选择适宜的洗涤方法。

(1) 刷洗　仪器上的尘土、不溶性物质和可溶性物质用自来水和毛刷除去。

(2) 用去污粉、合成洗涤剂或热的碱液洗　用水刷洗不掉的油污或一些有机污物常用毛刷蘸取去污粉或合成洗涤剂刷洗，之后，再用自来水清洗。有时去污粉的微小粒子会黏附在玻璃器皿壁上，不易被水冲走，此时可用2%盐酸摇洗一次，再用自来水清洗，若油垢和有机物质仍洗不干净，可用热的碱液洗。但滴定管、移液管等量器，不宜用强碱性的洗涤剂。

(3) 用洗液洗　用合成洗涤剂等仍刷洗不掉的污物，或者仪器因口小、管细，不便用毛刷刷洗，就要用少量铬酸洗液洗涤，也可针对具体的污物选用适当的洗液或方法处理。

用铬酸洗液洗涤时，可往仪器内注入少量洗液，使仪器倾斜并慢慢转动，让仪器内壁全部被洗液湿润。再转动仪器，使洗液在内壁流动。经流动几圈后，把洗液倒回原瓶（所用铬酸洗液变成暗绿色后需再生才能使用）。对沾污严重的仪器可用洗液浸泡一段时间，或者用热洗液洗涤，效率更高。$Cr(Ⅵ)$有毒，清洗残留在器壁上的洗液时，第一、二遍的洗涤水不要倒入下水道，以免锈蚀管道和污染环境，应回收处理［简便的处理方法是在回收液中加入硫酸亚铁，使$Cr(Ⅵ)$还原成毒性较小的$Cr(Ⅲ)$，再排放］。

(4) 去离子水荡洗　刷洗、洗涤剂或洗液洗过后，再用水连续淋洗数次，最后用去离子水荡洗2~3次，以除去由自来水带入的钙、镁、钠、铁、氯等离子。洗涤方法一般是用洗瓶向容器内壁挤入少量去离子水，同时转动器皿或变换洗瓶水流方向，使去离子水能充分淋洗内壁，以少量多次为原则。

洗净的仪器透明，器壁不挂水珠。

3.1.2 玻璃仪器的干燥

(1) 晾干　将洗净的仪器放置在仪器架上或挂在晾板晾干。

（2）烤干　可加热或耐高温的仪器，如试管、烧杯、烧瓶等着急使用时，可先将仪器外壁擦干，用试管夹或坩埚钳将仪器夹住用小火烤干。

（3）吹干　用冷-热风机或气流烘干器吹干。

（4）烘干　如需要干燥较多仪器，通常使用电热干燥箱（电烘箱）。将洗净的仪器倒置稍控干后，放入电烘箱内的隔板上，关好门，一般将烘箱内温度控制在110~120℃，烘干1h。要注意以下几点：①带有刻度的计量仪器（容量器皿）不能用加热的方法进行干燥，以免影响体积准确度；②对厚壁仪器和实心玻璃塞烘干时升温要慢；③带有玻璃塞的仪器要拔出玻璃塞，并将其一同干燥，但木塞和橡胶塞不能放入烘箱烘干，应在干燥器中干燥。

（5）使用有机溶剂助干　急用时可用有机溶剂助干，将仪器洗净后倒置稍控干，加入少量95%乙醇或丙酮，将仪器转动使溶剂在内壁流动，待内壁全部浸湿后把溶剂倒至回收瓶中。擦干仪器外壁，用气流烘干器或电吹风吹干。

3.2　试剂的取用

3.2.1　固体试剂的取用

少量固体试剂，用清洁、干燥的药匙取用。药匙最好专匙专用，否则必须擦拭干净后方可取另一种药品；多取的药品不能倒回原瓶，放在指定容器供他人使用。

一般的固体试剂可放在称量纸上称量，具有腐蚀性或易潮解的固体应放在表面皿或玻璃容器内称量，固体颗粒较大时，可在清洁干燥的研钵中研碎再称量。

往试管中加入固体试剂时，应用药匙（图3-1）或干净的对折纸片（图3-2）装上后伸进试管约2/3处；加入块状固体时，应将试管倾斜，使其沿管壁慢慢滑下，以免碰破管底。

图3-1　用药匙

图3-2　用纸槽

3.2.2　液体试剂的取用

（1）从试剂瓶中取出液体试剂，用倾注法。取下瓶盖仰放在桌面上，手握住试剂瓶上贴标签的一面，倾斜试剂瓶，让试剂慢慢倒出（图3-3），沿着洁净的试管壁流入试管或沿洁净的玻璃棒注入烧杯中（图3-4），然后将试剂瓶边缘在容器壁上靠一下，再加盖放回原处。悬空倒和瓶塞底部与桌面接触都是错误的（图3-5）。

图3-3　倾注法

（2）从滴瓶中取用液体试剂，要用滴瓶中的滴管。使用时，提出滴管，使管口离开液面，用手指捏滴管上部胶头，赶出空气，然后伸入滴瓶中，放开手指，吸入试剂，将试剂滴入试管中时，必须将它悬空地放在靠近试管口的上方，然后挤捏胶头，使试剂滴入管中（图3-6）。不得将滴管伸入试管中。滴管从滴瓶中取出试剂后，应保持橡胶胶头在上，不能平放或斜放，以防滴管中的试液流入腐蚀胶头，沾污试剂。滴加完毕后，应将滴管中剩下试剂挤入滴瓶中，不能捏着胶头将滴管放回滴瓶，以免滴管中充有试剂。

图 3-4　玻璃棒引流　　　　图 3-5　悬空而倒，塞底沾桌　　　　图 3-6　滴加试剂

（3）定量取用液体试剂用量筒，可根据需要选用不同容量的量筒。量取时，使视线与量筒内液体或试液的弯月面的最低处保持水平（图 3-7），偏高［图 3-8(a)］或偏低［图 3-8(b)］都会因读不准而造成较大的误差。多取的试剂不能倒回原瓶。

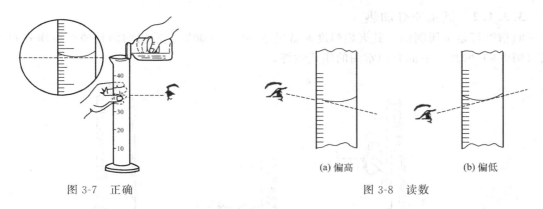

图 3-7　正确　　　　　　　　　　　　图 3-8　读数

有些实验对试剂用量不要求很精确，此时，估量即可。对固体试剂，取少量或 0.5g 左右，可用药匙的小头来取一平匙即可；也有指出取米粒、绿豆粒或黄豆粒大小等，可按所取量与之相当即可。对液体，用滴管取用时，一般滴管滴出 10～15 滴为 1mL。不同的滴管，滴出的每滴液体的体积也不同。可用滴管将液体（如水）滴入干燥的量筒，测量滴至 1mL 时的滴数，即可求算出 1 滴液体的毫升数。

3.3　加热与冷却

3.3.1　加热

3.3.1.1　酒精灯加热

酒精灯的加热温度为 400～500℃，适用温度不需太高的实验。正常使用的酒精灯火焰应分为焰心、内焰和外焰三部分，外焰的温度最高，内焰次之，焰心温度最低。加热时，应用外焰加热。

酒精灯加热注意事项有以下几方面内容。

(1) 两检查：一要检查灯芯，灯芯不要太短，一般浸入酒精后还要长 4~5cm，如果灯芯顶端不平或已烧焦，需要剪去少许使其平整。二要检查灯里酒精，灯里酒精的体积应大于酒精灯容积的 1/3，小于 2/3（酒精量太少则灯壶中酒精蒸气过多，易引起爆燃；酒精量太多则受热膨胀，易使酒精溢出，发生事故）。

(2) 三禁止：绝对禁止用一盏酒精灯引燃另一盏酒精灯，用完酒精灯，必须用灯帽盖灭，如果是玻璃灯帽，盖灭后需再重盖一次，放走酒精蒸气，让空气进入，免得冷却后盖内造成负压使盖打不开；如果是塑料灯帽，则不用盖两次，因为塑料灯帽的密封性不好。绝对禁止用嘴吹灭，否则可能将火焰沿灯颈压入灯内，引起着火或爆炸。绝对禁止向燃着的酒精灯中添加酒精。

(3) 长时间未用的酒精灯，在取下灯帽后，应提起灯芯瓷套管，用洗耳球或嘴轻轻地向灯内吹一下，以赶走其中聚集的酒精蒸气。

(4) 新灯加完酒精后须将新灯芯放入酒精中浸泡，而且移动灯芯套管使每端灯芯都浸透，然后调好其长度，才能点燃。因为未浸过酒精的灯芯，一经点燃就会烧焦。

(5) 加热的器具与灯焰的距离要合适，过高或过低都不正确。被加热的器具必须放在支撑物（三脚架、铁环等）上或用坩埚钳、试管夹夹持，决不允许手拿仪器加热。

3.3.1.2 酒精喷灯加热

酒精喷灯是金属制的，其火焰温度通常可达 700~1000℃。常用的酒精喷灯有座式和挂式（图 3-9）两种。下面介绍常用的座式喷灯。

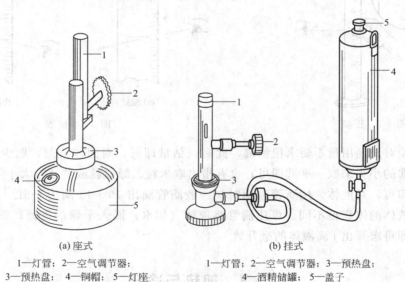

(a) 座式　　　　　　　　　　　　　(b) 挂式
1—灯管；2—空气调节器；　　　　　1—灯管；2—空气调节器；3—预热盘；
3—预热盘；4—铜帽；5—灯座　　　　4—酒精储罐；5—盖子

图 3-9　酒精喷灯的类型和构造

座式酒精喷灯的外形结构如图 3-9(a) 所示，它主要由酒精入口、预热碗、预热管、燃烧管、调节杆、调整管等组成。预热管与燃烧管焊在一起，中间有一细管相通，使蒸发的酒精蒸气从喷嘴喷出，在燃烧管燃烧。通过调节调整管，控制火焰的大小。

使用前拧下酒精灯的铜帽（图 3-9 中的 4）向灯壶内注入酒精，加至灯壶总容量的 2/5~2/3 之间，过满易发生危险，过少则灯芯线会被烧焦，影响燃烧效果。拧紧旋塞，使不漏气

(新灯或长时间未使用的喷灯，点燃前需将灯体倒转 2～3 次，使灯芯浸透酒精）。将喷灯放在石棉板或大的石棉网上（防止预热时喷出的酒精着火），然后向预热盘中添加酒精并点燃，待酒精快要燃尽时，预热盘内燃着的火焰就会将喷出的酒精蒸气点燃（必要时用火柴点燃），此时调节空气调节器，使火焰稳定。用毕，关闭空气调节器或上移空气调节器加大空气进入量，同时用石棉网或木板覆盖燃烧管口，即可将灯熄灭。必要时将灯壶铜帽拧松减压（但不能拿掉，以防着火），火即熄灭。喷灯使用完毕，应将剩余酒精倒出。

使用喷灯的注意事项：

① 经两次预热，喷灯仍不能点燃时，应暂时停止使用，检查接口是否漏气，喷出口是否堵塞（可用捅针疏通），修好后方可使用。

② 喷灯连续使用时间不能超过半小时（使用时间过长，灯壶温度逐渐升高，使壶内压强过大，有崩裂的危险）。如需加热时间较长，每隔半小时要停用，用冷湿布包住喷灯下端降温，并补充酒精。

③ 在使用中如发现灯壶底部凸起时应立刻停止使用，查找原因（可能使用时间过长、灯体温度过高或喷口堵塞等）做相应处理后方可使用。

3.3.1.3 热浴加热

热浴是通过传热介质（水、油、沙等）传递热量进行加热的，具有受热面积大、受热均匀、浴温可控制、非明火加热等优点，使用较多的是水浴加热。

当被加热物质要求受热均匀而温度不超过 100℃ 时，采用水浴加热。水浴加热是通过热水或水蒸气加热盛在容器中的物质。

实验室经常用恒温水浴箱进行加热 [图 3-10(a)]。恒温水浴箱用电加热，可自动控制温度，同时加热多个样品。水浴箱内盛水不要超过 2/3，被加热的容器不要碰到水浴箱底。用烧杯盛水加热至沸代替水浴箱进行水浴加热也是常用方法 [图 3-10(b)]。

(a)

(b)

图 3-10　水浴加热

3.3.1.4 电加热

实验室常用电炉、管式炉、马弗炉（图 3-11）及电热套等进行电加热。

电炉可代替酒精灯加热容器中的液体，如果电炉是非封闭式的，应在容器和电炉之间垫一块石棉网，以便溶液受热均匀和保护电热丝。

管式炉利用电热丝或硅碳棒加热，温度可分别达到 950℃ 和 1300℃。炉膛中放一根耐高温的石英玻璃管或瓷管，管中再放入盛有反应物的瓷舟，使反应物在空气或其他气氛中受热。

马弗炉也是利用电热丝或硅碳棒加热的高温炉，炉膛呈长方体，很容易放入要加热的坩埚或其他耐高温的容器。

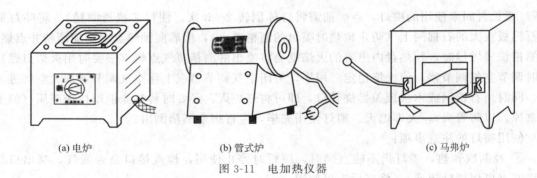

(a) 电炉　　　　　　　(b) 管式炉　　　　　　　(c) 马弗炉

图 3-11　电加热仪器

图 3-12　电热套

电热套（图 3-12）是用玻璃纤维丝与电热丝编织成半圆形内套，外边加上金属或塑料外壳，中间填充保温材料。电热套的容积一般与烧瓶的容积相匹配，从 50mL 起，各种规格均有。电热套不用明火加热，因而使用较为安全。加热时，烧瓶处于热气流中，因此，加热均匀、热效率高。使用时应注意，不要将药品洒在电热套中，以免加热时药品挥发污染环境，同时避免电热丝被腐蚀而断开。加热时烧瓶不要贴在内套壁上。电热套使用时要防止进水，用完后放在干燥处，否则内部吸潮后会降低绝缘性能。

3.3.1.5　其他加热方式

红外线辐射器是一种比较温和的非明火热源，常用于有机产物的干燥。近年来，一些基础化学实验中采用了微波技术，微波也是一种非明火热源，其应用范围日益扩大。

3.3.2　冷却

用水冷却是一种最简便的方法。将被冷却物浸在冷水或在流动的冷水中冷却（如回流冷凝器）可使被制冷物的温度降到接近室温。用冰或冰水冷却，可得到 0℃ 的温度。要获得 0℃ 以下的温度常采用冰-无机盐冷却剂。冰与盐按不同的比例混合，能达到不同的制冷温度。如 $CaCl_2 \cdot 6H_2O$ 与冰分别按 1∶1、1.5∶1、5∶1 混合，可达到的温度为 $-29℃$、$-49℃$、$-54℃$。采用干冰-有机溶剂作冷却剂可以获得 $-70℃$ 以下的低温。干冰与冰一样，不能与被制冷容器的器壁有效接触，所以常与凝固点低的有机溶剂（作为热的传导体）一起使用，如丙酮、乙醇、正丁烷、异戊烷等。

注意：测量 $-38℃$ 以下的低温时使用低温酒精温度计，不能使用水银温度计（Hg 的凝固点为 $-38.87℃$）。

3.4　气体的获取

实验中需用少量气体时，可在实验室中制备，如需大量气体或经常使用气体时，可以使用气体钢瓶直接获得。

3.4.1　制备少量气体的实验装置

制气的装置见图 3-13。图 3-13(a) 为固-固加热型，图 3-13(b)～(d) 为固-液或液-液不加热型，图 3-13(e)、(f) 为固-液或液-液加热型。

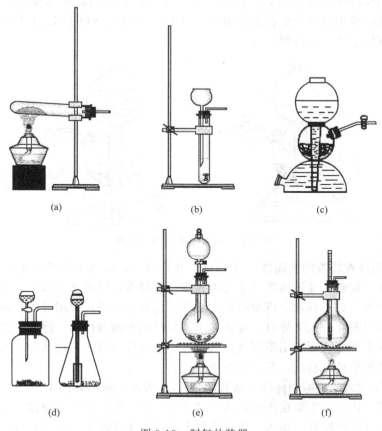

图 3-13 制气的装置

实验室中需要少量气体时，常用启普发生器或气体发生装置制取。一般根据反应物状态和反应条件设计气体发生装置。

制气的典型实验装置，可分为三大类：第一类是固体加热装置［图 3-13(a)］；第二类是不溶于水的块状或粒状固体与液体常温下反应的装置［图 3-13(b)、(c)］；第三类是固体与液体或液体与液体之间需加热［图 3-13(e)、(f)］或不需加热的反应装置［图 3-13(d)］。

3.4.1.1 固体加热制气的装置

固体加热制气的装置一般由硬质试管、带玻璃导管的单孔塞和酒精灯等组成。图 3-13(a) 的装置适用于 O_2、NH_3、N_2 等的制备。

制取气体时应注意检查气密性，试管口略向下倾斜，这是为了防止反应中生成的水或固体药品表面的吸湿水受热汽化后在管口冷凝、倒流使试管炸裂。

3.4.1.2 固液常温下制气装置（启普发生器和简易装置）

（1）启普发生器　启普发生器主要由球形漏斗、葫芦状的玻璃容器和导管旋塞三部分所组成，见图 3-14。启普发生器适用于不溶于水的块状（或粒状）固体与液体（或溶液）反应物在常温下的反应。当导管旋塞打开时，固体与液体接触发生反应，气体由导管导出。当导管旋塞关闭时，由于装置是密闭的，产生的气体使球体内的压力增大，将液体（或溶液）

压回到半球体和球形漏斗中，固液反应物因脱离接触而停止反应。因此启普发生器可随用随制气，便于控制反应的发生和停止，使用起来十分方便，特别是制取较大量的气体更为适宜。在实验室里通常用启普发生器来制取 H_2、CO_2、NO_2、NO 和 H_2S 等气体。启普发生器的使用步骤有以下几方面内容。

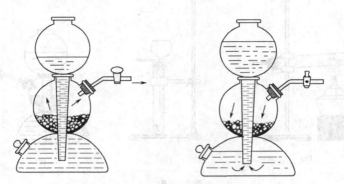

图 3-14 启普发生器制气原理

① 使用前先检查装置的密闭性　方法是，开启旋塞，向球形漏斗中加水，当水充满容器下部的半球体，检查半球体的下口塞是否漏水。若漏水，则将塞子取出，擦干、塞紧，或更换塞子后再检查。若不漏水，再检查是否漏气。检查方法是：关闭导气管的活塞，继续从球形漏斗注入水至漏斗的 1/2 处时，停止加水，并标记水面的位置，静置，然后观察水面是否下降。若水面不下降，则表明不漏气，若漏气，则应检查原因，可从导气管活塞、胶塞和球形漏斗与容器的连接处检查，并加以处理。

② 装填固体试剂　装填固体的方法有两种：a. 从容器球形体的上口加入。取出球形漏斗从大口装入球形体内，不要使固体落入半球体中。装入固体量不要超过 1/3。b. 从容器球形体的侧口（导气管的塞孔）加入。让启普发生器直立于桌面上，拔下导气管的橡胶塞，从塞孔将固体加入容器的球体内，并使固体分布均匀。在使用过程中，由于反应的进行，反应物颗粒变小，易漏入下面的半球体中，使反应无法控制。为防止较小反应物漏下，可在孔道上填塞一些玻璃纤维。

③ 注入液体（或溶液）反应物　将液体（或溶液）从球形漏斗口注入。注入时应先开启导气管的活塞，待注入的液体与固体接触后，即关闭导气管的活塞，再继续注入液体至液体进入球形漏斗上部球体的 1/4～1/3 处，以便反应时液体可浸没固体。注入液体不要过多，否则在反应中液体可能冲入导气管。

④ 试用　打开导气管活塞，液体就从半球体进入球体与固体接触发生反应，生成的气体由导气管逸出。然后关闭导气管的活塞，由于球体内气压增大，将液体压回半球体和球形漏斗。这时液体与固体脱离接触，反应自动停。上述试验说明装置功能正常，可正式使用。

⑤ 反应中途固体和液体反应的添换方法　通常在反应中，固体反应物将近用完或液体（或溶液）浓度变稀时，反应变得缓慢，生成的气体不够用，则应添加固体或更换液体（或溶液）。

添加固体的方法：先关闭导气管的活塞，将球体内的液体压出，使其与固体脱离接触，然后用橡胶塞塞严球形漏斗的上口（防止球形漏斗里的液体下降冲入容器球体部分，使反应发生）。再拔下导气管上的塞子，从导气管塞孔添加固体，然后，重新塞紧带导气管的塞子，再拔下球形漏斗口上的橡胶塞。

中途添换液体（或溶液）的方法：比较方便而又常用的一种方法是，关闭导气管的活塞，将液体压入球形漏斗中，然后用移液管将用过的液体抽吸出来。也可用虹吸管吸出液体，吸出的液体量应依需要而定。吸出废液后，再添加新液体。另一种方法是，从半球体的下口塞孔放出废液，关闭导气管的活塞，把液体压入球形漏斗中，然后用橡胶塞塞严球形漏斗的上口。把启普发生器先仰着放在废液缸上。使下口塞附近无液体，再拔下塞子（戴上橡胶手套或用钳子去拔，不要用手直接拔，以免腐蚀皮肤），然后使发生器下倾，让废液缓缓流出。废液流出后，再把塞子塞紧，直立启普发生器，从球形漏斗注入新液体（或溶液）。

启普发生器使用以后，如放置一段时间再用，则最好将球形漏斗中的液体试剂（如酸液等）用移液管吸出一部分，剩下的液体即使完全落入半球体也不能与固体试剂接触，这样可避免在放置过程中因容器慢慢漏气，使球形漏斗中的液体逐渐落入半球体，以致最后与固体试剂接触而发生反应。这不仅浪费试剂，还会使反应生成物（如 $ZnSO_4$、$CaCl_2$ 等）在半球体内析出大量结晶，甚至在球形漏斗与容器缝隙处形成黏结，造成洗刷容器的困难。

（2）简易装置　简易装置由双孔胶塞、长颈漏斗（或带胶塞的粗玻璃管）、90°玻璃导管、硬质试管（或 U 形管）及橡胶垫圈（或隔板）等组成［图 3-13(b)］。

3.4.1.3　需加热的制气装置（分液漏斗与烧瓶或蒸馏烧瓶）

当固液间反应制气体时，若固体物质颗粒细碎或反应需加热时，则应采用蒸馏烧瓶和分液漏斗的装置来制备气体，图 3-13(e)、(f) 的装置适用于 CO、H_2S、HCl、Cl_2 等气体的制取。这种装置同样适用于两液体间反应制取少量气体。这种装置虽不能像启普发生器那样自如地控制气体的发生或终止，但它可以通过分液漏斗的活塞控制加试剂量，以减缓气体的产生量。

3.4.2　气体钢瓶供气

如果需要大量或经常使用气体时，可以使用气体钢瓶直接获得各种气体。气体钢瓶是储存压缩气体、液化气体的特制耐压钢瓶。钢瓶容积一般为 40～60L，最高工作压力为 15MPa，最低工作压力也在 0.6MPa 以上。使用时，通过气压表控制放出的气体。

高压钢瓶若使用不当，会发生爆炸事故，使用时必须严格遵守以下规则：

（1）钢瓶应存放在阴凉、干燥、远离热源的地方。盛可燃性气体的钢瓶必须与氧气钢瓶分开存放。直立放置钢瓶时要加以固定，避免强烈震动。

（2）绝不可使油或其他易燃物、有机物沾在气体钢瓶上（特别是气门嘴和减压器处），也不得用棉、麻等物堵漏，操作人员不得穿沾有油污的工作服或手套启闭钢瓶，以免引起燃烧或爆炸事故。

（3）使用钢瓶中的气体时，除 CO_2、NH_3、Cl_2 外，要用减压阀（气压表）。可燃性气体钢瓶的气门是逆时针拧紧的，即螺纹是反扣的（如氢气、乙炔气），非燃或助燃性气体钢瓶的气门是顺时针拧紧的，即螺纹是正扣的。只有 N_2 和 O_2 的减压阀可相互通用，其他各种气体的减压阀不得混用。

（4）使用时，在减压阀手柄拧松的状态下，打开气瓶的启闭阀，将高压气体输入到低压器的高压室，然后慢慢开启减压阀的手柄，调节气体的流量，实验结束后，要及时关好钢瓶的启闭阀，待减压阀中余气逸尽后再旋紧减压阀手柄。

（5）钢瓶内的气体绝不能全部用完，应按规定保留剩余压力。用后的钢瓶应定期送检，合格后才能充气。

（6）存放、搬运钢瓶时要避免震动，并要拧紧钢瓶上的安全帽。

3.5 滴定分析仪器与基本操作

3.5.1 移液管和吸量管

移液管和吸量管（图 3-15）是用来准确量取一定体积液体的仪器。移液管和吸量管所移取的体积通常可准确到 0.01mL。常用的移液管有 5mL、10mL、25mL、50mL、100mL 等规格。移液管一般是中部有近球形的玻璃管，管的上部有一刻线标明体积，流出的溶液的体积与管上所标明的体积相同。

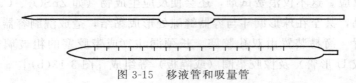

图 3-15 移液管和吸量管

吸量管全称是分度吸量管，又称刻度移液管，一般只用于取小体积的溶液，管上带有分度，吸量管的容积有 1mL、2mL、5mL、10mL 等，可以用来吸取不同体积的溶液。

（1）洗涤 移液管和吸量管在洗涤前应检查其管口和尖嘴是否完整无破损，否则不能使用。用自来水冲洗、再去离子水润洗三次，还必须用待吸的溶液润洗三次。若管内污物严重，要先用少量铬酸洗液润洗或浸泡 15min 后，用自来水、去离子水、所移取溶液润洗。

移液管（或吸量管）润洗按以下方法进行：用去离子水洗净后用滤纸将移液管尖端的水除去，然后用待吸液洗三次。待吸液润洗方法是：用左手持洗耳球，将食指或拇指放在洗耳球的上方，其余四指自然地握住洗耳球，右手拇指和中指拿住移液管标线以上的部分，无名指和小指辅助拿住移液管，将管尖插入所取的溶液液面下约 1cm，将洗耳球对准移液管口，轻轻将溶液吸上，待溶液吸至该管的 1/3（球部 1/4）处，立即用右手食指按住管口（尽量勿使溶液回流，以免稀释溶液），取出，双手平持移液管，不断转动，且使溶液接触到移液管刻度线以上部位，以置换内壁的水分，然后将管直立，将管中液体从尖嘴放出。如此洗涤三次。

（2）移取溶液 用移液管（吸量管）移取溶液时，右手拇指和中指拿住管颈标线的上部 [图 3-16(a)]，将移液管垂直插入液面以下 1~2cm 深度，不要插入太深，以免外壁沾带溶液过多；也不要插入太浅，以免液面下降时吸空。随着液面的下降，移液管逐渐下移。左手拿洗耳球将溶液吸入管内至标线以上，拿去洗耳球，随即右手食指按住管口。将移液管离开液面，靠在器壁上，稍微放松食指，同时轻轻转动移液管，使液面缓慢下降，当液面与标线相切时，立即按紧食指使溶液不再流出。

（3）放出溶液 用滤纸将移液管外壁的液体擦掉，把移液管的尖嘴靠在接收容器内壁上，让接收容器倾斜而移液管直立。放开食指使溶液自由流出 [图 3-16(b)]，

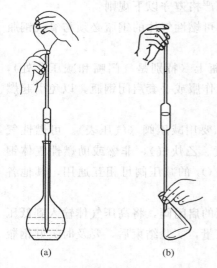

图 3-16 移取溶液和放出溶液

待溶液不再流出时，等 15s 后取出移液管。最后尖嘴内余下的少量溶液，不必用力吹入接收器中，因原来标定移液管体积时，这点体积已不在其内。但若移液管（吸量管）上有一个吹字，则一定要将尖嘴内余下的少量溶液吹入接收容器中。这样从管中流出的溶液正好是管上标明的体积。

（4）清洗　使用完后，将移液管（吸量管）用水洗干净，用滤纸擦净外壁及管尖的水，放回移液管架。

3.5.2　容量瓶

容量瓶主要用于直接法配制标准溶液和准确稀释溶液以及制备样品溶液。它是配有磨口玻璃塞或塑料塞的细颈平底瓶（图 3-17），容量瓶上标明使用的温度和容积，瓶颈上有刻线。当瓶内体积在所指定温度下达到标线处时，其体积即为所标明的容积数（量入式仪器）。故要在所标温度下使用。容量瓶常用规格有 50mL、100mL、250mL、500mL、1000mL 等。

容量瓶使用前，必须检查是否漏水。在容量瓶内加自来水至刻度线附近，塞上瓶塞，右手食指按住瓶塞，其余手指拿瓶颈标线以上部分，左手用指尖托住瓶底边缘，将瓶倒置 2min，用干滤纸片沿瓶口缝处检查，看有无水渗出。如不漏水，将瓶直立，瓶塞旋转 180°后再次检漏，不漏水即能使用。

图 3-17　容量瓶

容量瓶的洗涤方法与移液管相似，使用前用自来水冲洗后，去离子水润洗三次。

用容量瓶配制溶液，固体物质要先在烧杯内溶解，再转移到容量瓶中，转移溶液时用玻璃棒引流（图 3-18），使溶液沿着玻璃棒流下，当溶液流完后，烧杯仍靠着玻璃棒，慢慢地将烧杯直立，使烧杯和玻璃棒之间附着的液滴流回烧杯中，再将玻璃棒末端残留的液滴靠入瓶口内。将玻璃棒放回烧杯内，但不得将玻璃棒靠在烧杯嘴一边。用洗瓶吹洗玻璃棒和烧杯内壁，溶液转入容量瓶中，如此吹洗、转移溶液的操作一般在 5 次以上，以保证定量转移。然后慢慢加去离子水至容量瓶容积的 2/3 时，用右手食指和中指夹住瓶塞的扁头，将容量瓶拿起，按同一方向旋摇几周，使溶液初步混匀（此时切勿加塞倒立容量瓶）。继续加水至接近标线约 1cm 处，等 1~2min，待附在瓶颈上的溶液流下后，用洗瓶（也可用滴管）或用烧杯溶样时所用的玻璃棒蘸水滴加，至水的弯月面下缘恰与标线相切。盖好瓶塞，左手食指按住瓶塞，其余手指拿住瓶颈标线以上部分，右手的全部指尖托住瓶底边缘（图 3-19），将容量瓶倒立，待气泡上升到顶部，使瓶振荡混匀溶液后，再倒转过来，如此反复 10 次左右，使溶液充分混匀。

图 3-18　转移溶液到容量瓶中

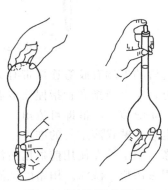

图 3-19　容量瓶的翻动

如固体是经加热溶解的，溶液冷却后才能转入容量瓶内。如果要把浓溶液稀释，用移液管吸取一定体积浓溶液放入烧杯中，加适量水稀释（若溶液放热，要放置至室温），用玻璃棒引流将溶液转移到容量瓶。用去离子水冲洗烧杯及玻璃棒3次以上，冲洗的溶液转入容量瓶，然后加水稀释至刻度线，摇匀。

配好的溶液如需保存，应转移到清洁、干燥的磨口试剂瓶中。容量瓶用后应立即用水冲洗干净。如长期不用，磨口处应洗净擦干，在塞子与瓶口之间用纸片隔开。容量瓶不得在烘箱中烘烤，也不能用其他任何方法进行加热。

3.5.3 滴定管

滴定管是可放出不固定量液体的玻璃量器（量出式仪器），主要用于滴定时准确测量溶液的体积。根据长度和容积的不同，滴定管可分为常量滴定管、半微量滴定管和微量滴定管。常量滴定管容积有50mL、25mL，刻度最小为0.1mL，可估读到0.01mL。半微量滴定管容量为10mL，最小刻度为0.05mL，可估读到0.01mL。其结构一般与常量滴定管较为类似。微量滴定管容积有1mL、2mL、5mL、10mL，最小刻度为0.01mL，可估读到0.001mL。此外还有半微量半自动滴定管，它可以自动加液，但滴定仍需手动控制。滴定管"0"刻度在上，自上而下，数值由小到大。

滴定管分酸式滴定管和碱式滴定管两种。除碱性溶液用碱式滴定管外，其他溶液一般都用酸式滴定管。利用聚四氟乙烯材料做成的滴定管下端活塞和活塞套，代替酸管的玻璃和碱管的乳胶材料，适用于酸、碱及具有氧化或还原性的溶液，而且不易损坏。

酸式滴定管下端有一个玻璃活塞，用以控制溶液的滴出速度。使用前先取出活塞用滤纸吸干，然后用手指黏少许凡士林在塞子的两头涂一薄层（图3-20），将活塞塞好并顺着一个方向（顺时针或逆时针）转动活塞，至活塞与塞槽接触地方呈透明状态。套上橡胶圈，以防旋塞从旋塞套脱落。用自来水充满滴定管，将其放在滴定管架上，静置2min，观察有无水滴漏下。然后将旋塞旋转180°再如前检查，如果漏水，应该重新涂凡士林。检查如不漏水，用橡胶圈将活塞与管身系牢即可洗涤使用。若出口管尖端被油脂堵塞，可将它插入热水中温热片刻，然后打开旋塞，使管内的水流下（可借助洗耳球挤压），将软化的油脂冲出。按上述操作重新涂凡士林。

图3-20 玻璃活塞涂凡士林

碱式滴定管的下端有胶管连接带有尖嘴的小玻璃管，胶管内装一个圆玻璃球，用以控制溶液。使用时，左手拇指和食指捏住玻璃球部位稍上的地方，向一侧挤压胶管，使胶管和玻璃球间形成一条缝隙，溶液即可流出。

酸式滴定管和碱式滴定管的准备：

（1）洗涤 滴定管在使用前根据沾污的程度，采用不同的清洗剂（如肥皂水、铬酸洗液等，但不能用去污粉）洗涤。用铬酸洗液时，酸式滴定管可直接加入5~8mL洗液，边转动边将滴定管放平，并将滴定管口对着洗液瓶口，以防洗液洒出。洗净后将一部分洗液从管口放回原瓶，最后打开旋塞，将剩余的洗液从出口管放回原瓶。若滴定管油污较多，必要时可用温热洗液加满滴定管浸泡一段时间。碱式滴定管先要去掉乳胶管，接上一段塞有玻璃棒的橡皮膏，然后用洗液浸泡，用洗液洗后，用自来水冲洗。

自来水冲洗后用去离子水润洗三次，每次约10mL。润洗时，两手平端滴定管，慢慢旋转，让水遍及全管内壁，从两端放出。去离子水润洗之后用滴定溶液润洗三遍，用量分别为10mL、5mL、5mL，润洗方法与用去离子水洗相同。

（2）装溶液　装入操作溶液前，应将试剂瓶中的溶液摇匀，并将操作溶液直接倒入滴定管中，不得借助其他容器（如烧杯、漏斗等）转移。用左手前三指持滴定管上部无刻度处，并可稍微倾斜；右手拿住细口瓶往滴定管中倒溶液，让溶液慢慢沿滴定管内壁流下，将溶液加到滴定管刻度"0"以上。

（3）排气泡　检查滴定管中特别是尖嘴处是否有气泡。若有气泡，对酸式滴定管，可将滴定管倾斜约30°，左手迅速打开活塞，使溶液冲击赶出气泡，关闭活塞。调节液面弯月面正好与"0.00"刻度线相切或"0"刻度线以下。对碱式滴定管，应将碱式滴定管稍倾斜，然后将胶管向上弯曲，用两指挤压玻璃球，使溶液从尖嘴喷出，气泡随之逸出（图3-21）。继续边挤压边放下胶管，气泡便可全部排除。注意应在乳胶管放直后，再松开拇指和食指，否则出口管仍会有气泡，然后再调至"0.00"刻线或"0"刻度线以下。

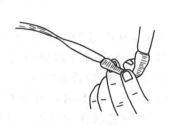 

图3-21　碱式滴定管赶气泡的方法　　　图3-22　滴定操作手法

（4）滴定　使用酸式滴定管滴定时，使瓶底离滴定台约2～3cm，滴定管下端伸入瓶口内约1cm，右手拇指、食指和中指拿住锥形瓶的颈部，如图3-22所示，让锥形瓶沿同一方向做圆周摇动，使溶液混匀。左手拇指、食指和中指控制玻璃活塞，转动活塞使溶液滴出。使用碱式滴定管时，仍以左手握管，拇指在前，食指在后，其他手指辅助夹住出口管。用拇指和食指捏住玻璃珠所在部位，挤压胶管使玻璃珠移向手心一侧，溶液从玻璃珠旁边的空隙流出。要注意的是，不要用力捏玻璃珠以及玻璃珠下部胶管，也不要使玻璃珠上下移动，以免空气进入形成气泡。

开始滴定时，溶液滴出可快一些，但应成滴而不成流。溶液出现瞬间颜色变化，随着锥形瓶的摇动很快消失。当接近终点时，颜色消失较慢，这时应逐滴滴入溶液，摇匀后，由溶液颜色变化再决定是否滴加溶液。最后改为每加半滴，摇几下锥形瓶，至溶液出现明显颜色不再消失为止。

半滴的加入方法必须掌握。用酸式滴定管时，轻轻转动旋塞，使溶液悬挂在出口管嘴上，形成半滴，用锥形瓶内壁将其沾落，用洗瓶冲洗锥形瓶内壁，摇匀。用碱式滴定管加半滴溶液时，应先松开拇指和食指，将悬挂的一滴溶液沾在锥瓶内壁，再放开无名指和小指，这样可避免管尖出现气泡。

滴入半滴溶液时，也可倾斜锥形瓶，将附于瓶壁的溶液涮入瓶中，避免洗瓶吹洗次数多，造成被滴物过度稀释。

在烧杯中滴定时，烧杯置于滴定台上，调节滴定管的高度，使其下端伸入烧杯中心的左后方处（放在中央影响搅拌，离杯壁过近不利搅拌均匀）约1cm。左手滴加溶液，右手持玻璃棒做圆周运动搅动溶液，如图3-23(a)所示，不要碰烧杯壁和底部。当滴至接近终点，滴加半滴溶液时，用玻璃棒下端承接悬挂的半滴溶液于烧杯，玻璃棒只能接触液滴，不能接触管尖，其余操作同前所述。

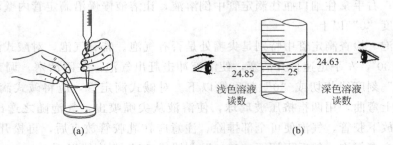

图 3-23 滴定管的使用

（5）读数　将滴定管从滴定管架取下，用右手拇指和食指捏住滴定管上部无溶液处，其余手指从旁辅助，使滴定管保持垂直，视线与液面保持水平，然后读数。读数要遵循以下规则：

① 装满或放出溶液后，必须等 1～2min，使附着在内壁的溶液流下来，再进行读数。如果放出溶液的速度较慢（例如，滴定到最后阶段，每次只加半滴溶液时），等 0.5～1min 即可读数。读数前要检查一下管壁是否挂水珠，滴定管尖嘴是否有气泡。

② 对于无色或浅色溶液，应读取弯月面下缘最低点，读数时，视线在弯月面下缘最低点处，且与液面成水平 [图 3-23(b)]；对高锰酸钾等颜色较深的溶液，可读液面两侧的最高点。此时，视线应与该点成水平。注意初读数与终读数采用同一标准。

③ 常量滴定管，其最小刻度是 0.1mL，因此读数要求估计到小数点后两位，即 0.01mL。可以这样估计：当液面在两小刻度之间时，即为 0.05mL；若在两小刻度的 1/3 时，即为 0.03mL 或 0.07mL；当液面在两小刻度的 1/5 时，即为 0.02mL 或 0.08mL。

④ 蓝带滴定管盛溶液后有似两个弯月面的上下两个尖端相交，尖端交点处为读数正确位置。

3.6　固体的溶解和液固分离

3.6.1　固体的溶解

固体的颗粒较小时，可用适量水直接溶解，固体的颗粒较大时，先用研钵将固体研细，再将固体粉末倒入烧杯中，加去离子水，所加水量应能使固体粉末完全溶解（必要时应根据固体的量及该温度下的溶解度进行计算或估算）。然后用玻璃棒搅拌，搅拌时，应手持玻璃棒并转动手腕，用微力使玻璃棒在容器中部的液体中均匀转动，玻璃棒不要碰击或摩擦容器底部。必要时，还应加热，促使其溶解。可根据被溶解物质的热稳定性，选用直接加热或水浴加热等间接加热的方法。热分解温度低于100℃的，只能用水浴加热。

3.6.2 液固分离

(1) 倾析法　当沉淀的相对密度较大或结晶的颗粒较大，静置后能沉降至容器底部时，可用倾析法进行沉淀的分离和洗涤。把沉淀上部的清液沿玻璃棒倾入另一容器内，然后加入少量洗涤液洗涤沉淀，充分搅拌沉淀，待沉淀沉降后，倾去洗涤液。如此重复操作三遍以上，即可洗净沉淀（图3-24）。

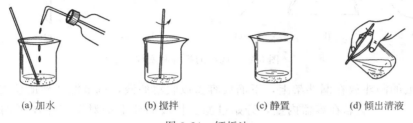

(a) 加水　　　(b) 搅拌　　　(c) 静置　　　(d) 倾出清液

图 3-24　倾析法

(2) 离心分离　当分离试管中少量的溶液与沉淀物时，常采用离心机（图3-25）分离。实验室常用的电动离心机是由高速旋转的小电动机带动一组金属套管做高速圆周运动。装在金属管内离心试管中的沉淀物受到离心力的作用向离心试管底部集中，上层便得到澄清的溶液。电动离心机的转速可由侧面的变速器旋钮调节。

图 3-25　离心机

使用电动离心机进行离心分离时，把装有少量溶液与沉淀的离心试管对称地放入电动离心机的金属（或塑料）套管内，如果只有一支离心试管中装有试样，为了使电动离心机转动时保持平衡，防止高速旋转引起震动而损坏离心机，可在与之对称的另一套管内也放入一支装有相同或相近质量的水的离心试管。放好离心试管后盖上盖子。打开旋钮，逐渐旋转变速器，使离心机转速由小到大，数分钟后慢慢恢复变速器到原来的位置，使其自行停止。不要用手或其他方法强制离心机停止转动，否则离心机容易损坏，且易发生危险。离心时间和转速，由沉淀的性质来决定。结晶形的紧密沉淀，转速1000r/min，1~2min后即可停止。无定形的疏松沉淀，沉降时间要长些，转速可提高到2000r/min。

离心沉降后，用吸管把清液与沉淀分开。如果要将沉淀溶解后再做鉴定，必须在溶解之前，将沉淀洗涤干净。常用的洗涤剂是去离子水。加洗涤剂后，用搅拌棒充分搅拌，离心分离，清液用吸管吸出。必要时可重复洗几次。

(3) 过滤　过滤是固-液分离最常用的方法。过滤时，沉淀物留在过滤器上，而溶液通过过滤器进入接收器中，过滤出的溶液称为滤液。过滤方法有以下三种。

① 常压过滤　沉淀为微细的结晶时，常压过滤是最常用的固-液分离方法。过滤前先将圆形滤纸对折两次，然后展开成圆锥形（一边三层，另一边一层），放入玻璃漏斗中（图3-26）。改变滤纸折叠角度，使之与漏斗角度相适应。然后撕去折好滤纸外层折角的一个小角，用食指把滤纸按在漏斗内壁上，用水湿润滤纸，并使它紧贴在漏斗内壁上，赶去滤纸和壁之间的气泡。加水至滤纸边缘使之形成水柱（即漏斗颈中充满水）。若不能形成完整的水柱，可一边用手指堵住漏斗下口，一边稍掀起三层那一边的滤纸，用洗瓶在滤纸和漏斗之间加水，使

漏斗颈和锥体的大部分被水充满，然后一边轻轻按下掀起的滤纸，一边放开堵在出口处的手指，即可形成水柱。这样处理，会加快过滤速度。

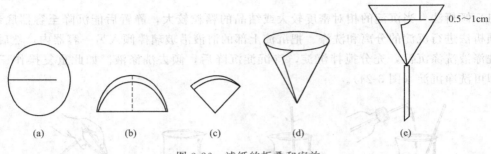

图 3-26　滤纸的折叠和安放

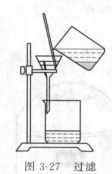

图 3-27　过滤

把带滤纸的漏斗放在漏斗架上，下面放容器以收集滤液，调节漏斗架的位置，使漏斗尖端靠在容器内壁，开始过滤。将玻璃棒下端对着三层滤纸的那一边并尽可能靠近，但不要碰到滤纸，用倾析法将上层清液沿着玻璃棒倾入漏斗（图 3-27）。漏斗中的液面至少要比滤纸边缘低 5mm，以免部分沉淀可能由于毛细管作用越过滤纸上缘而损失。当倾析暂停时，烧杯嘴沿玻璃棒向上提，以免流失烧杯嘴上的溶液，带有沉淀和溶液的烧杯按图 3-28 放置，即在烧杯下垫一木块，使烧杯倾斜，以利于沉淀和清液分开，便于转移清液。当上层清液转移完后，对沉淀进行初步洗涤。用 10mL 左右洗涤液吹洗玻璃棒和杯壁，使黏附着的沉淀集中于杯底，每次的洗涤液同样用倾泻法过滤。如此反复洗涤 3~4 次。然后再加入少量洗涤液于烧杯，搅起沉淀，通过玻璃棒将沉淀和洗涤液转移至滤纸上，如此反复几次，尽可能地将沉淀转移到滤纸上。烧杯中残留的少量沉淀，则可如图 3-29 所示，右手拿洗瓶冲洗杯壁上所黏附的沉淀，左手食指按住架在烧杯嘴上的玻璃棒上方，其余手指拿住烧杯，杯底略朝上，玻璃棒下端对准三层滤纸处，将沉淀吹洗入漏斗中。沉淀全部转移至滤纸上，应对它进行洗涤，以除去沉淀表面所吸附的杂质和残留的母液。洗涤时应先使洗瓶的水流从滤纸的多重边缘开始螺旋向下吹洗（图 3-30），最后到多重部分停止，称为"从缝到缝"。待上一次洗液流完后，再进行下一次洗涤，如此反复多次，直至沉淀洗净。采用少量多次，两次间尽量滤干的方法，能获得好的洗涤效果。

图 3-28　过滤暂停烧杯放置法

图 3-29　沉淀的转移

图 3-30　沉淀的洗涤

② 减压过滤　减压过滤又叫抽滤、吸滤或真空过滤。减压过滤可加快过滤速度，并把沉淀抽滤得比较干燥。胶状沉淀在过滤速度很快时会透过滤纸，不能用减压过滤。颗粒很细

的沉淀会因减压抽吸而在滤纸上形成一层密实的沉淀，使溶液不易透过，反而达不到加速目的，也不宜用此法。

减压过滤装置如图 3-31 所示，过滤部分由布氏漏斗和抽滤瓶构成。抽滤瓶用来承接滤液，漏斗管插入单孔橡胶塞，与吸滤瓶相连接，应注意橡胶塞插入吸滤瓶内的部分不得超过塞子高度的 2/3，漏斗管下方的斜口要对着吸滤瓶的支管口。吸滤瓶连接循环水真空泵，以抽气减压。

 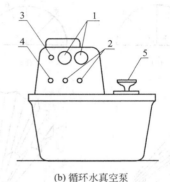

(a) 抽滤装置　　　　　　　　(b) 循环水真空泵

图 3-31　减压过滤装置
1—真空表；2—抽气口；3—电源指示灯；4—电源开关；5—水箱上盖手柄

循环水真空泵是以循环水为流体，利用射流产生负压的原理而设计的一种多用真空泵，广泛用于蒸发、蒸馏、结晶、过滤、减压和升华等操作中。由于水可以循环使用，避免了直排水的现象，节水效果明显，是实验室理想的减压设备。循环水真空泵使用时应注意：a. 真空泵抽气口最好接一缓冲瓶，以免停泵时水被倒吸。b. 开泵前应检查是否与体系接好，打开缓冲瓶上的旋塞后开泵，慢慢关闭旋塞至所需要的真空度。关泵时先打开缓冲瓶上的旋塞，拔掉连接安全瓶与抽气口的橡胶管再关泵，切忌相反操作。

减压过滤前，先将内径略小于布氏漏斗的圆形滤纸平整地放在漏斗底部，用少量冷溶剂湿润滤纸，开启循环水真空泵，抽气使滤纸紧贴在漏斗瓷板上，如有缝隙一定要除去。

过滤时，用倾析法先转移溶液，溶液量不应超过漏斗容量的 2/3，待溶液快流尽时再转移沉淀，容器中残留的固体要用母液转移。

过滤完后，加入适量的溶剂，使所有沉淀都能均匀湿润，再开启真空泵，使溶剂缓慢通过沉淀物，最后开大真空泵，抽吸干燥。如需多次洗涤，重复操作至达到要求为止。洗涤后的沉淀如果是实验的产物，可用手掌轻轻拍打漏斗四周，使其中的沉淀疏松，把布氏漏斗倒盖在表面皿上，上下振动几次使沉淀连同滤纸脱离布氏漏斗，然后用玻璃棒小心地将粘在滤纸上的沉淀刮下。若过滤后只需要留用溶液，取下漏斗从过滤瓶的上口倾出滤液。

③ 热过滤　当需要除去热、浓溶液中的不溶性杂质而又不能让溶质析出时，一般采用热过滤。热过滤器是由带有夹层的铜质漏斗和玻璃漏斗共同组成的（图 3-32）。为达到最大过滤速度，可选用短颈而粗的玻璃漏斗，防止晶体在颈部析出而造成堵塞。过滤前要把玻璃漏斗预热。

为了尽可能地利用滤纸的有效面积，从而加快过滤速度，滤纸

图 3-32　热过滤装置

应折成菊花状。折叠方法如图 3-33 所示,首先将滤纸对折成半圆形,然后将该半圆形滤纸向同一方向 8 等分,滤纸形状如图 3-33(d) 所示。再将滤纸的每一片中间向与前面折痕相反的方向对折,将半圆滤纸 16 等分,形成像折扇一样排列的形状 [图 3-33(e)]。打开滤纸成图 3-33(f) 的形状,再将图 3-33(f) 中 1 和 2 两处向相反方向折一次,可以得到一个完好的菊形滤纸 [图 3-33(g)]。

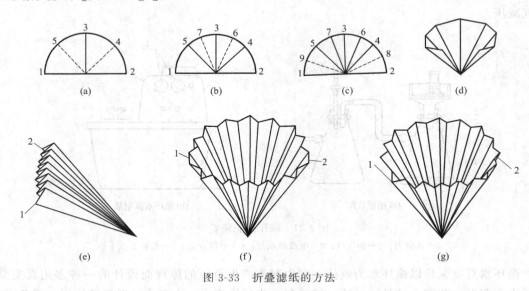

图 3-33 折叠滤纸的方法

滤纸折线集中的地方(圆心),切勿重压,以免过滤时滤纸破裂。使用时滤纸要翻转过来,避免弄脏的一面接触滤液。

3.7 重量分析的基本操作

重量分析中,为了使得到的沉淀不要过多或过少,应根据所得沉淀的质量,确定开始的称样量。对晶形沉淀,沉淀称量形式的量一般控制在 0.5g 左右,对非晶形沉淀,其沉淀的称量形式的量一般控制在 0.2g 左右。

3.7.1 沉淀的形成

(1) 准确称量一定量的试样,处理成为溶液。根据过量 20%～50% 的比例计算出沉淀剂的实际用量。

(2) 制备晶形沉淀时,为了获得颗粒粗大的晶形沉淀,应将试样溶液适当地稀释并加热。左手拿滴管慢慢地滴加沉淀剂,滴管口要接近液面,以免溶液溅出。右手拿搅拌棒,边滴边搅拌,防止沉淀剂局部过浓。

(3) 对于非晶形沉淀,要用浓的沉淀剂,快速加入到热的试液中,同时搅拌,这样就容易得到紧密的沉淀。

(4) 检查沉淀是否完全。将溶液放置片刻,待溶液澄清时,用滴管滴加一滴沉淀剂,观察滴落处是否出现浑浊。如出现浑浊,再补加沉淀剂,直至再加一滴不出现浑浊为止,盖上表面皿。注意,此过程中玻璃棒要一直放在烧杯内,直至沉淀、过滤、洗涤结束后才能取出。

(5) 沉淀操作结束后，对晶形沉淀，放置陈化后，过滤。对非晶形沉淀，只需静置数分钟，让沉淀下沉即可过滤。

3.7.2 沉淀的过滤和洗涤

沉淀的过滤和洗涤必须连续完成。按沉淀性质的不同，过滤方式分为常压过滤和减压过滤，过滤器可选用滤纸、玻璃漏斗及玻璃坩埚。

(1) **滤纸的选择** 定量分析用的滤纸要求纤维组织均匀，并有一定的紧密程度。根据紧密程度的不同，滤纸分为三种类型，即快速型、中速型和慢速型。在具体实验过程中，需根据沉淀的量、沉淀颗粒的大小和沉淀的性质选用合适的滤纸。定量滤纸的规格见表3-1。

表 3-1 定量滤纸的规格

类别和标志	快速(白条)	中速(蓝条)	慢速(红条)
每平方米的质量/g	75	75	75
孔度	大	中	小
w 水分($\leq$)/%	7	7	7
w 灰分($\leq$)/%	0.01	0.01	0.01
示例	氢氧化铁	碳酸锌	硫酸钡

(2) **滤纸的折叠与安放** 参见"3.6.2 液固分离"部分。

(3) **沉淀的过滤和洗涤** 过滤和洗涤沉淀采用倾析法（参见"3.6.2 液固分离"部分）。为了减少洗涤时沉淀的溶解损失，避免形成胶体，按照下面原则选择洗液。

① 溶解度小而又不易形成胶体的沉淀，用去离子水洗涤。

② 溶解度较大的晶形沉淀，可用沉淀剂的稀溶液洗涤，但沉淀剂必须在烘干或灼烧时挥发或分解除去。例如，CaC_2O_4 沉淀用 $(NH_4)_2C_2O_4$ 稀溶液洗涤。

③ 溶解度较小而又可能分散成胶体的沉淀，应用易挥发的电解质稀溶液洗涤。例如，$Al(OH)_3$ 沉淀用 NH_4NO_3 稀溶液洗涤。

④ 对溶解度受温度影响不大的沉淀，可用热洗涤液洗涤，这样过滤较快，而且能防止形成胶体。

洗涤的次数视沉淀的性质及杂质的含量而定。一般晶形沉淀洗 2~3 次，非晶形沉淀洗 5~6 次。洗涤应遵循"少量多次"的原则，即总体积相同的洗涤液应尽可能分多次洗涤，每次用量要少，而且每次加入洗涤液前应使前一次的洗涤液尽量流尽。

数次洗涤后，用洁净的表面皿接取约 1mL 滤液，选择灵敏的定性反应来检验沉淀是否洗净（注意：接取滤液时勿使漏斗下端触及下面烧杯中的滤液）。

(4) **沉淀的转移** 参见"3.6.2 液固分离"部分。

3.7.3 沉淀的干燥、灼烧

3.7.3.1 干燥器的准备和使用

干燥器是一种用来对物品进行干燥或保存干燥物品的玻璃仪器。如图 3-34 所示，干燥

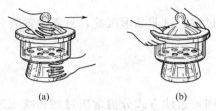

图 3-34 干燥器及使用

器内有一块圆孔的瓷板将其分成上、下两室，下室放干燥剂，上室放待干燥物品。

使用干燥器前，先将瓷板和内壁擦干净。装干燥剂时，可用一张稍大的纸折成喇叭形，插入干燥器底，大口向上，从中倒入干燥剂，避免干燥器沾污。干燥剂的量以下室的一半为宜。干燥剂一般用变色硅胶，当蓝色的硅胶变成红色（钴盐的水合物）时，应将硅胶重新烘干。

干燥器的沿口和盖沿均为磨砂平面，用时需涂敷一薄层凡士林以增加其密封性。开启或关闭干燥器时，用左手向右抵住干燥器身，右手握住盖的圆把手向左平推干燥器盖［图3-34(a)］。取下的盖子应盖里朝上放在实验台上。

灼烧的物体放入干燥器后，为防止干燥器内空气膨胀而将盖子顶落，应反复将盖子推开一道细缝，让热空气逸出，直至不再有热空气排出时再盖严盖子。

搬移干燥器时，要用双手拿着干燥器和盖子的沿口，如图3-34(b) 所示，以防盖子滑落打碎，绝对禁止只用手捧其下部。

3.7.3.2　坩埚的准备

在定量分析中用滤纸过滤的沉淀，须在瓷坩埚中灼烧至恒重。具体做法为：将洗净的坩埚倾斜放在泥三角上，如图 3-35(a) 所示，斜放好盖子用小火小心加热坩埚盖［图3-35(b) 右侧火焰］，使热空气流反射到坩埚内部将其烘干。然后在坩埚底部灼烧至恒重［图 3-35(b) 右侧火焰］。在灼烧过程中要用热坩埚钳慢慢转动坩埚数次，使其灼烧均匀。空坩埚第一次灼烧30min后，停止加热，稍冷却（红热退去，再冷1min左右），用热坩埚钳夹取，放入干燥器内冷至室温，称量（称量前10min应将干燥器拿到天平室）。然后再灼烧15～20min，稍冷后，再放入干燥器，冷却至室温，称量（每次冷却时间要相同），如此重复，直至两次称量相差不超过0.2mg，即为恒重。将恒重后的坩埚放在干燥器中备用。

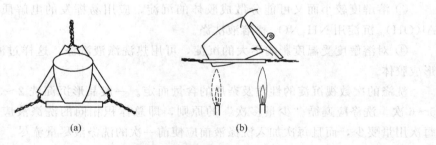

图 3-35　瓷坩埚在泥三角上的放置

若使用马弗炉而不用煤气灯灼烧，将烘干的瓷坩埚用长坩埚钳渐渐移入 800～850℃ 的马弗炉中（坩埚直立并盖上坩埚盖，但留有空隙）。第一次和第二次灼烧的时间和冷却、称量条件与上述用煤气灯灼烧类同。

3.7.3.3　沉淀的包裹

晶形沉淀一般体积较小，可按图 3-36 的方法包裹：用清洁的玻璃棒将滤纸的三层部分挑起，再用洗净的手将带有沉淀的滤纸小心取出，打开成半圆形，自右边半径的 1/3 处向左折叠，再自上向下折，然后自右向左卷成小卷。最后将滤纸放入已恒重的坩埚中，包卷层数较多的一面应朝上，以便于炭化和灰化。

图 3-36 晶形沉淀的包裹

对于非晶形沉淀，由于体积一般较大，不宜采用上述包裹方法，而采用如图 3-37 所示方法：用玻璃棒从滤纸三层的部分将其挑起，然后用玻璃棒将滤纸向中间折叠，将三层部分的滤纸折在最外面，包成锥形滤纸包。用玻璃棒轻轻按住滤纸包，旋转漏斗颈，慢慢将滤纸包从漏斗的锥底移至上沿，这样可擦下黏附在漏斗上的沉淀。将滤纸包移至恒重的坩埚中，尖头向上。再仔细检查原烧杯嘴和漏斗内是否残留沉淀。如有沉淀，可用准备漏斗时撕下的滤纸再擦拭，一并放入坩埚内。此法也可以用于包裹晶形沉淀。

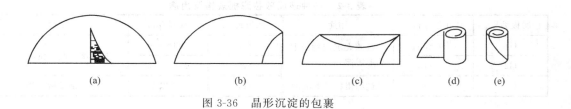

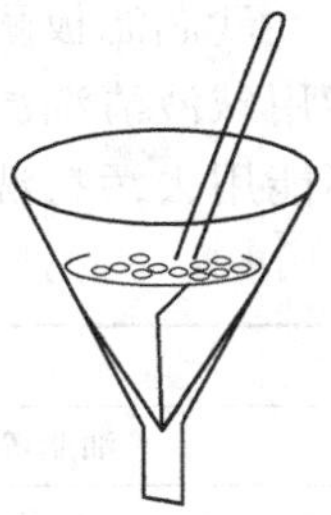

图 3-37 非晶形沉淀的包裹

3.7.3.4 沉淀的烘干、灼烧和恒重

把装有沉淀的坩埚如图 3-35(b) 所示（火焰在右侧），斜放在泥三角上，坩埚盖斜靠在坩埚口和泥三角上，用煤气灯小心加热坩埚盖，这时热空气流反射到坩埚内部，使滤纸和沉淀烘干，并炭化。要防止温度升得太快，坩埚中氧不足致使滤纸变成整块的炭。如果生成大块炭，则使滤纸完全炭化非常困难。在炭化时不能让滤纸着火，否则会将一些微粒扬出。万一着火，应立即将坩埚盖盖好，同时移去火源使其熄灭，不可吹灭，以免沉淀扬出。

滤纸炭化后，将灯放在坩埚底部，如图 3-35(b) 所示（火焰在左侧），逐渐加大火焰使滤纸灰化。滤纸全部灰化后，按处理空坩埚相同的条件下，对沉淀进行灼烧、冷却、称重，然后进行第二次灼烧、冷却、称量，重复操作，直至恒重。

使用马弗炉煅烧沉淀时，沉淀和滤纸的干燥、炭化和灰化过程，应事先在煤气灯上或电炉上进行，灰化后将坩埚移入适当温度的马弗炉中。在与灼烧空坩埚时相同温度下，灼烧、冷却、称量，直至恒重。

需要注意的是，干燥器内并非绝对干燥，这是因为各种干燥剂均具有一定的蒸气压。灼烧后的坩埚或沉淀若在干燥器内放置过久，则由于吸收了干燥器空气中的水分而使重量略有增加，因此应严格控制坩埚在干燥器内的冷却时间。

3.7.4 用微孔玻璃过滤器过滤、烘干与恒重

只要经过烘干即可称量的沉淀通常用微孔玻璃过滤器过滤。微孔玻璃过滤器分坩埚形和漏斗形两种类型，见图 3-38(a)、(b)。前者称为玻璃坩埚式过滤器或玻璃滤坩；后者称为玻璃漏斗式过滤器或砂芯漏斗。这两种玻璃滤器虽然形状不同，但其底部滤片皆是用玻璃砂在 600℃ 左右烧结制成的多孔滤板。根据滤板平均孔径分级，按微孔由大到小可分为六级，

如表 3-2 所示。一般用 G1~G2 过滤非晶形沉淀（相当于快速滤纸）；用 G3 过滤粗粒晶形沉淀（相当于中速滤纸）；用 G4~G5 过滤细粒晶形沉淀（相当于慢速滤纸）；G6 用于过滤细菌及微生物。

表 3-2 各种玻璃砂芯滤板规格及用途

滤板编号	孔径/μm	用途	滤板编号	孔径/μm	用途
G1	20~30	过滤大沉淀物及非晶形沉淀	G4	3~4	过滤细粒晶形沉淀
G2	10~15		G5	1.5~2.5	
G3	4.5~9	过滤粗粒晶形沉淀	G6	1.5以下	过滤细菌及微生物

玻璃滤埚不能用来过滤不易溶解的沉淀（如二氧化硅等），否则沉淀将无法清洗；也不宜用来过滤浆状沉淀，因为它会堵塞烧结玻璃的细孔。

砂芯滤板耐酸性强，但强碱性溶液会腐蚀滤板，因此不能用来过滤强碱性的溶液，也不能用碱液清洗滤器。滤器用完后，先尽量倒出其中沉淀，再用适当的清洗剂清洗（表 3-3）。不能用去污粉洗涤，也不要用坚硬的物体擦划滤板。

表 3-3 玻璃过滤器常用清洗剂

沉淀物	清洗剂
油脂等各种有机物	先用四氯化碳等适当的有机溶剂洗涤,再用铬酸洗液洗涤
氯化亚铜、铁斑	含 $KClO_4$ 的热浓盐酸
汞渣	热浓 HNO_3
氯化银	氨水或 $Na_2S_2O_3$ 溶液
铝质、硅质残渣	先用 HF,再用浓 H_2SO_4 洗涤,随即用蒸馏水反复漂洗几次
二氧化锰	HNO_3-H_2O_2 溶液

玻璃滤埚和砂芯漏斗配合吸滤瓶使用［图 3-38(c)］。玻璃滤埚通过一特制的橡胶座安装在吸滤瓶上，用水泵抽气。过滤时应先开水泵，接上橡胶管，倒入过滤溶液。过滤完毕，应先拔下橡胶管，关上水泵，否则由于瓶内负压，会使自来水倒吸入瓶。

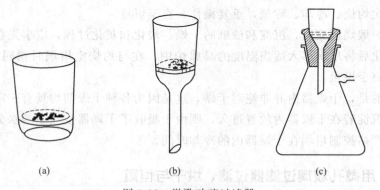

图 3-38 微孔玻璃过滤器

用微孔玻璃过滤器过滤，使用前先用稀 HCl、稀 HNO_3 或氨水等溶剂洗涤，用自来水冲洗后再用蒸馏水润洗，并在吸滤瓶上抽洗干净。抽洗干净的滤埚不能用手直接接触，可用洁净的软纸衬垫着拿取，将其放在洁净的烧杯中，盖上表面皿，置于烘箱中烘干后，置于干燥器中冷却，称量。重复烘干、冷却直至恒重（两次称量质量差不大于 0.2mg）。

用玻璃滤埚过滤沉淀时，把经过恒重的坩埚装在吸滤瓶上，先用倾析法过滤。经初步洗涤后，把沉淀全部转移到坩埚中，再将烧杯和沉淀用洗涤液洗净，把装有沉淀的坩埚置于烘箱中，在与空坩埚相同的条件下烘干、冷却、称重，直至恒重。

3.8 重 结 晶

3.8.1 实验原理

固态化合物在溶剂中的溶解度一般随温度升高而增大。若把固体物质溶解在热的溶剂中，形成饱和溶液，冷却时由于溶解度降低，溶液变得过饱和而析出晶体。利用溶剂对被提纯物质及杂质的溶解度不同，通过加热溶解、冷却结晶，将杂质除去以达到分离纯化固体物质的目的的过程称为重结晶。

重结晶一般适用于杂质含量在 5% 以下的固态化合物的提纯。杂质含量多，常会影响晶体生成的速度，甚至会妨碍晶体的形成，如有时会变成油状物，使晶体难以析出，或者重结晶后仍含有杂质。这时，必须先采用其他方法初步提纯，例如萃取、水蒸气蒸馏、减压蒸馏等，然后再用重结晶提纯。

3.8.2 操作步骤

（1）选择适当的溶剂　正确地选择溶剂，对重结晶操作有很重要的意义。适宜的溶剂必须符合下面的条件：

① 与被提纯的物质不起化学反应。

② 被提纯物质的溶解度具备在较高温度时较大，在较低温度时较小的特性。

③ 杂质在该溶剂中的溶解度要么很小（杂质在热溶剂中不溶，则趁热过滤除去），要么很大（杂质保留在母液中，不随被提纯物一同析出）。

④ 对要提纯的物质能生成较整齐的晶体。

⑤ 溶剂的沸点要适中。沸点过低，溶解度改变不大，不宜操作；沸点过高，附着于晶体表面的溶剂不易除去。

⑥ 价廉易得、毒性低、回收率高、操作安全。

应根据"相似相溶"的原则选择溶剂，即极性物质的重结晶应选用极性溶剂，反之亦然。具体选择溶剂时，先查阅有关的文献和手册，了解某化合物在各种溶剂中不同温度的溶解度。若无合适的，就要通过实验来确定，方法为：取 0.1g 晶体于小试管中，逐滴加入溶剂，并不断振荡，待加入量约为 1mL 时，注意观察是否溶解。若很快全溶或加热至沸腾溶解，但冷却后无晶体析出，表明该溶剂不宜作重结晶的溶剂；若晶体完全溶于 1mL 沸腾的溶剂中，冷却后析出大量结晶，这种溶剂一般认为是合适的。如果试样不溶于或未完全溶于 1mL 沸腾溶剂中，可少量多次加入溶剂至 3～4mL，沸腾后仍不溶，或者沸腾时溶解，但冷却液经玻璃棒摩擦试管内壁以及用冷水冷却后仍然无晶体析出，则此溶剂也不适用。

如果单一溶剂难以选择时，可使用混合溶剂。混合溶剂一般由两种能互溶的溶剂组成，其中一种对被提纯物质的溶解度很大（称为良溶剂），另一种则很小（称为不良溶剂）。常用的混合溶剂有：水-乙醇、水-乙酸、水-丙酮、甲醇-水、甲醇-乙醚、甲醇-二氯乙烷、石油醚-苯、石油醚-丙酮、氯仿-石油醚、乙醚-丙酮、氯仿-乙醇、苯-无水乙醇等。

(2) 将粗产品溶于适当的热溶剂中制成饱和溶液　以水作溶剂时，可直接在锥形瓶或烧杯中溶解，将水分批加入，边加边搅拌，至固体完全溶解后，再多加 20% 左右（这样可避免热过滤时，晶体在漏斗上或漏斗颈中析出造成损失）。若用有机溶剂重结晶，要采用回流装置［图 2-2(a)］，减少溶剂挥发，避免发生着火等危险。

(3) 吸附剂的使用　粗制有机物常含有色杂质，重结晶时这些杂质虽可溶解在热溶剂中，但当冷却析出结晶时，部分杂质又会被吸附，使产物带有颜色。有时在溶液中存在少量树脂状或极细的不溶性物质，用简单的过滤无法除去，此时可加入吸附剂以除去这些杂质。最常用的吸附剂有活性炭和三氧化二铝，活性炭适用于极性溶剂如水、乙醇等，三氧化二铝适用于非极性溶剂如苯、石油醚等，否则脱色效果较差。活性炭的用量一般为干燥粗产品质量的 1%～5%，用量过多或过少都不合适，因为活性炭除吸附杂质外，也会吸附产品。为避免液体暴沸其至冲出容器，活性炭不能加入到已沸腾的溶液中，须稍冷后方可加入，煮沸 5～10min 再趁热过滤除去。如一次仍不能脱色，需重新加入活性炭脱色。

(4) 趁热过滤除去不溶性杂质　制备好的热溶液，必须趁热过滤，以除去不溶性杂质及吸附剂。热过滤操作要求热溶液能以最短时间通过滤纸，不使溶液温度下降导致晶体在滤纸上析出而造成损失。

通常用保温漏斗进行热过滤，漏斗中要放上事先用热溶剂润湿的菊形滤纸，逐渐将热的待滤溶液分批加入漏斗中（未加完的液体，仍继续加热保持温度），不宜一次加入太多（一般不少于 1/3，不多于 2/3）。过滤时，漏斗上可盖上表面皿（凹面向下）减少溶剂的蒸发且可以保温。盛溶液的器皿一般用锥形瓶（只有水溶液才可收集在烧杯中）。

(5) 冷却结晶　热溶液冷却，使溶解的物质自过饱和溶液中析出，而一部分杂质仍留在母液中。冷却方式有两种：快速冷却和自然冷却。

① 快速冷却：将滤液在冷水浴或冰水浴中冷却并剧烈搅动，可得到颗粒很小的晶体。小颗粒晶体包含的杂质较少，但其表面积大，吸附在表面的杂质较多。快速冷却优点是冷却速度快。

② 自然冷却：将热的饱和溶液静置，缓慢地降温。当溶液的温度降至接近室温，而且有大量晶体析出后，可进一步用冷水浴或冰水浴冷却，使更多晶体从母液中析出，这样的晶体大而均匀。较大的晶体内部虽包含杂质较多，但表面积小，吸附杂质少，而且容易用新鲜溶剂洗涤除去。

总之，自然冷却比快速冷却得到的晶体洁净，重结晶选择何种冷却方式，要根据产品要求而定。有时候晶体不易从过饱和溶液中结晶析出，这是由于溶液中尚未形成结晶中心，可以用玻璃棒摩擦容器内壁，或者投入晶种（该种物质的晶体），促使晶体析出。

(6) 抽滤　将容器中的晶体和液体沿玻璃棒分批倒入布氏漏斗抽滤，并用母液将黏附在容器壁上的残留晶体转移至布氏漏斗中。用玻璃塞或玻璃钉挤压晶体，以尽量除去母液。最后用少量冷溶剂洗涤 1～2 次。

(7) 干燥　抽滤和洗涤后的结晶，表面上吸附有少量溶剂，因此尚需用适当的方法进行干燥。固体的干燥方法很多，可根据重结晶所用的溶剂及结晶的性质来选择。若使用的溶剂沸点比较低，可在室温下使溶剂自然挥发；若溶剂沸点较高（如水）而产品又不易分解和升华，可用红外灯烘干；如果产品易吸水或高温易发生分解变色，应用真空干燥器干燥。晶体经充分干燥后，称量，计算回收率。通过测定熔点来检验其纯度。

3.9 干燥与干燥剂

干燥是基础化学实验中非常普通且十分重要的基本操作。进行物质的定性或定量分析、结构鉴定时,为保证结果的准确性,样品必须经过干燥。蒸馏之前,为防止液体有机化合物与水生成共沸混合物,必须通过干燥将水除去。某些有机反应需要在绝对无水的条件下进行,所用的原料及容器都应当是干燥的,合成反应过程中还要对进入的空气进行干燥处理,以防止空气中的水分进入反应体系。通常制备的产品,也要进行干燥处理后,才能成为合格的产品。干燥的方法大致有物理方法和化学方法两种。

(1) 物理方法 主要有加热、真空干燥、吸附、分馏、共沸蒸馏、冷冻干燥等方法。

(2) 化学方法 使用能与水生成水合物的化学干燥剂(第一类干燥剂)进行干燥,如硫酸、氯化钙、硫酸铜及硫酸镁等,以及与水反应后生成其他化合物的干燥剂(第二类干燥剂),如五氧化二磷、氧化钙、钠等。

3.9.1 液体有机物的干燥

3.9.1.1 用干燥剂除水

干燥剂只适用于干燥含少量水的液体有机化合物,如果含水较多,必须在干燥前设法将其尽可能除去。例如萃取时一定要将水层尽可能分离干净,然后才能使用干燥剂,否则干燥剂耗量太多,也会损失被干燥物质。由于第一类干燥剂与水的结合是可逆过程,温度升高时,平衡向脱水方向移动(如 $CaCl_2 \cdot 6H_2O$ 在 30℃ 以上失水),因此蒸馏之前必须将这类干燥剂滤去。

(1) 干燥剂的选择 液体有机物的干燥通常是将干燥剂直接放入其中,以除去水分或其他有机物(如用无水 $CaCl_2$ 除去低级醇类、胺等)。选择干燥剂要考虑以下因素:与被干燥的有机物不能发生化学反应;不能溶于该有机物中;吸水量大,干燥速度快,价格便宜。

干燥剂颗粒大小要适当,颗粒太大,表面积小,干燥剂吸水慢、吸水量也小;颗粒太小,吸附有机物较多。如干燥剂呈粉状,吸水后易成糊状,分离困难。

各类有机物常用干燥剂见表 3-4。

表 3-4 各类有机物常用干燥剂

化合物类型	干燥剂	化合物类型	干燥剂
烃	$CaCl_2$、Na、P_2O_5	酮	K_2CO_3、$CaCl_2$、$MgSO_4$、Na_2SO_4
卤代烃	$CaCl_2$、$MgSO_4$、Na_2SO_4、P_2O_5	酸、酚	$MgSO_4$、Na_2SO_4
醇	K_2CO_3、$MgSO_4$、CaO、Na_2SO_4	酯	$MgSO_4$、Na_2SO_4、K_2CO_3
醚	$CaCl_2$、P_2O_5、Na	胺	KOH、NaOH、K_2CO_3、CaO
醛	$MgSO_4$、Na_2SO_4	硝基化合物	$CaCl_2$、$MgSO_4$、Na_2SO_4

(2) 干燥剂的用量 可根据干燥剂的吸水量和水在有机物中的溶解度来估算干燥剂的用量,在实际操作中,干燥剂的用量远高于计算量,这是因为吸附过程是可逆的,且干燥剂要达到最大吸附量必须有足够长的时间来保证。但用量过多,则会因有机物被干燥剂吸附而造成损失,所以干燥剂用量应有所控制,一般用量为 10mL 液体约加 0.5~1.0g 干燥剂。

(3) 操作方法 干燥操作一般在干燥的具塞锥形瓶中进行,加入干燥剂前,应尽可能将被干燥液中的水分分离干净,不应有任何可见的水层和悬浮水珠。加入干燥剂后,用塞子塞紧,振摇片刻,静置观察。若干燥剂黏附在瓶壁上或相互粘接,说明干燥剂用量不够,应再添加干燥剂。如果投入干燥剂后出现水相，必须用吸水管把水吸出，然后再添加新的干燥剂。静置约30min或更长时间，期间需振荡几次，以提高干燥效率，直至干燥后的液体外观上澄清透明（干燥后的液体透明，并不一定说明已不含水分，液体透明与否取决于水在该有机物中的溶解度。如20℃时水在乙醚中的溶解度为1.19g/100mL，只要含水量小于此值，含水的乙醚也是透明的），可认为水分基本除去。

3.9.1.2 恒沸脱水

某些与水能形成二元恒沸物的液体有机化合物，可以直接蒸馏，把含水的恒沸物蒸出，剩下无水的有机化合物。例如，由29.6%水和70.4%苯组成的二元恒沸物的沸点为69.3℃，而纯苯的沸点为80.3℃，蒸馏含少量水的苯，当温度升高到69.3℃时，蒸出含水29.6%的二元恒沸物，水便被除去，温度升至80.3℃，就可得到无水苯。

有时也可在含水的有机物中加入另外一种有机物，使其形成三元恒沸物，然后蒸馏，将水带出。例如，将足量的苯加到95.5%乙醇中，形成沸点为64.9℃的三元恒沸物（含乙醇18.5%、水7.4%、苯74.1%），经蒸馏，可除去乙醇中的水，得到99.5%的无水乙醇，这是工业上制备无水乙醇的一种方法。

3.9.2 固体有机物的干燥

(1) 晾干：对性质比较稳定、不吸潮、在空气中不分解的固体有机化合物，可采用自然晾干法除去所含水分或易挥发有机溶剂。这是最简便、最经济的干燥方法，特别适用于一些熔点较低的化合物的干燥。

将固体样品放在干燥的表面皿或纸片上（不能用滤纸），摊开，再用另一张纸片覆盖以防污染，置于实验室内，让其自然干燥，约需数日。在实验时间允许时，可采用这种简便的干燥方法。

(2) 烘干：对熔点较高、热稳定好、不升华的固体有机物，将其置于电热真空干燥箱（烘箱）或红外灯下照射干燥，要注意加热温度应低于样品的熔点。

(3) 干燥器干燥：易吸潮、易升华、对热不稳定的固体有机物，可放在普通干燥器或真空干燥器中干燥。

微波加热、冷冻等方法也可用于固体有机化合物的干燥。

3.10 色 谱 法

色谱法的基本原理是利用混合物中各组分在某一物质中的吸附或溶解性能的不同，或其他亲和作用性能的差异，使混合物的溶液流经该物质，进行反复的吸附或分配等作用，从而将各组分分开。色谱分离法的分离效果远比分馏、重结晶等一般方法好，而且适用于常量、少量或微量物质的处理。近年来，这一方法已普遍应用于化学、生物学、医学等方面。按分离原理不同，色谱法可分为吸附色谱、分配色谱、离子交换色谱、凝胶色谱等；根据操作条件的不同，色谱法又分为柱色谱、薄层色谱、纸色谱、气相色谱及高效液相色谱等。

3.10.1 柱色谱

3.10.1.1 实验原理

柱色谱又叫柱层析，是通过色谱柱（层析柱）来实现分离、提纯少量有机化合物的有效方法。常用的有吸附柱色谱和分配柱色谱，前者常用氧化铝和硅胶作固定相，后者则以附着在惰性固体（如硅藻土、纤维素等）上的活性液体作固定相（也叫固定液），实验室最常用的是吸附柱色谱。

吸附柱色谱通常在玻璃管中填入表面积大、经过活化的多孔性或粉状固体吸附剂。液体样品从柱顶加入，当待分离的混合物流经吸附柱时，各种组分同时被吸附在柱的上端。然后从柱顶加入洗脱剂洗脱，当洗脱剂流下时，由于固定相对不同组分的吸附能力有差异，各组分以不同的速度沿柱下移，于是在柱上形成了不同的色带（对有色物质而言）。继续洗脱，吸附能力最弱（极性最小）的组分随洗脱剂最先流出，吸附能力强（极性强）的组分后流出，分别按颜色带收集各组分，然后将洗脱剂蒸除得到纯组分。如被分离的物质为无色，只能先分段收集洗脱液，再用薄层色谱或其他方法逐个鉴定，最后将相同组分的流出液合并在一起，蒸除溶剂，即得单一的纯净物，从而实现对混合物各组分的分离。

(1) 吸附剂　常用的吸附剂有氧化铝、硅胶、氧化镁、碳酸钙和活性炭等，按其相对吸附能力强弱，大致可分为以下三类，通常应根据实际分离需要选择吸附剂。

① 强吸附剂：低含水量的氧化铝、硅胶、活性炭；
② 中等吸附剂：碳酸钙、磷酸钙、氧化镁；
③ 弱吸附剂：蔗糖、淀粉、滑石粉。

吸附剂的吸附能力不仅取决于吸附剂本身，还和被吸附物质的极性有关，化合物分子中含有极性大的基团时，吸附性也较强。如氧化铝对各种化合物的吸附性按以下次序递减：酸和碱＞醇、胺、硫醇＞酯、醛、酮＞芳香族化合物＞卤代物、醚＞烯＞饱和烃。

(2) 洗脱剂　洗脱剂的选择对柱色谱至关重要。洗脱剂一般通过薄层色谱实验确定，能将样品中各组分完全分开的展开剂，即可作为柱色谱的洗脱剂。当单一展开剂达不到所要求的分离效果时，可考虑选用混合展开剂。

色谱柱的洗脱首先使用极性最小的溶剂，使最容易脱附的组分分离，然后逐渐增加洗脱剂的极性，使极性不同的组分按极性由小到大的顺序自色谱柱中依次洗脱下来。常用洗脱剂的极性按如下顺序递增：

己烷和石油醚＜环己烷＜四氯化碳＜二硫化碳＜甲苯＜苯＜二氯甲烷＜氯仿＜环己烷-乙酸乙酯（80∶20）＜二氯甲烷-乙醚（80∶20）＜二氯甲烷-乙醚（60∶40）＜环己烷-乙酸乙酯（20∶80）＜乙醚＜乙醚-甲醇（99∶1）＜乙酸乙酯＜丙酮＜正丙醇＜乙醇＜甲醇＜水＜吡啶＜乙酸

在使用氧化铝和硅胶这样的极性吸附剂时，一般极性大的物质，需要用极性大的洗脱剂。若分离复杂组分的混合物，通常选用混合溶剂。所用洗脱剂必须纯粹和干燥，否则会影响吸附剂的活性和分离效果。

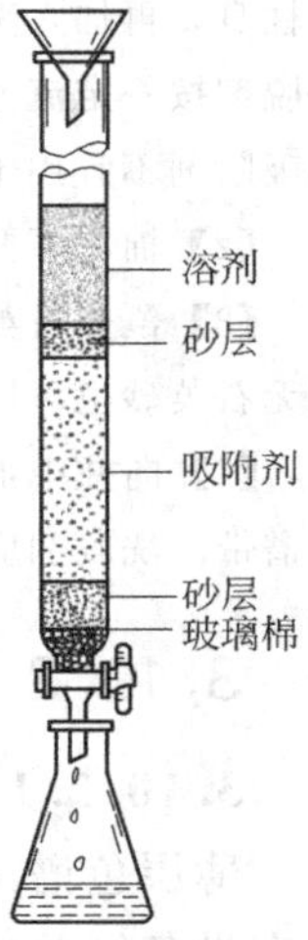

3.10.1.2 操作步骤

(1) 装柱[1]：取少许脱脂棉轻轻放于色谱柱底部[2]，再盖一层 0.5cm 厚的石英砂[3]，关闭活塞，向柱中加入约 3/4 体积的洗脱剂，打开活塞，使流速为 1 滴·s^{-1}，再将调成糊状的吸附剂与洗脱剂的混合物倒入柱中，使吸附剂自然沉降。待吸附剂全部加完后，用流下来的洗脱剂将柱内壁残留的吸附剂淋洗下来（柱内不能加太多洗脱剂，否则装柱花费太多时间）。在此过程中，可用套有橡胶管的玻璃棒轻轻敲击柱身下部，以使吸附剂装填得均匀而紧密。最后用玻璃棒将吸附剂表面理平，再在上面加 0.5cm 厚的石英砂。整个操作过程中应一直保持上述流速，不能使液面低于石英砂上层。柱色谱装置见图 3-39。

图 3-39　柱色谱装置

如果装柱时吸附剂的顶面不水平，将会造成非水平的谱带，如图 3-40(b) 所示；若吸附剂表面不平整或内部有气泡时会造成沟流现象（谱带前沿一部分向前突出），如图 3-41 所示。

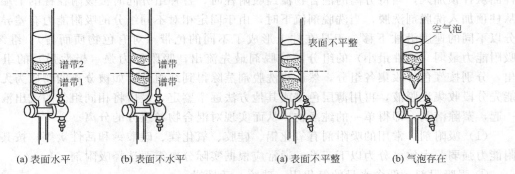

图 3-40　水平和非水平谱带前沿对比　　　　图 3-41　沟流现象

(2) 加样：当洗脱剂液面流至稍低于石英砂面后，关闭下旋塞，立即沿柱壁加入待分离样品[4]。样品加完后，打开下旋塞，使液体样品进入石英砂层后，用少量洗脱剂洗净管壁上的有色物质。

(3) 洗脱与分离：待洗涤柱壁样品的少量液体的液面和吸附剂表面相平时，便可沿管壁慢慢加入洗脱剂进行洗脱。洗脱速度要适中，样品在柱内下移的速度不能太快，否则混合物得不到充分分离；也不能太慢，时间太长会使色谱带扩散，影响分离效果。如洗脱剂下移速度太慢，可适当加压，或者用水泵减压，直至所有色带被分开。应注意，洗脱过程中不能使洗脱剂液面低于石英砂上层。

(4) 分离成分的收集：如果样品中各组分都有颜色，可根据不同的色带用锥形瓶分别收集，然后分别蒸去溶剂得到纯组分。如分离的组分无色，只能先分段收集洗脱液，再用薄层色谱或其他方法鉴定各段洗脱液的成分，相同成分者可合并。

注释

【1】此处为湿法装柱，除此以外，还有干法装柱：通过干燥漏斗将吸附剂装入柱中，并轻轻敲打色谱柱柱身，再加入洗脱剂润湿。也可先在柱中装入 3/4 体积的洗脱剂，然后倒入干的吸附剂，打开活塞，在洗脱剂按一定流速流出的同时带动其沉降。由于氧化铝和硅胶的溶剂化作用使柱内易形成缝隙，因此这两种吸附剂不宜用干法装柱。

【2】棉花不要塞得太紧，否则影响洗脱速度。

【3】覆盖石英砂的目的是：使样品均匀地流入吸附剂表面；加料时不致将吸附剂冲起，影响分离效果。若无石英砂也可以用玻璃毛或剪成内径略小于色谱柱的滤纸片盖在吸附剂上面。

【4】向柱中加样和添加洗脱剂时，应沿柱壁缓缓加入，以免将表层样品和吸附剂冲溅泛起，造成非水平谱带。洗脱剂应连续平稳地加入，防止柱身干裂产生不规则的谱带。

3.10.2　薄层色谱（TLC）

3.10.2.1　实验原理

薄层色谱又叫薄层层析，是一种广泛使用的快速分离和定性分析少量物质的实验技术，具有设备简单、操作快速且方便的优点。TLC 是将固定相支持物均匀地涂在载玻片上制成薄层板，将样品溶液点加在起点处，置于色谱容器中用合适的溶剂展开而达到分离的目的。

该法兼备了柱色谱和纸色谱的优点,不仅适用于少量样品(几到几十微克甚至 $0.01\mu g$)的分离,而且适用于较大量样品(可达 500mg)的精制;此外,薄层色谱法还可用于跟踪有机反应进程和柱色谱的先导(即为柱色谱摸索最佳条件)等方面,此法特别适用于挥发性较小或在较高温度易发生变化而不能用气相色谱分析的物质。

薄层色谱按分离机制不同可分为吸附薄层色谱、分配薄层色谱、离子交换薄层色谱等,最常用的是吸附薄层色谱。吸附薄层色谱中,当展开剂沿薄层板展开时,样品在薄层板上连续、反复地被吸附剂吸附、被展开剂解吸。混合样品中极性强的组分易被固定相吸附,移动速度慢;而极性弱的组分较难被固定相吸附,移动速度快,经过一段时间的展开后,不同组分彼此分开,形成互相分离的斑点。通常以比移值 R_f 表示物质移动的相对距离。

$$R_f = \frac{色斑最高浓度中心至原点中心的距离}{展开剂前沿至原点中心的距离} \tag{3-1}$$

R_f 因化合物的结构、薄层板、吸附剂、展开剂的性质、温度的变化而不同,但在特定条件下,每种物质的 R_f 都为一个特定值。据此,可以在相同条件下分别测定已知物和未知物的 R_f,再进行对照,即可确定二者是否为同一物质。

3.10.2.2 操作步骤

(1)选择吸附剂 硅胶和氧化铝是薄层色谱常用的固相吸附剂,化合物极性越大,在硅胶和氧化铝上的吸附力越强。

硅胶是酸性的,用来分离酸性或中性的化合物,薄层色谱用的硅胶分以下几种:

① 硅胶 H 不含黏结剂;

② 硅胶 G 含黏结剂煅石膏;

③ 硅胶 HF_{254} 含荧光物质,可在波长 254nm 的紫外光下发出荧光;

④ 硅胶 GF_{254} 既含黏结剂,又含荧光剂。

黏结剂除石膏外,还有淀粉、羧甲基纤维素钠(CMC)、聚乙烯醇等。CMC 较常用,用时加水煮沸,配成 0.5%~1%水溶液。

氧化铝也分为氧化铝 G、氧化铝 HF_{254} 及氧化铝 GF_{254}。由于氧化铝极性强于硅胶,可用于分离极性小的化合物。

(2)制薄层板 将硅胶 H 和 0.5%羧甲基纤维素钠(CMC)水溶液用玻璃棒轻轻搅匀(勿剧烈搅拌,以防将气泡带入影响薄板质量),将其倾注在洗净、晾干的载玻片上(75mm×25mm)。用食指和拇指拿住载玻片两端,前后左右轻轻摇晃,使流动的匀浆均匀地分布在载玻片上,且表面光洁平整。必要时,可让一端接触台面而另一端轻轻跌落数次并互换位置。将铺好的薄板放在干净平坦的台面上,晾干之后放入 110℃烘箱活化 1h 即可使用。

(3)点样 将样品溶于低沸点的溶剂(乙醚、丙酮、乙醇、四氢呋喃等)配成 1%溶液,点样用内径<1mm 的管口平整的毛细管。

点样前,先用铅笔在薄层板上距一端 1.5~2cm 处轻轻画一横线作为起始线,然后用毛细管吸取样品在起始线上小心点样。点样时,使毛细管液面刚好接触薄层板即可,切勿点样过重而使薄层板破损。若在同一块板上点几个样,样品两点之间的距离要大于 0.5cm,样品斑点的直径要控制在 2~3mm。如溶液太稀,一次点样不够,应待前次点样的溶剂挥发后方可重点。重点的次数依样品溶液浓度而定,若点样量太少,有的成分不易显出,若点样量太多易造成斑点过大，互相交叉或拖尾，不能很好地分离。点样操作见图 3-42(a)。

(4) 展开　展开剂的选择主要根据样品的极性、溶解度和吸附剂的活性等因素来考虑，良好的分离 R_f 应在 0.15～0.75 之间。薄层板的展开在密闭的容器中进行，先将展开剂放入广口瓶，使色谱器内空气饱和 5～10min，再将点好试样的薄层板放入色谱器中进行展开，点样的位置必须在展开剂液面之上。当展开剂上升到离前端 5～10mm 或多组分已明显分开时，取出薄层板，用铅笔标出展开剂前沿的位置，然后放平晾干。展开操作见图 3-42(b)。

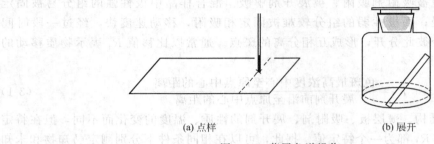

(a) 点样　　　　　　(b) 展开

图 3-42　薄层色谱操作

(5) 显色　如果化合物本身有颜色，就可直接观察它的斑点。如果无色，可先在紫外灯光下观察有无荧光斑点（含苯环的物质都有），用铅笔在薄层板上画出斑点的位置；对于在紫外灯光下不显色的，可放在含少量碘蒸气的容器中显色来检查色点（因为许多化合物都能和碘生成黄棕色斑点），显色后，立即用铅笔标出斑点的位置。

(6) 用 TLC 跟踪有机反应　在同一块板上点上原料样和反应混合物样（均需配成稀溶液），按上述方法进行展开和显色，记下原料样的斑点位置、大小和反应混合物样中相应斑点的位置、大小。过一定时间后，再取反应混合物样点样、展开、显色，如发现反应混合物样中相应于原料样斑点的位置处，无斑点或斑点变小，则说明反应已经完成或接近完成，依此可跟踪有机化学反应，这在有机合成上很有意义。

3.10.3　纸色谱

3.10.3.1　实验原理

滤纸是由几乎纯粹的纤维素构成，在水蒸气饱和的空气中，它可以吸附 20%～25% 的水分，其中约有 6%～7% 的吸附水是通过氢键与纤维素的羟基结合的，吸附极为牢固，一般条件下极难脱去。这些吸附水构成了纸色谱过程的固定相，含有一定比例水分的有机溶剂为流动相（通常称为展开剂），滤纸只是固定相的载体。纸色谱分离过程中，分配、吸附、离子交换等机理都起着一定的作用，但在一般情况下，分配作用占主导地位，所以纸色谱（纸层析）属于分配色谱。当混合样品点在滤纸上受流动相推动前进时，由于待分离各组分在滤纸上的水和流动相之间发生多次分配，结果在流动相中溶解度较大的组分随流动相移动速度快，而在流动相中溶解度较小的组分随流动相移动的速度较慢，经过一段时间的展开后，最终可将混合物分离。此法多用于微量（5～500μg）有机物的分离鉴定。

纸色谱中，被分离物质的 R_f 与样品的结构（极性大小）、固定相和流动相的性质、温度、滤纸的性质等有关。但在特定的色谱条件下，物质的 R_f 是常数，可作为化合物定性鉴定的依据。因此，在鉴定化合物时，要用标准样品在同一张滤纸上点样作为对照。

纸色谱主要用于多官能团或高极性化合物如糖、氨基酸等的分析；也用于食品、药物的分离鉴定和鉴别天然产物等。

3.10.3.2 操作步骤

纸色谱装置如图 3-43 所示,在滤纸上画好起始线,然后点样(点样方法如薄层色谱),待样品溶剂挥发后,将滤纸的一端悬挂在展开缸的挂钩上,使滤纸与展开剂接触,展开剂由于毛细作用沿纸条上升,当接近滤纸上端时,取出,标记展开剂前沿后烘干。若化合物有色,可直接观察。若无色,通常将展开后的滤纸吹干后,在紫外灯下观察或喷显色剂观察。

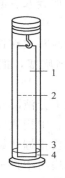

图 3-43　纸色谱装置
1—纸条；2—溶剂前沿；3—起点线；4—展开剂

3.11 萃　　取

3.11.1 实验原理

萃取是利用物质在两种互不相溶的溶剂中溶解度或分配比的不同来达到分离、提取或纯化目的的一种操作。应用萃取可以从固体或液体中提取所需要的物质,也可以洗去混合物中的少量杂质,通常称前者为"抽提"或"萃取",称后者为"洗涤"。按萃取两相的不同,萃取可分为液-液萃取、液-固萃取、气-液萃取等。

一定温度下进行液-液萃取时,萃取效率取决于以下因素:①被萃取物质在两种互不溶解的液体中的溶解度;②萃取时两种液体的体积比;③萃取次数。假定在 V mL 的水中溶解了 W_0 g 的某物质,每次用 S mL 萃取剂重复萃取,n 次后水中剩余的该物质质量 W_n,可按下式计算:

$$W_n = W_0 \left(\frac{KV}{KV+S} \right)^n \tag{3-2}$$

式中,K 为常数,即分配系数(一定温度、一定压力下某物质在两种互不相溶的溶剂中的分配浓度之比)。由此可见,相同用量的萃取剂分 n 次萃取后溶质的残留量比一次萃取少很多,即少量多次萃取效率高。但并非萃取次数越多越好,结合成本、时间等因素,一般以萃取三次为宜。由于有机溶剂或多或少溶于水,所以第一次萃取时萃取剂的用量要比后面几次大些。有时,利用盐析效应,将水溶液用无机盐如氯化钠饱和,可大幅度降低有机物在水中的溶解度,达到迅速分层,减少萃取剂在水中的溶解损失的目的。

萃取多用于从水中萃取有机物,常用的萃取剂包括乙醚、乙酸乙酯、二氯甲烷、氯仿、四氯化碳、苯、石油醚等。选择萃取剂的基本原则是:①在原溶剂中溶解度小,对被萃取物质溶解度大；②两溶剂间相对密度差异较大以利于分层；③纯度高且稳定；④沸点低，便于回收。此外，也应考虑毒性小、价格低、不易着火等条件。

3.11.2 液-液萃取

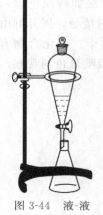

图 3-44 液-液萃取装置

（1）分液漏斗的选用　实验室常用的萃取容器是分液漏斗，分液漏斗的容积应为被萃取液体积的2倍左右。萃取操作之前，可用水检查其顶塞和旋塞是否紧密配套，如旋塞有漏水现象，应涂上凡士林（方法同酸式滴定管）。

（2）装料　将分液漏斗放在铁架台的铁圈上（下面接一容器，防止操作不慎漏失液体），关闭旋塞，把被萃取液、萃取剂依次从上口加入，盖紧顶塞，见图3-44。

（3）振摇放气　取下分液漏斗，以右手手掌（或食指根部）顶住漏斗顶塞并用大拇指、食指、中指紧握漏斗上口颈部；漏斗的旋塞部分放在左手虎口内并用大拇指和食指握住旋塞柄向内用力，中指垫在旋塞旁边，无名指和小指在塞座另一边与中指一起夹住漏斗，这样既能防止振荡时活塞转动或脱落，又便于灵活地转开活塞，如图3-45所示。轻轻振荡数次后，漏斗保持倾斜状态，出料口向上并指向无人和无明火处，开启旋塞放气。如此重复2~3次，至漏斗内压力很小后，再振摇1~3min，然后将分液漏斗放在铁圈上。

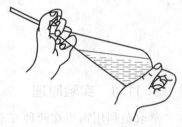

图 3-45　分液漏斗的振摇

（4）静置分层　让漏斗中液体静置，使乳浊液分层。静置时间越长越有利于两相的彻底分离，要等到漏斗中液体分成界面清晰的两层后，方可进行后面的操作。有时有机溶剂和某些物质的溶液振荡后形成乳浊液，没有明显的分界面，无法从分液漏斗中分出。这种情况下，应避免剧烈振荡，对已经形成的乳浊液，可采取加少量电解质如氯化钠或醇类、酸、碱等来破乳，并延长静置时间。

（5）放料分离　打开分液漏斗的顶塞，慢慢转动旋塞，仔细地将下层液体放入锥形瓶（接有机相）或烧杯（只能接水相）中。当上下两层的界面接近旋塞时，关闭旋塞，取下漏斗，稍加旋摇后静置，再仔细放出下层液体。若两相间有絮状物，应把它分到水层中。

放完下层液体后，如果上层液体是水层，加入一定量的萃取剂进行第二次萃取；如果上层是有机层，要从分液漏斗上口倒入另一锥形瓶中，然后将已经放出的下层液体（水层）、一定量的萃取剂重新加入漏斗进行第二次萃取。

3.11.3 液-固萃取

液-固萃取是从天然动植物组织提取有效成分的传统方法之一，按照固液接触状态可分为静态方式（如浸泡萃取、煎煮）和动态方式（如回流、渗漉）等。

（1）浸泡萃取　将固体混合物研细后置于容器中，在常温或加热条件下长期浸泡萃取；或用外力振荡萃取，然后过滤，从萃取液中分离出萃取物。如果有效成分能溶于水且对加热不敏感，则可用煎煮法萃取。这种萃取方法操作简单易行，但所需时间长，溶剂用量大，有效成分浸出率低。

（2）渗漉　将固体混合物适度粉碎后置于渗漉筒中，从上部不断添加溶剂，溶剂渗过混合物向下流动过程中浸出所需成分。该法溶剂利用率较高，有效成分浸出完全，可直接收集浸出液。

（3）连续回流萃取　以易挥发有机溶剂为溶媒，对浸出液加热蒸馏，其中挥发性溶剂馏出后再次冷凝，重新回到浸出器中继续参与萃取过程。连续回流萃取一般用索氏提取器完成，此法操作简便，溶剂用量小、提取率较高。

索氏（Soxhlex）提取器是实验室常用的液-固连续萃取装置，由蒸馏烧瓶、抽提筒、回流冷凝管三部分组成，装置如图3-46所示。索氏提取器利用了液体回流及虹吸原理，使固体物质连续不断地被纯溶剂萃取，因而萃取效率较高。其工作原理是：蒸馏烧瓶中的溶剂沸腾后，蒸气沿索氏提取器的蒸气上升管3进入抽提筒2再到达冷凝管，冷凝为液体后滴入滤纸筒1，并浸泡筒内样品。当液面超过虹吸管4最高处时，即发生虹吸，将萃取剂连同溶于其中的萃出物带回蒸馏烧瓶。如此多次重复，把要提取的物质富集于烧瓶内，提取液经浓缩除去溶剂后，即得粗提物。

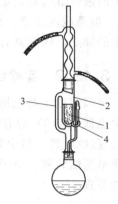

图3-46　索氏提取器
1—滤纸筒；2—抽提筒；
3—蒸气上升管；4—虹吸管

随着物理科学的发展，针对天然产物传统提取过程中存在的能耗大、有效成分损耗大、提取物杂质较多、效率较低等问题，一些新技术应用于提取工艺中，大大提高了提取效率，降低了能耗。其中，超声萃取、微波萃取、超临界流体萃取在天然产物有效成分的提取中应用越来越广泛。

（1）超声萃取（超声辅助提取）　超声波在溶剂和样品之间产生许多次级效应，如空化、乳化、扩散、击碎、化学效应等，导致溶液内气泡的形成、增长和爆破压缩，从而使固体样品分散，增大样品与萃取溶剂之间的接触面积，促进植物体中有效成分的溶解，提高目标物从固相转移到液相的传质速率。超声辅助提取技术可以缩短提取时间、提高提取率，并且无需加热，提高了热敏性有效成分的提取率且对其生理活性基本没有影响，溶剂使用量相对较少。

（2）微波萃取（微波辅助提取）　根据不同结构物质吸收微波能力的差异，对某些组分选择性加热，可使被萃取物质从体系中分离进入萃取剂，微波萃取比浸渍、超声辅助提取等更有效。相对于传统方法，微波萃取质量稳定、产量大、选择性高、节省时间且溶剂用量少、能耗较低。但微波萃取受萃取溶剂、萃取时间、萃取温度和压力的影响，选择不同的参数条件，往往得到不同的提取效果。

（3）超临界流体萃取　20世纪90年代发展起来的一项新型提取技术，利用超临界流体为萃取剂，从液体或固体中萃取目标组分。超临界流体特有的理化性质使其具有比液体溶解能力强、比气体易于扩散和运动且传质速率远高于液相的特点。目前普遍采用的是CO_2超临界流体萃取，具有以下优势：萃取率高；选择性高，分离彻底；工艺简单，操作费用低；操作温度低，适用于热敏性物质提取；CO_2无毒、不易燃，安全性高且价格低廉。利用超临界流体萃取技术提取天然成分已成为研究热点。

3.12　普通蒸馏

3.12.1　实验原理

蒸馏是分离和纯化液体有机物常用的方法之一。一定温度下，纯液体表面具有一定的蒸气压,蒸气压随温度上升而增大,当蒸气压达到液体表面大气压时,液体开始沸腾,这时的温度称为沸点。常压蒸馏就是将液体加热到沸腾状态,使该液体变成蒸气,又将蒸气冷凝后得到液体的过程。

蒸馏混合液体时,先蒸出的主要是低沸点组分,后蒸出的是高沸点组分,不挥发组分则留在烧瓶中。因此蒸馏可以分离和纯化沸点相差比较大(至少在30℃以上)的两种或两种以上的液体混合物,也常用于溶剂的回收。蒸馏还可以用来测定液体化合物的沸点(常压法)。但是应该注意,某些有机物往往能和其他组分形成二元或三元恒沸混合物,它们也有固定的沸点,因此具有固定沸点的液体,不一定是纯化合物。

3.12.2 实验步骤

蒸馏装置主要包括汽化装置(包括热源、圆底烧瓶、蒸馏头、温度计)、冷凝装置(蒸馏沸点低于140℃的有机液体用直形冷凝管;蒸馏沸点高于140℃的有机液体用空气冷凝管)、接收装置(接引管、接收瓶)三部分。根据用途,蒸馏装置有多种,图3-47是最常用的简单蒸馏装置。对于低沸点、易燃易爆或有毒害液体有机物的蒸馏,则采用如图3-48所示的装置。

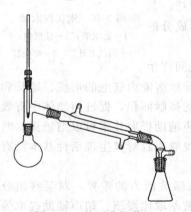

图 3-47 普通蒸馏装置

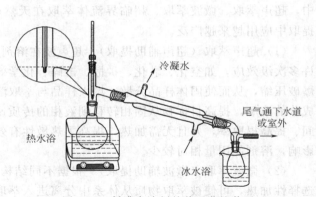

图 3-48 低沸点溶剂的普通蒸馏装置

(1) 安装蒸馏装置 蒸馏装置的安装顺序一般是从热源开始,按先下后上、从左到右(或从右到左)的顺序逐个装配。

① 安装汽化装置 汽化装置由热源、圆底烧瓶、蒸馏头、温度计组成。通常选择加热温度均匀的水浴、油浴或电热套作为热源。对于低沸点、易燃易爆或有毒害液体有机物的蒸馏,必须选择无明火的热浴。圆底烧瓶是蒸馏中最常用的容器,它与蒸馏头的组合习惯上称为蒸馏烧瓶。选用烧瓶时,应使所盛液体的用量不少于烧瓶容积的1/3,但不能多于烧瓶容积2/3。如果装入的液体量过多,当加热沸腾时液体可能冲出或液体飞沫被蒸气带出而混入馏出液中;如果装入液体量太少,蒸馏结束时,相对较多的液体残留在瓶里蒸不出来,造成损失。

根据热源高度,将圆底烧瓶用单爪夹通过十字夹固定在铁架台上,十字夹的开口应朝上,烧瓶的重心应落在铁架台的中心位置。安装圆底烧瓶时,应先用左手的大拇指与其余四指将单爪夹与玻璃器件捏紧,使夹子正好卡在烧瓶口扩口的下方,然后用右手徐徐旋转螺钉,当感觉螺钉已受力时,玻璃仪器已被夹紧。切忌将玻璃仪器过度夹紧而损坏仪器,也不要夹得过松，使玻璃仪器晃动或脱落，影响实验的进程。装上蒸馏头和温度计，温度计水银球的上端要与蒸馏头支口的下端水平，这样才能使温度计的水银球完全被蒸气所包围，准确地测量出蒸气的温度。

② 安装冷凝装置[1]　先给冷凝管进、出水口套上橡胶管，进水管连接到水龙头上，出水管放入水槽后通水，确保不漏水后关闭水龙头。用通过十字夹固定在另一个铁架台上的双爪夹夹住已经试好水的冷凝管的中上部，调节冷凝管的高度和方向，使其中心线和圆底烧瓶上蒸馏头支管的中心线成一直线，移动冷凝管，使其与蒸馏头支管紧密相连，铁夹应正好夹在冷凝管的中央部分。

③ 安装接收装置　安上尾接管，为防止实验过程中操作不慎使尾接管脱落破损，可用橡皮筋将其固定。接收瓶宜用锥形瓶或蒸馏烧瓶等细口玻璃仪器，不可用烧杯等广口仪器，以减少挥发损失和着火危险。如蒸馏挥发性大的液体如乙醚、丙酮、苯等，用带有侧管的真空接引管，连上带有磨口的锥形瓶或烧瓶，接引管侧管接一橡胶管通入水槽。当室温较高时，可将接收瓶放在冷水浴或冰水浴中，见图3-48。

整个装置安装要正确、端正，无论从正面或侧面观察，各仪器的轴线应在同一平面内，且整套仪器应位于台面中央并与实验台前沿平行。常压下进行的蒸馏装置，应与大气相通，不能密封。

（2）加料　取下温度计，在蒸馏头上口放一长颈漏斗，其下口处斜面应低于蒸馏头支管。将液体经漏斗加入蒸馏烧瓶中（如液体中有干燥剂，应用脱脂棉或菊形滤纸滤入）。放入1~2粒沸石[2]，安上温度计，检查各连接处是否紧密，然后通冷凝水[3]。

（3）加热　开始加热速度可以稍快，溶液沸腾后，可以看到液体沿蒸馏头缓慢上移，温度计的读数也略有上升。当液体到达并包裹温度计水银球时，温度计读数会快速上升，这时应稍稍调小火焰，使加热速度略为下降，蒸气停留在原处，使瓶颈和温度计受热，让水银球上液滴和蒸气温度达到平衡，然后再加大火焰进行蒸馏。控制加热，以调节蒸馏速度，通常以1~2滴/s为宜。蒸馏过程中火焰不能太大，否则会在蒸馏瓶的颈部造成过热现象，使温度计的读数偏高；如果加热火焰太小，蒸气达不到支管口处，蒸馏进行缓慢，由于温度计的水银球不能被蒸气充分浸润而使温度计的读数偏低或不规则。整个过程中，应使温度计水银球上带有被冷凝的液滴[4]，此时的温度即为液体与蒸气平衡时的温度，温度计的度数就是馏出液的沸点。

（4）收集馏分　蒸馏非纯液体时，在达到收集物的沸点以前，常有沸点较低的液体先蒸出，这部分馏液称为"前馏分"或"馏头"，可先用一个接收瓶接收。待前馏分蒸完，温度上升趋于稳定后，蒸出的就是较纯的物质，这时应换上洁净干燥（有时需事先称重）的接收瓶接收。记下这部分液体第一滴和最后一滴馏出时的温度读数，该温度区间即为较纯馏分的沸程。

（5）停止蒸馏　在所需馏分蒸出后，若继续加大火力加热，温度计的读数会显著上升；若维持原来的加热温度，就不再有馏液蒸出，温度计读数会突然下降，这时就应停止蒸馏。不能将残液蒸干，否则容易发生事故。

（6）拆洗仪器　蒸馏完毕，先关闭并移走热源，然后停止通水。待冷却至安全温度时，拆卸实验装置，其顺序与安装时相反。拆卸冷凝管和蒸馏烧瓶时，不要动十字夹的旋钮，而是左手拿住仪器，右手松开双爪夹或单爪夹的旋钮，然后将其取下。拆卸下来的仪器应及时清洗并烘干。

注释

【1】蒸馏沸点高于 140℃的液体时，应用空气冷凝管，主要原因是温度高时，如用水作为冷却介质，冷凝管内外温差增大，而使冷凝管接口处局部骤然遇冷容易断裂。

【2】当液体加热到沸腾时，沸石（或素烧瓷片）内的小气泡成为液体分子的汽化中心，使液体平稳地沸腾，防止液体因过热而产生暴沸。如果事先忘记加沸石，必须停止加热，撤离热源，冷却后再补加。若是间断蒸馏，每次重蒸前都要重新加入沸石。

【3】冷凝水从冷凝管支口的下端进，上端出。

【4】如果没有液滴，可能有两种情况：一是温度低于沸点，体系内气-液两相没有达成平衡；二是温度过高，出现过热现象（包围温度计水银球的是过热蒸气），这时应该调节热源温度以达到要求。

3.13 水蒸气蒸馏

3.13.1 实验原理

水蒸气蒸馏是分离提纯液体或固体有机化合物的一种方法。它是将水蒸气通入不溶或难溶于水且有一定挥发性的有机物中，使该有机物随水蒸气一起蒸馏出来。

根据分压定律，混合物的蒸气压等于各组分蒸气压之和，当此值达到大气压力时，混合物开始沸腾，因此混合物的沸点要比单个物质的正常沸点低，这意味着采取水蒸气蒸馏可将有机物在比其正常沸点低的温度下蒸馏出来。在馏出物中，有机物与水的质量之比，等于两者的分压和两者各自分子量的乘积之比，利用这一原理，可以估算一定体积馏出物中带出的挥发性有机物的质量。

水蒸气蒸馏分间接法（外蒸汽法）和直接法（内蒸汽法）。间接法使用水蒸气发生器产生连续不断的水蒸气，使其通入盛有待蒸馏物质的烧瓶中。间接法应用广，尤其适用于高分子量（低蒸气压）的物质，甚至可用于挥发性固体。直接法是将待蒸馏物质和水盛于同一烧瓶加热，借以产生水蒸气。直接法在实验中较为方便，但只适用于挥发性大和数量较少的物料，特别是无固体存在的混合物的蒸馏。

水蒸气蒸馏的适用范围：①常压蒸馏易分解的高沸点有机物；②混合物中含有固体（如树脂状）或不挥发杂质，用蒸馏、萃取等方法难以分离；③从较多的固体混合物中分离出被吸附的液体或除去挥发性的有机杂质。

被提纯物质应具备的条件：①不溶于或难溶于水；②共沸腾下与水不反应；③100℃左右必须有一定的蒸气压（一般不小于 1.33kPa）。

许多植物具有独特的令人愉快的气味，植物的这种香气或芳香均由挥发油（香精油）所致。香精油的许多组分可随水蒸气挥发，故可用水蒸气蒸馏法将其与非挥发性物质分开，而并不需要把蒸馏温度提高至 100℃以上，从而避免香精油高温下发生热分解的危险。

目前，水蒸气蒸馏已广泛应用于天然香料的提取和分离，食品工业的除臭，医药中间体和原料药的制备、分离和纯化，工业分析上样品的富集和分离以及农药和化妆品等领域。

3.13.2 操作步骤

外蒸汽法水蒸气蒸馏装置如图 3-49 所示。和普通蒸馏装置相比，该装置多了水蒸气发生器以及与蒸馏部分连接的装置。

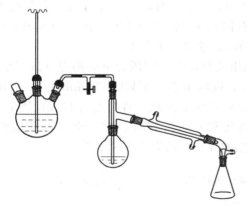
图 3-49　少量物质水蒸气蒸馏装置

图 3-50　金属制水蒸气发生器

　　水蒸气发生器一般由金属制成，如图 3-50 所示，器内盛水约占其容积的 2/3，最多不超过 3/4。在蒸馏量不大的情况下，可用体积较大的三口烧瓶代替。水蒸气发生器都要安装一插入容器底部的玻璃管作为安全管，通过一 T 形管将水蒸气发生器的侧管与蒸馏部分的蒸气导入管连接起来，这段连接管路应尽可能短，以减少水蒸气在导入过程中的热损耗。T 形管支管向下并套上一短橡胶管，橡胶管用螺旋夹夹住，其作用是除去冷凝下来的水，操作中如发生不正常现象，应立刻打开螺旋夹，使与大气相通。蒸气导入管要插入烧瓶中央距底部 3～5mm 处，以利于提高蒸馏效率。

　　水蒸气蒸馏装置的安装与拆卸过程与普通蒸馏装置类似。进行水蒸气蒸馏时，先在水蒸气发生器中加入约 2/3 容量的水和数粒沸石，将要蒸馏的物质（混合液或混有少量水的固体）置于蒸馏烧瓶中，其量不超过烧瓶容量的 1/3。加热水蒸气发生器，至有水蒸气从 T 形管支管冒出时，开启冷凝水，夹紧螺旋夹，将蒸气导入蒸馏烧瓶。控制加热速度，使馏出液的速度为每秒 2～3 滴，同时平衡蒸馏烧瓶内的进气与出气速度。待馏出液变得澄清透明、没有油滴时，要再多蒸出一些透明馏出液方可停止蒸馏，这时必须先打开螺旋夹，然后移开热源，稍冷后再关闭冷凝水。如果先停止加热，水蒸气发生器因冷却而产生负压，会使烧瓶内的混合液发生倒吸。

　　蒸馏过程中如发现安全管中水位快速上升，表示系统中发生了堵塞。此时应立即打开螺旋夹，然后移去热源，待排除了堵塞后再继续实验。此外，为了使蒸汽不致在蒸馏烧瓶中冷凝而积聚过多，必要时，可在蒸馏烧瓶下置一石棉网，用小火辅助加热。

3.14　减压蒸馏

3.14.1　实验原理

　　减压蒸馏是分离和提纯有机化合物的一种重要方法，特别适用于那些在常压蒸馏时未达沸点即已受热分解、氧化或聚合的物质。

　　液体的沸点是指其蒸气压等于外界大气压时的温度，所以液体的沸腾温度随外界压力的降低而降低。如用真空泵连接盛有液体的容器，使液体表面上的压力降低，即可降低液体的沸点，这种在较低压力下进行蒸馏的操作称为减压蒸馏。

　　液体的沸点与压力的关系近似为 $\lg p = A + B/T$，p 为蒸气压，T 为沸点（热力学温度),A、B 为常数。当压力降到 2.67kPa (20mmHg) 时,大多数有机化合物的沸点都比常压下的沸点低 100～120℃ 左右。当减压蒸馏在 1.33～3.33kPa (10～25mmHg) 之间进行时,大体上压力每相差 0.133kPa (1mmHg),沸点约相差 1℃。

实际减压蒸馏中,通常参考图 3-51,找出该物质在一定压力下的沸点(近似值)。如二乙基丙二酸二乙酯常压下沸点为 218～220℃,欲减压至 2.67kPa (20mmHg),其沸点估算方法为:先在图中间的直线上找出相当于 218～220℃ 的点,将此点与右边直线上 2.67kPa (20mmHg) 处的点连成一直线,延长此直线与左边的直线相交,交点所示的温度就是 2.67kPa (20mmHg) 时二乙基丙二酸二乙酯的沸点,约为 105～110℃。

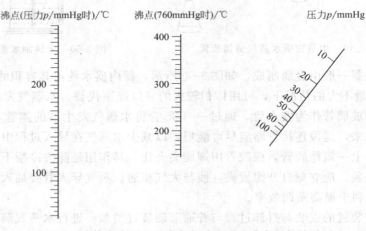

图 3-51 液体在常压下的沸点与减压下的沸点近似关系图

3.14.2 实验操作

3.14.2.1 减压蒸馏装置

减压蒸馏系统可分为蒸馏、减压、保护及测压三大部分,如图 3-52 所示。整套仪器必须装配紧密,所有接头需用密封剂加以密封,防止漏气,这是保证减压蒸馏顺利进行的先决条件。

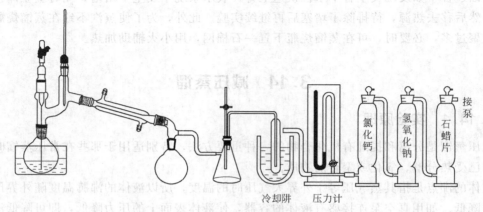

图 3-52 常用减压蒸馏装置

(1) 蒸馏部分 由热源、圆底烧瓶、克氏蒸馏头、减压毛细管、温度计、冷凝管(冷凝管的选用同普通蒸馏，低熔点的固体或减压后沸点仍高于150℃时，可以不用冷凝管）、真空接引管（若要收集不同的馏分而又不中断蒸馏，可选用多尾接液管）以及接收瓶等组成。与常压蒸馏装置不同的是，蒸馏烧瓶、接收瓶均不能用不耐压的平底仪器（锥形瓶、平底烧瓶等）和薄壁或有破损的仪器；另一不同点是，减压蒸馏装置的圆底烧瓶上连接克氏蒸馏头，前面的颈口中插入减压毛细管，后面带支管的颈口插温度计（位置同常压蒸馏），这样的设计可避免液体暴沸直接冲入冷凝管。减压毛细管是一根末端拉成毛细管的玻璃管，其长度恰好使下端距瓶底1～2mm，下端毛细管口要很细，使极少量的空气进入液体，呈微小气泡冒出，作为液体沸腾的汽化中心，保证蒸馏平稳进行。减压毛细管上端连有一段带螺旋夹的耐压橡胶管，螺旋夹用以调节进入空气的量。

（2）减压部分　实验室通常用水泵或油泵进行减压操作。

水泵：水泵所能达到的最低压力为当时室温下的水蒸气压力。若水温为18℃，则水蒸气压力为2kPa，这对一般减压蒸馏操作已经可以了。用循环水泵代替简单的水泵，方便、实用和节水。

油泵：好的油泵能抽至真空度为133.3Pa，一般使用油泵时，系统的压力常控制在0.67～1.33kPa之间，因为在沸腾液体表面上要获得0.67kPa以下的压力比较困难。这是由于蒸气从瓶内的蒸发面逸出而经过瓶颈和支管（内径为45mm）时，需要有0.13～1.07kPa的压力差，如果要获得较低的压力，可选用短颈和支管粗的克氏蒸馏瓶。

（3）保护及测压部分　由安全瓶、冷却阱、吸收塔和水银压力计组成。安全瓶的作用是调节系统内压力和放空；冷却阱的作用是减压蒸馏时使低沸点溶剂或水蒸气冷凝下来，防止进入油泵；吸收塔常用三个，分别装无水$CaCl_2$（或硅胶）吸收水汽、粒状NaOH吸收酸性气体、石蜡片（或活性炭）吸收烃类气体。

实验室通常采用水银压力计来测量减压系统的压力。开口式水银压力计的两臂汞柱高度之差即为大气压力与系统中压力之差。因此蒸馏系统内的实际压力（真空度）就是大气压力减去这一压力差。封闭式水银压力计，两臂液面高度之差即为蒸馏系统中的真空度。

3.14.2.2　减压蒸馏操作

将待蒸馏液体装入圆底烧瓶中，不得超过其容积的1/2，如图3-52所示，安装好仪器。

仪器安装好后，须先检查系统是否漏气，方法是：旋紧毛细管上的螺旋夹，将安全瓶上的活塞打开，然后开泵抽气（如用水泵，这时应开至最大流量）。再逐渐关闭活塞，从压力计上观察系统所能达到的真空度。如果是因为漏气（而不是因水泵、油泵本身效率的限制）而不能达到所需的真空度，检查各部分连接是否紧密，必要时可用熔融的固体石蜡密封（密封应在解除真空后才能进行）。如果超过所需的真空度，可小心旋转活塞，慢慢引进少量空气，以调节到所需的真空度。调节螺旋夹，使液体中有连续平稳的小气泡通过（如无气泡可能因毛细管已阻塞，应予更换）。开启冷凝水，选用合适的加热装置加热蒸馏，使每秒钟馏出1～2滴，整个蒸馏过程中需经常注意蒸馏情况和记录压力、沸点等数据变化。纯物质的沸点范围一般不超过1～2℃。

蒸馏完毕或蒸馏过程中需要中断时（例如调换毛细管、接收瓶），须停止加热，撤去热浴，稍冷后缓缓松开毛细管上的螺旋夹，再慢慢打开安全瓶上的活塞，使系统内、外压力平衡后方可关闭油泵或水泵。否则，由于系统的压力较低，油泵中的油或水泵中的水有吸入吸滤瓶或吸收塔的可能。此外，还应注意压力计的玻璃管不要被冲破。

有机化学实验中，常常需要使用大量有机溶剂，而浓缩溶液或回收溶剂是一项烦琐而又耗时的工作。此外，长时间加热可能会造成化合物的分解，这时可使用旋转蒸发仪来进行减压蒸馏，回收或浓缩溶剂，提高工作效率。

3.15 升 华

3.15.1 实验原理

升华是纯化固体有机物的方法之一。某些物质在固态时具有较高蒸气压，当加热时，不经过液态而直接气化，蒸气遇冷又直接冷凝成固体，该过程叫升华。利用升华可以将易升华物质（熔点时蒸气压高于 2.66kPa）和难挥发杂质分开，从而达到分离、提纯的目的。升华的优点是不用溶剂，产物纯度高，但操作时间长，产物损失较大，因而实验室只用来提纯少量（1～2g）固态物质。

由相图可知，三相点温度以下物质只存在固、气两相，若在三相点以下升高温度，固态就不经过液态而直接变成气态，降低温度，蒸气就不经过液态而直接变成固态，这就是升华。由于三相点与熔点相差很小，因此，凡是在熔点时具有较高蒸气压的物质，都可以在其熔点以下升华。例如樟脑 160℃时蒸气压为 29.17kPa，即未达熔点（熔点为 179℃，此时蒸气压为 49.33kPa）时就已经有很高的蒸气压。只要缓慢加热樟脑，使温度维持在 179℃以下，它可不经熔化而直接蒸发，蒸气遇冷即凝结为固体，此即为樟脑的常压升华。

有些物质在熔点时蒸气压较低，如萘在熔点 80℃时的蒸气压为 0.933kPa，使用常压升华得不到满意效果，这时可用减压升华的办法来纯化。

用升华的方法提纯固体，必须满足两个条件：
(1) 被纯化的物质要有较高蒸气压；
(2) 固体中杂质的蒸气压应与被纯化物质的蒸气压有明显差异。

3.15.2 操作步骤

(1) 常压升华　如图 3-53 所示，将待纯化的样品干燥、研碎后放在蒸发皿中，用一张刺有许多小孔的滤纸盖住，上面倒扣一直径略小于蒸发皿的漏斗，漏斗颈部塞一团疏松的棉花。在沙浴或垫石棉网用火（也可用电热套）缓慢加热蒸发皿，待升华样品的蒸气透过滤纸孔上升，冷却后就凝结在滤纸或漏斗上。升华结束，移去热源，待稍冷后小心取下漏斗，轻轻揭开滤纸，将滤纸两面及漏斗上的晶体刮入干净表面皿称重。

当有较多的物质需要升华时，可在烧杯中进行（图 3-54）。把待升华的样品放入烧杯内，用通水冷却的圆底烧瓶作为冷凝面，样品的蒸气在烧瓶底部凝结成晶体并附着在瓶底。

(2) 减压升华　减压升华装置如图 3-55 所示。将待升华物质放在抽滤管中，抽滤管上装有指形冷凝管（也称冷凝指），内通冷却水，用油泵或水泵抽气减压，再用热浴加热抽滤管，控制浴温低于被升华物质的熔点，使其慢慢升华。升华的物质冷凝于冷凝指的外壁，升华结束后应慢慢使体系接通大气，以免空气突然冲入而把冷凝指上的晶体吹落，取出冷凝指时也要小心轻拿。

图 3-53 简易升华

图 3-54 较大量物质的升华

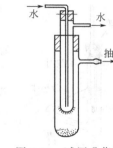
图 3-55 减压升华装置

3.16 熔点的测定

3.16.1 实验原理

熔点是指在外压为 101.325kPa 下物质固-液达成平衡时的温度，理论上该温度为一准确值，但实际测定中测得的都是一个温度范围，即从开始熔化（初熔）到完全熔化（全熔）时的温度，该温度范围称为熔点范围，简称熔程或熔距。

一般情况下，纯物质有固定的熔点，熔程不超过 0.5~1.0℃，当混有杂质后，熔点下降，熔程拉长。由于大多数有机化合物的熔点在 400℃以下，较易测定，这对于鉴定纯粹的固体有机化合物具有很大的价值，同时也可根据熔程的长短定性地看出该化合物的纯度。

如果两种固体化合物具有相同或相近的熔点，可以采用混合熔点法鉴定它们是否为同种物质。如混合物熔点不变，应是相同物质；若熔点下降，熔程变长，则为不同物质。科学研究中，常用此法检验所得的化合物是否与预期的化合物相同，进行混合熔点的测定至少要测定三种比例（1:9；1:1；9:1）。

3.16.2 实验步骤

实验室测定熔点的方法主要有毛细管法、显微熔点测定仪测熔法、全自动数字熔点测定仪测熔法等。毛细管法是测定熔点的经典方法，该方法仪器简单，样品用量少，操作方便，虽然测定结果准确度不是很高，仍被广泛使用。事实上全自动数字熔点测定仪测熔法也属于毛细管法，只不过装置变为自动化程度比较高的仪器而已。

3.16.2.1 毛细管法

(1) 安装装置 按图 3-56 将 Thiele 管（也叫 b 形管）固定于铁架台上，管口配上有单孔缺口的软木塞[1]（或橡胶塞）。管中装入热浴液[2]，液面与支管上口平齐。

(2) 样品的准备与填装 取少许干燥样品于洁净干燥的表面皿上，用小试管研成粉末并集成一堆。把毛细管开口端插入粉末中，即有样品挤入毛细管中，然后让毛细管开口朝上，在桌面上轻轻敲击，粉末落入管底。将熔点管从长约 30~40cm 的玻璃管上端自由落下，如此重复几次，使样品紧密结实地装入管底，样品高 2~3mm。拭去沾于管外的粉末，以免沾污浴液。

调整温度计[3]的高度，使其水银球位于 b 形管上下支管的正中间部位，如图 3-56(a)所示。把装好样品的毛细管用橡胶圈套在温度计上（注意，橡胶圈不能接触浴液），使样品

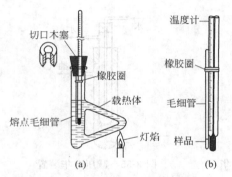

图 3-56 毛细管法测熔点装置

位于温度计水银球的中部,如图 3-56(b) 所示。小心地将温度计垂直插入浴液中,温度计刻度面向前方。

(3) 测定熔点 在 b 形管的弯曲底部用酒精灯加热,开始时升温速度可以较快,距离熔点 10～15℃时,改用小火缓慢而均匀地加热使温度上升速度为 1～2℃·min⁻¹,接近熔点时,每分钟上升 0.5℃ 左右(掌握升温速度是准确测定熔点的关键)。一方面是为了保证有充分的时间让热量从管外传至管内,以使固体熔化;另一方面因观察者不能同时观察温度计所示读数和样品的变化情况,只有缓慢加热,才能使此项误差减小。加热过程中,要密切观察样品的变化,当样品在毛细管壁开始塌落和润湿、样品表面有凹面形成并出现小液滴时,表明样品开始熔化,此时的温度即为初熔点;固体全部消失,样品呈透明液体时的温度即为全熔点,见图 3-57。记下初熔点和全熔点的温度计读数,即为该化合物的熔程。此时可熄灭或移除酒精灯,取出温度计,拿下并弃去毛细管(不要乱扔,防止石蜡油污染台面)。待热浴液温度下降至熔点范围 30℃ 以下,再换上新的毛细管进行下一次测定。不能将测定过的毛细管冷却后再用,因为有时某些物质会部分分解,有些物质会转变成具有不同熔点的其他结晶形式。

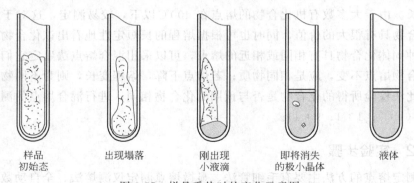

图 3-57 样品受热时的变化示意图

测定已知物熔点时,至少要有两次重复的数据,且两次测定数据的误差不能大于 ±1℃。测定未知样品时,要先做一次粗测,即加热速度较快,约 5～6℃·min⁻¹。得出大概熔点后,待热浴液温度下降至熔点范围 30℃ 以下时,再取另外两根装好样品的新毛细管进行两次精密测定,两次精密测定数据的误差同样不能大于 ±1℃。

3.16.2.2 其他熔点测定方法

(1) 显微熔点测定仪 显微熔点测定仪(图 3-58)的优点是可测微量样品(2～3 颗小结晶)的熔点,能测量室温至 300℃ 的样品熔点,可观察晶体在加热过程中的变化情况,如结晶的失水、多晶形物质的晶形转化、升华及分解等。

显微熔点测定仪操作如下:用无水乙醇擦拭载玻片,待乙醇挥发后,将微量已研碎的样品放在载玻片

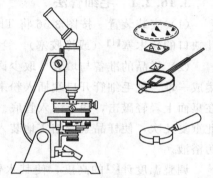

图 3-58 显微熔点测定仪

上，用另一载玻片覆盖样品。载玻片置于电热板的中心空洞上，调节镜头，使显微镜的焦点对准样品。开启加热器，用调压旋钮调节加热速度，当温度接近样品熔点时，控制升温速度为每分钟 0.2～0.3℃。当样品晶体棱角开始变圆（初熔）时，记下温度。继续观察，待晶体状态完全消失（终熔）时，记下温度。熔点测定完毕，停止加热，稍冷却，用镊子取走载玻片，将一厚铝板放在电热板上，加速冷却，清洗载玻片，以备再用。

(2) 全自动数字熔点测定仪　采用光电检测、数字温度显示等技术，具有初熔、全熔自动显示，测量方便快捷的优点，可与记录仪配合使用，自动记录熔点曲线。具体操作如下：

① 开启电源开关，预热 20min，设定起始温度，选择升温速率。

② 达到起始温度后插入样品毛细管（装样方法同毛细管法），调节电表指示为零。

③ 按升温按钮，数分钟后，初熔灯先亮，然后出现初熔温度读数显示。按初熔按钮即得初熔温度读数。

注释

【1】塞子上的缺口可使管内与大气相通，否则 b 形管管内的液体和空气受热膨胀而冲开塞子，同时也方便读出温度计上刻度。

【2】可以根据被测物质的熔点选定浴液。被测物质熔点在 90℃ 以下，可选用水作浴液；被测物质熔点在 220℃ 以下，可选用液体石蜡；被测物质熔点在 220℃ 以上，可选用浓硫酸（可加热至 270℃）。硫酸腐蚀性强，使用时要特别小心，要戴防护眼镜。

【3】严格说来，在测定熔点之前，应先进行温度计的校正。

3.17　沸点的测定

3.17.1　实验原理

液体物质受热时，蒸气压升高，当蒸气压达到外界压力（0.1MPa，760mmHg）时，液体开始沸腾，这时的温度就是该物质的沸点。纯液态有机化合物沸程（沸点范围）很小，为 0.5～1℃，因此，通过测定沸点不仅可以鉴别不同有机化合物，而且还可以协助其他方法判断有机化合物的纯度。

沸点的测定有常量法和微量法（毛细管法）。常量法又有多种，如沸点计法和蒸馏法等，蒸馏法的操作与普通蒸馏相同，但需要较多样品（10mL 以上），如果样品不多，可采用微量法。

用毛细管法测定沸点时，先加热外管内液体，到内管有连续气泡快速逸出后，停止加热，使温度自行下降，气泡逸出速度逐渐减慢，当最后一个气泡刚要缩进内管但还没有缩进，即与内管管口平行时，待测液体的蒸气压就正好等于外界大气压，这时的温度就是待测液体的沸点。

一些常用标准化合物样品的沸点见表 3-5。

表 3-5　一些标准化合物样品的沸点

化合物名称	沸点/℃	化合物名称	沸点/℃	化合物名称	沸点/℃
溴乙烷	38.4	水	100.1	苯胺	184.5
丙酮	56.1	甲苯	110.6	苯甲酸乙酯	199.5
氯仿	61.3	氯苯	131.8	硝基苯	210.9
四氯化碳	76.8	溴苯	156.2	水杨酸甲酯	223.0
苯	80.1	环己醇	161.1	对硝基甲苯	238.3

3.17.2 操作步骤

(1) 沸点管由内管和外管组成，内管为一端封闭的毛细管，外管为一内径约 4mm，长约 70～80mm 一端封闭的玻璃管。

(2) 取数滴液体样品于沸点管的外管中，样品高度约 10mm（样品不能太少，以防测定过程中全部汽化）。将内管开口向下插入外管，并让开口处浸入待测液。用橡胶圈将沸点管附于温度计上，沸点管内样品的位置处于温度计水银球中部，如图 3-59 所示。

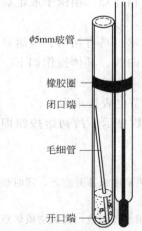

图 3-59 沸点管的安装

（φ5mm玻管、橡胶圈、闭口端、毛细管、开口端）

(3) 将带有沸点管的温度计插入 b 形管，使温度计水银球位于 b 形管上下侧管的中间部位，开始加热。加热时，由于气体受热膨胀，内管中便有断断续续的小气泡冒出，当温度上升到接近样品的沸点时，气泡增多，此时应调节火焰，降低升温速度。当温度稍高于样品沸点时，便有一连串的小气泡出现，立即停止加热，使热浴液温度自行降低，气泡逸出的速度逐渐减慢。仔细观察并记录最后一个气泡出现而刚欲缩回内管时的温度，即为毛细管内液体的蒸气压与外界压力平衡时的温度，也即该样品的沸点。

(4) 重复测定 2～3 次（每支内管只可用于一次测定），要求几次温度计读数相差不超过 1℃。

3.18 折射率的测定

3.18.1 实验原理

折射率是有机化合物最重要的物理常数之一。由于折射率能精确而方便地测定出来，因而作为液体物质纯度的标准，比沸点更为可靠。此外，利用折射率还可以鉴定未知物或确定沸点相近、结构相似的液体混合物的组成，因为结构相似、极性小的混合物的折射率与各组分物质的量之比常呈线性关系。

在确定的外界条件（温度、压力等）下，光从一种介质进入另一种介质，当它的传播方向与两种介质的界面不垂直时，则在界面处的传播方向会发生改变，这一现象称为光的折射，如图 3-60 所示。

根据折射定律，折射率是光线入射角 α 和折射角 β 的正弦之比，即：

$$n=\frac{\sin\alpha}{\sin\beta} \qquad (3-3)$$

当光由密度小的介质 A 进入密度大的介质 B 时，折射角 β 必小于入射角 α；当入射角为 90°时，$\sin\alpha=1$，这时折射角达到的最大值，称为临界角，用 β_0 表示。显然，在一定条件下，β_0 也是一个常数，它与折射率的关系是：

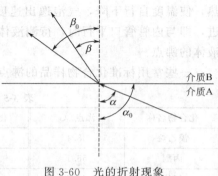

图 3-60 光的折射现象

$$n = 1/\sin\beta_0 \tag{3-4}$$

可见通过测定临界角 β_0，就可以得到折射率，这就是通常所用阿贝（Abbe）折光仪的基本光学原理。

为了测定 β_0 值，阿贝折光仪采用"半明半暗"的方法，就是让单色光由 $0°\sim90°$ 的所有角度从介质 A 射入介质 B，这时介质 B 中临界角以内的整个区域均有光线通过，因而是明亮的；而临界角以外的全部区域没有光线通过，因而是暗的，明暗两区域的界限十分清楚。如果在介质 B 的上方用一目镜观测，就可看见一个界限十分清晰的半明半暗的像。介质不同，临界角也就不同，目镜中明暗两区的界限位置也不一样。如果在目镜中刻上一"十"字交叉线，改变介质 B 与目镜的相对位置，使每次明暗两区的界限总是与"十"字交叉线的交点重合，通过测定其相对位置（角度），并经换算，就可得到折射率。而阿贝折光仪的标尺上所刻的读数即是换算后的折射率，故可直接读出。阿贝折光仪有消色散系统，可直接使用日光，所测折射率同使用钠光光源一样。

影响折射率的因素主要是温度和入射光的波长，所以折射率的表示需要注明光波的波长和测定时的温度，常用 n_D^t 表示，D 是以钠灯的 D 线（589.3nm）作光源，t 是测定折射率时的温度。例如 n_D^{20} 表示 20℃时，该介质对钠灯 D 线的折射率。

通常温度升高（或降低）1℃时，液体有机物的折射率就减少（或增加）$3.5\times10^{-4}\sim5.5\times10^{-4}$。在实际工作中常采用 4×10^{-4} 近似地作为温度变化常数，把某一温度下测得的折射率换算成另一温度（通常为 20℃或 25℃）下的折射率。其换算公式为：

$$n_D^T = n_D^t + 4.5\times10^{-4}(t-T) \tag{3-5}$$

式中，T 为指定温度；t 为实验时的温度。这种粗略计算虽有误差，但计算结果仍有参考价值。

例如，乙酸在 16℃时测量的折射率为 1.37317，20℃时的折射率为：$n_D^{20} = 1.37317 + 0.00045\times(16.0-20.0) = 1.37137$。

3.18.2 操作步骤

3.18.2.1 仪器结构

阿贝（Abbe）折光仪的结构如图 3-61 所示。它的主要组成部分是两块直角棱镜组成的

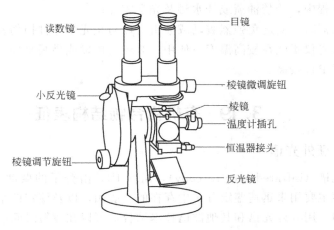

图 3-61 阿贝折光仪

棱镜组，上面一块是表面光滑的测量棱镜，下面是表面磨砂的可以开启的辅助棱镜。左边的镜筒是读数镜筒，内有刻度盘，其上有两行数值。右面一行是折射率数值（1.3000～1.7000），左面一行是工业上测量糖溶液浓度的标度（0%～95%）。右边的镜筒是测量目筒，用来观察折射情况。

3.18.2.2 使用方法

（1）加样　将折光仪置于光线充足的台面上，记录温度计所示温度。松开锁钮，开启辅助棱镜，用乙醇或丙酮润湿的擦镜纸轻轻擦拭上下镜面（沿同一方向擦，不可来回擦），待镜面干燥后，用滴管滴加1～2滴蒸馏水于下面磨砂镜面上，待液滴在镜面上分布均匀且无气泡时合上棱镜。

（2）对光　调节反光镜的位置和角度，使两个镜筒中视野明亮。从1.3000开始向前转动左边棱镜手轮直至目镜中可观察到黑白临界或彩色光带。转动消色散调节旋钮，直至清晰地观察到明暗分界线。

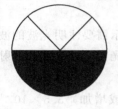

图3-62　阿贝折光仪目镜视野图

（3）精调、读数　转动棱镜调节旋钮，使分界线恰好通过"十"字的交点，见图3-62。打开读数望远镜下方的小窗，使光线射入，从读数望远镜中读出刻盘上蒸馏水的折射率，重复操作2～3次，每次读数相差不得大于0.0002。取平均值后与纯水的标准折射率（不同温度下纯水的折射率见附录7）相比较，即可求得折光仪的校正值（校正值一般很小，若数值太大，仪器必须重新校正）。

（4）测样　重复以上操作，在步骤（1）中加入待测液体，读出折射率，用折光仪校正值校正。

（5）清洗　样品测定后，用擦镜纸轻轻擦去上下镜面的液体，再用乙醇或丙酮润湿的擦镜纸轻擦上下镜面，待镜面干燥后再关闭棱镜。

3.18.2.3 使用阿贝折光仪的注意事项

（1）注意保护棱镜，滴加液体时，滴管的末端切不可触及棱镜，以防在镜面上造成刻痕。

（2）不要用阿贝折光仪测定强酸、强碱等有腐蚀性的液体。

（3）操作过程中，严禁油渍或汗水触及光学零件。

（4）搬动仪器时，应避免强烈震动或撞击，以防止光学零件损伤及影响精度。

（5）阿贝折光仪不能在较高温度下使用；对于易挥发或易吸水样品测量有些困难；另外对样品的纯度要求也较高。

3.19　有机化合物结构表征

3.19.1　红外光谱

红外吸收光谱（infrared spectroscopy），简称IR，由分子的振动-转动能级间的跃迁而产生。红外光谱主要用来迅速鉴定分子中存在的官能团，以及鉴定两个化合物是否相同，或者排除某种结构。用红外光谱和其他波谱技术结合，可以在较短时间内完成未知物结构的测定，此外，还可对化合物进行定量分析。

3.19.1.1 红外光谱的基本原理

物质处于基态时，组成分子的原子在自身平衡位置附近做微小振动。当用连续波长的红外光照射化合物时，如果红外光的频率正好等于分子的振动频率，就可能引起共振，使原有的振幅加大，振动能量增加，分子从基态跃迁到较高的振动能级，产生红外光谱吸收。

分子的振动方式很多，红外光谱的吸收峰应该很复杂，但实验和理论分析都证明，只有引起分子偶极矩发生变化的振动发生能级跃迁时，才产生吸收，因此，红外光谱图比理论预示的要简单些。但即便如此，要对物质的全部吸收谱带都做理论解析非常困难，因此，红外光谱用于定性分析时，通常是把各吸收峰的频率和吸收强度与常见官能团和化学键的红外特征吸收频率作对照，以此来推测有机化合物的骨架和其中可能存在的官能团。

红外光谱图中，横坐标以波数 σ（1cm 长度中能容纳的波的数目，单位为 cm^{-1}）或波长（μm）表示吸收峰的位置；纵坐标用吸光度 A 或透射率 T（％）表示吸收强度。2-戊酮的红外光谱如图 3-63 所示。

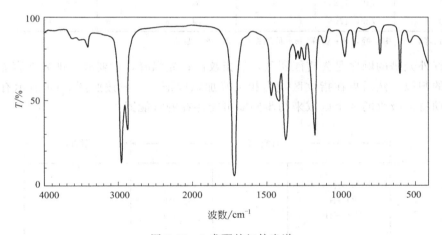

图 3-63　2-戊酮的红外光谱

为了便于谱图的解析，通常把红外光谱分为官能团区和指纹区。

官能团区（波数在 $4000\sim1400cm^{-1}$）是红外光谱的特征区，主要是分子中化学键的伸缩振动吸收峰。该区域的吸收峰较少，也较强，通常都可以被指认，在分析中有很大价值。常见的官能团在这个区域内一般都有特定的吸收峰，化学环境的改变对吸收峰的位置影响有限。例如，R—NH_2，当 R 由甲基变为丁基时，N—H 键的伸缩振动吸收均在 $3372\sim3371cm^{-1}$，所以该区域的红外光谱吸收主要用于鉴定分子中的官能团。

波数在 $1400\sim650cm^{-1}$ 区域内的吸收峰主要由化学键的弯曲振动产生。该区域吸收峰较多，相互重叠，不易归属于某个基团。吸收带的位置可随分子结构的微小变化产生较大的差异，因此该区域的光谱图形千变万化，但每种分子都有区别于其他化合物的精细谱图结构，故将该区域称为指纹区。许多结构类似的化合物，在指纹区仍可找到它们之间的差异，这对于结构相似的化合物，如同系物的鉴定极为有用。一些简单有机分子官能团的特征频率见表 3-6。

表 3-6 一些简单有机分子官能团的红外特征频率

键的振动类型	频率/cm^{-1}	强度	键的振动类型	频率/cm^{-1}	强度
C—H 烷基(σ)	3000~2850	s	C=O 羧酸(σ)	1725~1700	s
—CH$_3$(δ)	1450,1375	m	酯(σ)	1750~1730	s
—CH$_2$—(δ)	1465	m	酰胺(σ)	1700~1640	s
烯烃(σ)	3100~3000	m	酸酐(σ)	1810,1760	s
烯烃(δ)	1700~1100	s	C—O 醇、酚、醚、羧酸(σ)	1300~1000	s
芳烃(σ)	3150~3050	s	O—H 醇、酚(游离)(σ)	3650~3600	m
芳烃($\delta_{面外}$)	1000~700	s	醇、酚(氢键)(σ)	3400~3200	s
炔烃(σ)	3300	s	羧酸(σ)	3300~2500	m
醛基	2900~2800	w	N—H 伯、仲胺(σ)	3500	m
	2800~2700	w	C≡N 氰基(σ)	3260~2240	s
C=C 烯烃(σ)	1680~1600	m~w	N=O 硝基(σ)	1600~1500	s
芳烃(σ)	1600~1400	m~w		1400~1300	s
C≡C 炔烃(σ)	2250~2100	m~w	C—X 氟(σ)	1400~1000	s
C=O 醛(σ)	1740~1720	s	氯(σ)	800~600	s
酮(σ)	1725~1705	s	溴、碘(σ)	<600	s

注: s—强峰, m—中强峰, w—弱峰, σ—伸缩振动, δ—弯曲振动。

分析红外光谱的顺序是先官能团区, 后指纹区; 先强峰, 后弱峰。即先在官能团区找出最强的峰的归属, 然后再在指纹区找出相关峰加以验证。一般按照图 3-64 所示有机分子中典型的振动特征吸收的 3 个区域来初步判断可能存在的官能团。

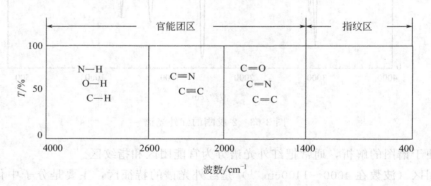

图 3-64 有机分子中典型的振动特征吸收区域

红外光谱谱图分析是一项复杂的工作, 只有熟记各种官能团的特征频率和带形, 积累丰富的经验, 才能对谱图进行有效分析。

3.19.1.2 红外光谱仪

红外光谱仪(图 3-65)分为色散型和干涉型两种。目前普遍使用的是色散型双光束红外光谱仪, 其结构主要包括光源、吸收池、单色器、检测器、放大器和记录器。随着计算机技术的迅速发展, 人工智能已经植入红外光谱的操作和分析系统, 实现了计算机控制的软件操作、采样操作、系统诊断、谱图解析及帮助提示功能的同步一体化和高度自动化, 使得测试工作快速、方便、准确。

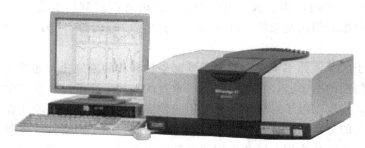

图 3-65 红外光谱仪

3.19.1.3 样品的制备

红外光谱测定的样品通常是固体或液体，通过特殊的装置也可以对气体进行测定。

一般红外光谱测定所需的样品量为每次 5~20mg，样品应当充分地精制提纯，水分对红外光谱的测定影响较大，样品需充分干燥。

固体样品的测试常用溴化钾压片法。取 2~4mg 样品，在玛瑙研钵中研细后，加入事先干燥研细的溴化钾 100~200mg，继续混合研磨成细粉（$2\mu m$ 左右）。将磨细且充分混合均匀的粉末置于压片机模具内，于 60MPa 下压制成 1mm 厚的透明薄片，直接放在样品架中进行扫描（参比光路中放入纯溴化钾的压片）。

难挥发液体样品（沸点约为 80℃以上）的测试一般用液膜法。将一滴样品加在两块氯化钠晶片之间形成极薄的液膜，用于测定。滴入样品后，应将氯化钠晶片压紧并轻轻转动，以保证形成无气泡的液膜。易挥发的液体样品可用注射器直接注入密封吸收池中进行测定。

3.19.1.4 光谱测定

红外光谱仪有多种型号，具体操作规程和使用方法可参阅仪器使用说明书。实际测定时，初学者要在教师的指导下进行操作。教师先讲解、示范红外光谱仪的操作，然后提供一些适合的化合物，由学生按规程操作，测定化合物的红外光谱。完成测试后，打印或者保存红外光谱图，及时准确地记录样品名称和制样方法。

3.19.2 核磁共振氢谱

核磁共振波谱（nuclear magnetic resonance spectroscopy，NMR）是有机化合物结构分析的重要方法，其中核磁共振氢谱（^{1}H NMR）和碳谱（^{13}C NMR）应用最普遍。

3.19.2.1 ^{1}H NMR 基本原理

核自旋量子数 $I\neq 0$ 的原子核（质量数和原子序数任一为奇数的核）会自旋产生磁场，形成核磁矩 μ。如 $I=1/2$ 的质子，有两种自旋状态（$m_s=+1/2$ 或 $-1/2$），无外加磁场时，两种自旋状态的能量相同。如果将其置于外磁场中，磁量子数为 $+1/2$ 的质子的核磁矩与外加磁场方向相同，能量较低（低能态），磁量子数为 $-1/2$ 的质子的核磁矩与外加磁场方向相反，能量较高（高能态），两能态之间的能量差与外加磁场强度 H_0 成正比：

$$\Delta E = h\gamma H_0/(2\pi) \tag{3-6}$$

式中，h 为 Planck 常数；γ 为质子的磁旋比。

如果在与磁场垂直的方向，用一定频率的电磁波作用到自旋质子上，当电磁波的能量

$h\nu$ 恰好等于能级差 ΔE 时，质子就会吸收能量从低能态跃迁到高能态，这种现象称为核磁共振。因此核磁共振必须满足条件：$h\nu = \Delta E = h\gamma H_0/(2\pi)$，即 $\nu = \gamma H_0/(2\pi)$（ν 为电磁波的频率）。

实际上氢原子的共振频率不完全取决于外部磁场和核的磁旋比，还要受到周围分子环境的影响。氢原子周围的电子云，在与外加磁场垂直的平面上环流时，会产生一个与外加磁场相反的感应磁场，核周围电子对核的这种作用叫作屏蔽作用。各种氢原子在分子中的环境不完全相同，电子云的分布情况也不完全一样，因此不同氢原子会受到强度各异的感应磁场的作用，即不同程度的屏蔽作用。屏蔽作用使得氢原子外围的电子云密度稍有不同，共振吸收位置就不同，从而导致图谱上信号的位移。这种由于氢原子周围的化学环境不同而引起的吸收峰位置的改变，称为化学位移，用 δ 表示。

不同氢原子的化学位移差别很小，精确测量非常困难，实际操作中一般都选用四甲基硅烷（TMS）作标准物质，测定相对频率：

$$\delta = \frac{\nu_{TMS} - \nu_{样品}}{\nu_{仪器}} \times 10^6 \tag{3-7}$$

式中，ν_{TMS}、$\nu_{样品}$、$\nu_{仪器}$ 分别为 TMS 的振动频率、样品的振动频率以及波谱仪器的频率。

影响化学位移的主要因素有诱导效应、磁各向异性效应、范德华效应、溶剂效应及氢键作用等。一些常见基团中氢原子的化学位移见表 3-7。

表 3-7 不同类型氢原子的化学位移值

氢原子类型	δ	氢原子类型	δ
TMS	0	Br—C—H	2.5~4
环丙烷	0~1.0	I—C—H	2~4
RCH_2—H	0.9	R—O—H	4.5~9
R_2CH—H	1.2	HO—C—H	3.4~4
R_3C—H	1.5	ArO—H	4~12
—C=C—H	4.6~5.9	$ROCH_2$—H	3.3~4
—C=CCH_2—H	1.7	RCOO—C—H	3.7~4.1
—C≡C—H	2~3	RCHO	9~10
—C≡CCH_2—H	1.8	R—CO—H	2~2.7
Ar—H	6~8.5	R—COO—H	10.5~12
Ar—C—H	2.2~3	RO—CO—C—H	2~2.6
F—C—H	4~4.5	R—CO—N—H	5~8
Cl—C—H	3~4	R—N—H	1~5
Cl_2C—H	5.8	O_2N—C—H	4.2~4.6

3.19.2.2 核磁共振仪

根据电磁波的来源，核磁共振波谱仪有连续波（CW-NMR）和脉冲-傅里叶变换（FT-NMR）两种形式；按磁场产生的方式分为永久磁铁、电磁铁和超导磁体三种；按照射频率不同，分为 60MHz、200MHz、500MHz、900MHz 等多种型号，一般频率越高，仪器分辨率越好。

图 3-66 为连续波核磁共振仪（CW-NMR）结构示意图，主要包括：

(1) 磁体：提供一个强的稳定均匀的外磁场。

(2) 射频发生器（射频振荡器）：产生一个与外磁场强度相匹配的射频频率，提供能量使磁核从低能级跃迁到高能级。

(3) 射频接收器：接收核磁共振的射频信号，并传送到放大器放大。

(4) 探头：置于磁体的磁极之间。

(5) 扫描单元：控制扫描速度、扫描范围等参数。

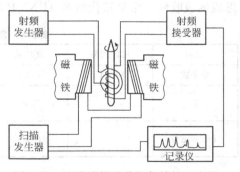

图 3-66　连续波核磁共振仪结构示意图

CW-NMR 仪的工作过程：

(1) 将样品管（内装待测的样品溶液）放置在磁铁两极间的狭缝中，并以一定的速度（如 50～60 周·s^{-1}）旋转，使样品受到均匀的磁场强度作用。

(2) 射频振荡器的线圈在样品管外向样品发射固定频率（如 100MHz）的电磁波。

(3) 安装在探头中的射频接收线圈探测核磁共振时的吸收信号。

(4) 由扫描发生器线圈连续改变磁场强度，从低场至高场扫描，在扫描过程中，样品中不同化学环境的同类氢原子，相继满足共振条件，产生共振吸收，接收器和记录系统就会把吸收信号经放大并记录成核磁共振图谱。

图 3-67 为台式微型永磁体核磁共振仪，该仪器稳定性强，可以安装在普通实验室，让使用者不出实验室即可迅速测试样品，完全能够满足本科教学需要，已经被越来越多的国内高校及科研单位采用。

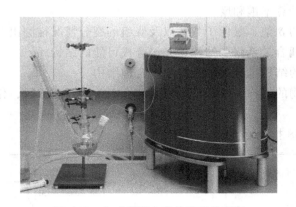

图 3-67　台式微型永磁体核磁共振仪

3.19.2.3　核磁共振样品的制备

核磁共振测定一般使用配有塑料塞子的标准玻璃样品管。

无黏性的液体样品，可用 TMS 作参照，以纯样测定；黏性液体和固体样品，要溶解在合适的溶剂中。

核磁共振测定使用的溶剂中不能含氢，最常用的有机溶剂是 CCl_4。随着被测物质极性的增大，选择 $CDCl_3$、D_2O 或特殊的氘代溶剂如 CD_3OD、CD_3COCD_3、C_6D_6、C_5D_5N、DMSO-d_6、DMF-d_7 等。值得注意的是，这些氘代溶剂常常导致化学位移与在 CCl_4 或

CDCl₃ 测定条件下的偏差。但这种偏差有时候可能有利于分开以 CCl₄ 或 CDCl₃ 作溶剂时重叠形成的吸收峰。常见氘代溶剂 ^{1}H NMR 吸收峰见表 3-8，据此可以识别谱图中的溶剂吸收峰。

表 3-8 常用氘代溶剂 ^{1}H NMR 吸收

溶剂	氘代丙酮	氘代苯	氘代氯仿	重水	氘代甲醇	氘代吡啶
分子式	CD₃COCD₃	C₆D₆	CDCl₃	D₂O	CD₃OD	C₅D₅N
δ	2.04	7.15	7.24	4.60	3.50 4.78	7.55 7.19
峰的多重性	5	1(宽)	1	1	5 1	1(宽) 1(宽)

3.19.2.4 一级 ^{1}H NMR 的解析

^{1}H NMR 除了显示不同氢原子的化学位移之外，还有如下规律：

（1）吸收峰组数与分子中化学等价氢的种类相等。

（2）各吸收峰组的面积之比等于氢原子个数之比。

（3）每组峰的数目与形状，与邻碳上的氢原子数目有关。氢原子与邻碳上的不等价氢之间的自旋-自旋偶合作用导致自旋裂分。^{1}H NMR 一级谱中，裂分峰的数目符合 $n+1$ 规律；裂分峰的面积比为二项展开式的系数比；有偶合作用的两峰组的偶合常数 j（裂分峰之间的距离，单位为 Hz）相等。

^{1}H NMR 谱图能够提供与化合物分子结构密切相关的信息：化学位移 δ、偶合情况（偶合常数 j、自旋裂分峰形）及各峰组氢原子个数之比。所以谱图的解析，就是具体分析和综合利用以上信息来推测有机结构。一般的解析步骤是：

（1）根据分子式计算不饱和度。

（2）根据各峰组的 δ 值、氢原子数目以及峰组的裂分情况推测出对应的结构单元。

（3）根据 δ 值和偶合关系将各结构单元组合成可能的结构式。

（4）对所有可能的结构进行指认，排除不合理结构。

（5）对未知化合物的结构确证，往往还要结合有关的物理常数、化学性质以及其他波谱数据。

例如，根据图 3-68 推测 $C_9H_{12}O$ 的分子结构。

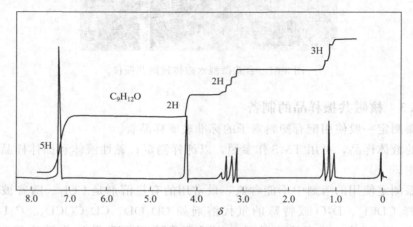

图 3-68 未知化合物的 ^{1}H NMR 谱图

解：该化合物的不饱和度 $\Omega=4$，应考虑结构中存在苯环。

由积分高度曲线求得低场到高场各峰组的氢原子数为 5、2、2、3，总数为 12，与所给分子式相同。

综合考虑化学位移、偶合裂分峰形以及氢原子数，可以确定如下基团：

$\delta\approx7.3$，5 个氢的单峰是一元取代苯环上氢原子吸收峰。

$\delta\approx1.2$ 的三重峰和 $\delta\approx3.3$ 的四重峰是—CH_3 和—CH_2—构成的乙基，其中亚甲基的化学位移较大，可能与电负性较大的氧原子相连。

$\delta\approx4.3$ 的单峰是一个孤立的—CH_2—，这个亚甲基上同样应该连接氧原子。

将上述四个基团拼接起来，得到该化合物为乙基苄基醚：

第 4 章

天平及常用光、电仪器的使用

4.1 电子天平

物质的称量是基础化学实验最基本的操作之一,目前化学实验室中最常用的称量仪器是电子天平。

电子天平按精度可分为以下几类:①1mg 以下级别称为电子精密天平;②0.1mg 级别称为电子分析天平;③0.01mg 级别称为准微量天平;④1μg 级别称为微量天平;⑤0.1μg 及以上级别称为超微量电子天平。具体换算比例:100mg=0.1g(十分之一);10mg=0.01g(百分之一);1mg=0.001g(千分之一);0.1mg=0.0001g(万分之一);0.01mg=0.00001g(十万分之一);1μg=0.001mg=0.000001g(百万分之一);0.1μg=0.0001mg=0.0000001g(千万分之一)。

电子天平是利用电子装置完成电磁力补偿的调节,使物体在重力场中实现力的平衡,或通过电磁力矩的调节,使物体在重力场中实现力矩的平衡。电子天平具有使用寿命长、性能稳定、操作简便和灵敏度高的特点。此外,电子天平还具有自动校准、自动去皮、超载显示、故障报警等功能以及具有质量电信号输出功能,且可与打印机、计算机联用,进一步扩展其功能,如统计称量的最大值、最小值、平均值及标准偏差等。常见电子天平见图 4-1。

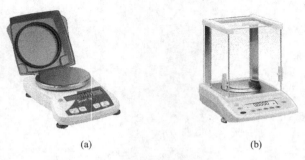

图 4-1 常见电子天平

4.1.1 精度为 0.1g 电子天平的使用方法

精度为 0.1g 的电子天平是化学实验室最为常用的一种称量天平。以 Scout SE 电子天平为例（图 4-2），其操作面板见图 4-2(a)。精度为 0.1g 的电子天平操作面板说明见表 4-1。

(a) 操作面板　　　　　　　　　(b) 天平外观

图 4-2　Scout SE 电子天平

表 4-1　精度为 0.1g 的电子天平操作面板说明

按　键	功　能
清零/去皮 ⏻ Yes	主功能（短按）——如果天平处于关机状态，则开机。 如果天平处于称重状态，则清零/去皮
	第二功能（长按）——关机
	菜单功能——在菜单操作中，短按进入子菜单或者接受当前菜单选项
菜单	主功能（短按）——进入用户菜单
打印 校正	主功能（短按）——打印当前读数
	第二功能（长按）——启动量程校正功能
单位 模式 No	主功能（短按）——选择下一可选的称重单位
	第二功能（长按）——在当前称重单位和可选的称重模式之间切换
	菜单功能——在菜单操作中，短按切换菜单选项

精度为 0.1g 电子天平使用方法：

(1) 打开电子天平上方盖子，检查天平水平状态。若不水平，则调节电子天平的底脚螺钉，使之水平，然后插上电源。

(2) 短按"清零/去皮"键，开机自检。数秒钟后自检结束，显示"0.0g"。

(3) 将烧杯（或称量纸）置于电子天平称量盘正中间，待显示数字稳定后，短按"清零/去皮"键，去皮完成，显示"0.0g"。

(4) 在烧杯（或称量纸）中加入被称量的物体，待显示数字稳定后，读数记录数据。

(5) 若不再使用天平，则长按"清零/去皮"键关机，称量完毕。

4.1.2　电子分析天平的使用

电子天平按结构可分为上皿式电子天平和下皿式电子天平。秤盘在支架上面为上皿式，秤盘吊挂在支架下面为下皿式。目前，广泛使用的是上皿式电子天平。尽管电子天平种类繁多，但其使用方法大同小异，具体操作可参考各仪器的使用说明书。

以赛多利斯 BSA224S-CW 型电子分析天平为例（图 4-1），其控制键板示意图如图 4-3 所示。

在图 4-3 中，"|/⏻"键：开关键；"Tare"键：去皮功能（可去除任何容器的质量，使

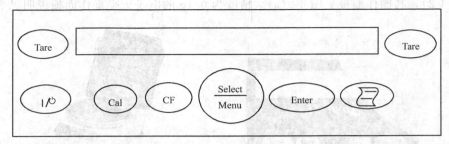

图 4-3 赛多利斯 BSA224S-CW 型电子分析天平控制键板示意图

读数显示样品净重);"Cal"键:校准或调整;"CF"键:删除(清除功能);"Select/Menu"键:选择应用程序/打开操作菜单;"Enter"键:启动应用程序;"⊇"键:数据输出。

电子分析天平使用方法:

(1) 水平调节:使用前观察水平仪,若水平仪水泡偏移,需调整水平调节脚,使水泡位于水平仪中心。

(2) 预热接通电源,显示屏显示"OFF",预热 1h,天平保持在待机状态。

(3) 按开关键"|/○"键,天平自动化初始功能,自动去皮,显示"0.0000g"。

(4) 校正:内校,首次使用天平预热后,马上进行校正,按"Tare"键天平去皮,按"Cal"键,天平内置式砝码自动加载,自动调整天平,校完自动卸载天平内置砝码。

(5) 称量:根据不同的称量对象,选用不同的称量方法。

(6) 称量完毕,取下被称物,按去皮键清零。如果暂时不用,可按开关键使电子天平处于待机状态,盖上防尘罩。

4.1.3 常用的称量方法

(1) 直接称量法 将被称物直接放在称量盘上,所得读数即被称物的质量。这种称量方法适用于洁净干燥的器皿、不宜潮解或升华的固体如金属等。注意,不能用手直接取放被称物,可采用戴手套、垫纸条、用镊子等适宜的办法。

(2) 增量法 又称固定质量称量法。此法用于称量某一固定质量的试剂(如基准物质)或试样,适用于称量不易吸潮、在空气中能稳定存在的粉末状或小颗粒样品。先在天平上称出洁净器皿质量,待显示平衡后按"Tare"键清除器皿质量,打开天平门用药匙往容器中缓慢加入试样并观察显示屏,当达到所需质量时停止加样,关上天平门,显示平衡后即可记录所称取试样的净重。

(3) 减量法 该法是以称量瓶中试样的减少量为称量结果。对于称出物质的质量不要求固定在某一数值,只需在要求的称量范围即可,适于平行称取多份易吸水、易氧化或易与 CO_2 起反应的物质。

称量时将被称样品置于洁净干燥的称量瓶(称液体样品可用小滴瓶)中,在天平上准确称量后,按一下"Tare"键清除称量瓶质量,然后取出称量瓶向容器中敲出一定量样品,再将称量瓶放在天平上称量(转移样品后第二次准确称量显示为负值,其绝对值为所取样品的质量),如果所示质量达到要求范围,即可记录称量结果。若需连续称取第二份试样,则再按一下"Tare"键,显示为零后向第二个容器中转移试样。如此重复操作,可连续称取若干份样品。

称量瓶的使用方法：称量瓶是减量法称量粉末状、颗粒状样品最常用的容器，用前要洗净烘干或自然晾干，称量时戴手套或用纸条套住瓶身中部，用手指捏紧纸条进行操作（图4-4），这样可避免手汗和体温的影响。将称量瓶置于天平盘，称出称量瓶加试样的准确质量。按清零键，将称量瓶取出，在接收器的上方，倾斜瓶身，用称量瓶盖轻敲瓶口上部使试样慢慢落入容器中（图4-5）。当倾出的试样质量接近所需量（在欲称质量的±10%内为宜，可从体积上估计）时，一边继续用瓶盖轻敲瓶口，一边逐渐将瓶身竖直，使黏附在瓶口上的试样落下，然后盖好瓶盖，把称量瓶放回天平盘，显示屏上的数字即为倾倒出的质量。按上述方法连续递减，可称取多份试样。

图 4-4 称量瓶拿法

图 4-5 从称量瓶敲出试样操作

4.1.4 使用电子分析天平注意事项

（1）保证天平室必须具备的基本条件：稳固的水泥台，防震、防尘、防潮的措施，温度在 16～26℃之间，一日内温差不超过 1℃，湿度在 50%～60%。

（2）由专业技术人员安装和调修好天平，并确认天平的各项指标和性能正常后，方可交由学生使用。

（3）通常在天平内放置变色硅胶作干燥剂，当变色硅胶失效后应及时更换。注意保持天平、天平台和天平室的安全、整洁和干燥。

（4）使用天平必须注意：①使用前先检查天平是否正常、清洁，天平是否水平。②调定零点和读取称量读数时，关闭天平门，开、关天平门要轻、稳；称量读数要立即记录在实验报告本中。③称量物温度与天平箱内温度要一致。④称量易挥发和具有腐蚀性的物品时，要盛放在密闭的容器中。⑤电子天平自重较轻，容易被碰撞移位而造成不水平，从而影响称量结果，所以在使用时要特别注意，动作要轻缓，并要经常查看水平仪。⑥称量完毕后要将用过的称量瓶放回原位，及时还原天平并在天平使用登记本上进行登记。

4.2 酸 度 计

酸度计也称 pH 计，是一种通过测量电势差的方法测定溶液 pH 值的仪器。酸度计也可用于测定电池内的电动势，还可配合搅拌器进行电位滴定及测定氧化还原电对的电极电势。测酸度时，用 pH 测量挡，测电动势时用毫伏（mV 或 −mV）档。以赛多利斯 PB-10 型酸度计为例介绍酸度计的使用。

赛多利斯 PB-10 型酸度计是一种精密数字显示 pH 计，其自动识别 3 组 16 种缓冲液；校准只需按一个键，出现符号 S，读数已达稳定；同步显示 pH 值、温度和缓冲液；直接以

mV 或 pH 方式读取测量值；pH 值测量范围为 0～14.00；mV 测量范围为±1500.0mV；温度范围为－5.0～105.0℃。酸度计面板结构见图 4-6。

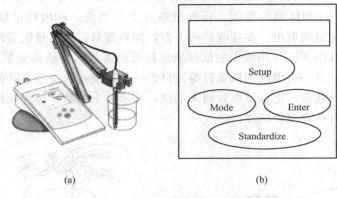

图 4-6　pB-10 型酸度计及面板结构

图 4-6 中，Mode：转换键，用于 pH、mV 和相对 mV 测量方式转换；Setup：设定键，用于清除缓冲液，调出电极校准数据或选择自己识别缓冲液；Standardize：校准键，用于识别缓冲液进行校准；Enter：确认键，用于菜单选择确认。

测量溶液 pH 值的操作如下：

(1) 开机

① 将电极插头与温度补偿插头，分别与酸度计的对应插头对接。

② 将变压器插头与酸度计的电源接口对接。

③ 按"Mode"调 pH 界面，按"Enter"即可。

④ 电极部分浸泡于 $3mol \cdot L^{-1}$ KCl 的电极储存液中。

⑤ 接通电源即开机，使仪器预热 30min。

(2) 校准

① 按"Setup"，屏幕显示"Clear buffer"，按"Enter"确认，清除之前的校准数据。

② 按"Setup"，直至屏幕显示缓冲液组"1.68，4.01，6.86，9.18，12.46"，或所需的其他缓冲液组，按"Enter"确认。

③ 将复合电极用去离子水清洗，滤纸吸干后浸入第一种缓冲液 (6.86)，等到数值达到稳定并出现"S"时，按"Standardize"，仪器将自动校准，如果校准时间较长，可按"Enter"手动校准。作为第一校准点数值被存储，显示"6.86"。

④ 用去离子水清洗电极，滤纸吸干后浸入第二种缓冲液 (4.01)，等到数值达到稳定并出现"S"时，按"Standardize"，仪器将自动校准，如果校准时间较长，可按"Enter"手动校准。数值作为第二校准点被存储，显示"4.01""6.86"和"%Slope XX Good Electrode"。"XX"显示测量的电极斜率值，该测量值在 90%～105%范围内可接受。

⑤ 重复以上操作，完成第三点 (9.18) 校准。

(3) 测量　用去离子水清洗电极，滤纸吸干后将电极浸入待测溶液。从一个方向不停地摇动溶液，等数值达到稳定出现"S"时，即可读取测量值。

使用完毕后，将电极用去离子水冲洗干净，用滤纸吸干电极上的水分，将电极浸于装有 $3mol \cdot L^{-1}$ KCl 溶液的电极防护帽中保存。

（4）注意事项

① 塑料体 pH 复合电极测量 pH 值的核心部件是位于电极末端的玻璃薄膜，该部分是整个仪器最敏感也最容易受到损伤的部位，在清洗和使用的过程中，应该避免任何由于不小心造成的碰撞。使用滤纸吸干电极表面残留液时也要小心，不要反复擦拭。如果使用磁力搅拌，在测量时应保证电极与溶液底部有一定的距离，以防磁棒碰到电极上。

② 如发现电极有问题，可用 $0.1mol·L^{-1}$ HCl 溶液浸泡电极半小时再放入 $3mol·L^{-1}$ KCl 溶液中保存。

③ 测量完成后，不用拔下 pH 计的变压器，应待机或关闭总电源，以保护仪器。

4.3 分光光度计

分光光度法是基于样品对光的选择性吸收，对该样品进行定性或定量分析，所用的仪器为分光光度计，又称光谱仪（spectrometer）。它是将成分复杂的光，分解为光谱线的科学仪器。分光光度计有可见光分光光度计（或比色计）、紫外分光光度计、红外分光光度计和原子吸收分光光度计。分光光度计常用的波长范围为：200～380nm 的紫外光区，380～780nm 的可见光区，2.5～25μm（按波数计为 4000～400cm^{-1}）的红外光区，故可采用不同的发光体作为仪器的光源。通常可见光分光光度计的光源采用钨灯，钨灯光源所发出的 400～760nm 波长的光谱光通过三棱镜折射后，可得到由红、橙、黄、绿、青、蓝、紫组成的连续色谱；紫外分光光度计的光源采用氢灯（或氘灯），氢灯能发出 185～400 nm 波长的光谱。分光光度计按功能又可分为自动扫描型和非自动扫描型，前者配置计算机，可自动测量绘制物质的吸收曲线，后者需手动选择测量波长。

分光光度计虽然种类、型号较多，但都包括光源、色散系统、样品池及检测显示系统。光源所发出的光经色散装置分成单色光后通过样品池，利用检测装置来测量并显示光的被吸收程度。

以 722N 型分光光度计（图 4-7）为例。722N 型可见分光光度计能在近紫外、可见光谱区域对样品物质进行定性和定量的分析。

4.3.1 722N 型分光光度计的光学系统

722N 型可见分光光度计采用光栅自准式色散系统和单光束结构光路，见图 4-8。钨卤素灯发出的连续辐射光经滤色片选择后，由聚光镜聚光，之后投向单色器进狭缝，此狭缝正好在聚光镜及单色器内准直镜的焦平面上，因此进入单色器的复合光通过平面反射镜反射及准直镜准直变成平行光射向色散元件光栅，光栅将入射的复合光通过衍射作用形成

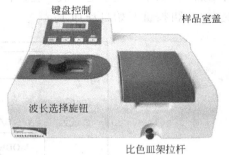

图 4-7 722N 型可见分光光度计

按照一定顺序均匀排列的连续的单色光谱，此单色光谱重新回到准直镜上，由于仪器出狭缝设置在准直镜的焦平面上，这样，从光栅色散出来的光谱经准直镜后利用聚光原理成像在出狭缝上，出射狭缝选出指定带宽的单色光通过聚光镜落在试样室被测样品中心，样品吸收后透射的光经光门射向光电池接收。

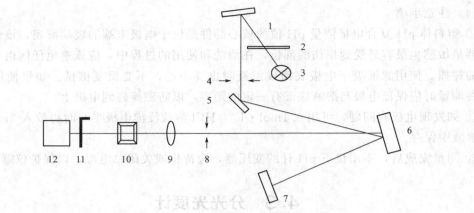

图 4-8 722N 型可见分光光度计光学原理
1—聚光镜；2—滤色片；3—钨卤素灯；4—进狭缝；5—反射镜；6—准直镜；7—光栅；
8—出狭缝；9—聚光镜；10—样品架；11—光门；12—光电池

4.3.2 722N 型分光光度计的使用方法

（1）键盘控制的使用说明 722N 型分光光度计键盘见图 4-9。"MODE"键：切换 A（吸光度）、T（透射率）、c（浓度）、F（斜率）之间的值。指示灯亮的位置就表示切换到的位置。"PC"键：输出确认功能，当处于数据输出或打印时，按键具有确认功能。"▼"键具有两个功能：a. 调零，只有在 T 状态时有效，把黑体放入第二个比色皿槽，盖上样品室，把比色皿架拉到第二个槽，按键后应显示"000.0"；或者打开样品室（光门自动关闭），按"MODE"键，在 T 方式下，按"▼"键，此时显示器应显示"000.0"T。b. 作为下降键：只有在 F 状态时有效，按本键 F 值会自动减 1，如果按住本键不放，会加快递减的速度，如果 F 值为 0 后，再按键，它会自动变为 1999，再按键开始自动减 1。"▲"键具有 3 个功能：a. 在 A 状态时，关闭样品室盖，按键后应显示"0.000"；b. 在 T 状态时，关闭样品室盖，按键后应显示"100.0"；c. 作为上升键，只有在 F 状态时有效，按本键 F 值会自动加 1，如果按住本键不放，会加快递增的速度，如果 F 值为 1999 后，再按键它会自动变为 0，再按键开始自动加 1。

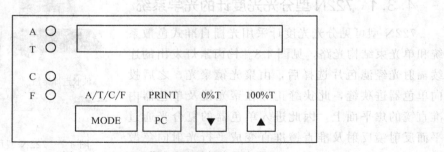

图 4-9 722N 型分光光度计键盘示意图

（2）仪器的使用
① 插上电源，打开开关，打开样品室，仪器预热 30min。
② 用"MODE"键将测试模式转换在 T 方式下。
③ 用波长选择旋钮设置所需波长。

④ 装样到比色皿的 3/4 处（以确保光路通过被测样品中心），用吸水纸吸干比色皿外部所沾的液体，将比色皿的光面对准光路放入比色皿架中。

⑤ 保持 T 方式下，调仪器为 0%。打开样品室，按"▼"键，此时显示器应显示"000.0" T，否则，按"▼"键，重复 2~3 次。

⑥ 保持 T 方式下，调仪器为 100%。盖上样品室盖，将参比液比色皿置于光路中，按"▲"键，直至显示"100.0"%T，否则，按"▲"键，重复 2~3 次。

⑦ 用"MODE"键将测试模式转换在 A 方式下，显示"0.000" A 后，将测试样品一一拉入光路，显示出被测样品吸光度值，记下测量数值。

⑧ 测量完毕，切断电源，开关置于"关"处，洗净比色皿，将仪器罩上防尘罩。

(3) 注意事项

① 测量时，比色皿要先用去离子水冲洗，再用所装入的溶液润洗三遍。

② 不要在仪器上方倾倒测试样品，以免样品污染仪器表面，损坏仪器。比色皿装入溶液后，要用擦镜纸将比色皿外部擦净，注意保护其透光面，勿使其产生斑痕。拿比色皿时，手只能捏住两面的毛玻璃。

③ 测量时，根据溶液的浓度选用不同厚度的比色皿，尽量使吸光度控制在 0.65~1 之间，这样可得到较高的准确度。

④ 仪器连续使用时间不宜太长，以免光电管疲劳。

⑤ 比色皿用完后应及时洗净擦干，放回盒内。

⑥ 如果大幅度改变测试波长时，需等数分钟后才能正常工作（因波长由长波向短波或短波向长波移动时，光能量变化急剧，光电管受光后响应较慢，需一段光响应平衡时间）。

⑦ 仪器工作数月或搬动后，要检查波长准确度，以确保仪器的使用和测定精度。

⑧ 当仪器停止工作时，应关闭仪器电源开关，再切断电源。

4.4 电导率仪

(1) 用途　DDS-11A 型电导率仪是实验室用电导率测量仪表。它除了能测定一般液体的电导率外，还能测定高纯水的电导率，讯号输出为 0~10mV，可接自动电子电位差计进行连续记录。

(2) 结构　仪器的元件全部安装在面板上，电路元件集中安装在一块印刷板上，印刷板固定在面板的反面。仪器的外观如图 4-10 所示。

(3) 使用方法

① 打开电源开关前，观察表针是否指零，如不指零，可调整表头上的螺钉，使表针指零。

② 将校正、测量开关"K_2"放在"校正"位置。

③ 插接电源线，打开电源开关，并预热数分钟（待指针完全稳定为止），调节"校正"调节器使电表指至满度。

④ 当使用 1~8 量程测量电导率低于 $300\mu S \cdot cm^{-1}$ 的液体时，选用"低周"，这时将"K_3"指向"低

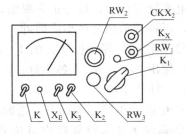

图 4-10　DDS-11A 型电导率仪外观结构
K_3—高周、低周开关；K_2—校正、测量开关；RW_3—校正调节器；RW_2—电极常数补偿调节器；K_1—量程选择开关；RW_1—电容补偿调节器；K_X—电极插口；CKX_2—10mV 输出插口；K—电源插口；X_E—电源指示灯

周"即可。当使用 9～12 量程测量电导率在 300～$10^5 \mu S \cdot cm^{-1}$ 范围内的液体时，即将 "K_3"指向"高周"。

⑤ 将量程选择开关"K_1"指到所需要的测量范围，如预先不知被测液体电导率的大小，应先将其放在较大电导率测量挡上，然后逐档下降，以防表针打弯。

⑥ 使用电极时用电极夹夹紧电极的胶木帽，并通过电极夹把电极固定在电极杆上。

当被测液的电导率低于 $10 \mu S \cdot cm^{-1}$，使用 DJS-1 型光亮电极。这时应把"RW_2"调节在与所配套的电极的常数相对应的位置上。例如，若配套的电极的常数为 0.95，则应把"RW_2"调节在 0.95 处；若配套电极的常数为 1.1，则应把"RW_2"调节在 1.1 的位置上。

当被测液的电导率在 $10 \sim 10^4 \mu S \cdot cm^{-1}$，则使用 DJS-1 铂黑电极。把"$RW_2$"调节在与所配套的电极常数相对应的位置。

当被测液的电导率大于 $10^4 \mu S \cdot cm^{-1}$，以致用 DJS-1 型铂黑电极测不出时，则选用 DJS-10 型铂黑电极。这时应把"RW_2"调节在所配套的电极的常数的 1/10 位置上。例如：若电极的常数为 9.8，则应把"RW_2"指在 0.98 位置上，再将测得的读数乘以 10，即为被测液的电导率。

⑦ 将电极插头插入电极插口内，旋紧插口上的紧固螺钉，再将电极浸在待测溶液中。

⑧ 校正（当用 1～8 量程测量时，校正时"K_3"指在"低周"），将"K_2"指在"校正"，调节"RW_3"指向正满度。注意：为了提高测量精度，当使用"$\times 10^3$"$\mu S \cdot cm^{-1}$，"$\times 10^4$"$\mu S \cdot cm^{-1}$两档时，校正必须在电导池接妥（电极插头插入插孔，电极浸入待测得溶液中）的情况下进行。

⑨ 此后，将"K_2"指向测量，这时指示数乘以量程开关"K_1"的倍率即为被测液的实际电导率。例如"K_1"指在"0～0.1"$\mu S \cdot cm^{-1}$一档，指示针指向 0.6，则被测液的电导率为 $0.06 \mu S \cdot cm^{-1}$；又如"K_1"指在"0～100"$\mu S \cdot cm^{-1}$一档，指示针指向 0.9，则被测液的电导率为 $90 \mu S \cdot cm^{-1}$；依此类推。

⑩ 当用"0～0.1"$\mu S \cdot cm^{-1}$或"0～0.3"$\mu S \cdot cm^{-1}$档测量高纯水时（$10 M\Omega$ 以上），先把电极引线插入插孔，在电极未浸入溶液之前，调节"RW_1"使电表指示为最小值（此最小值为电极铂片间的漏电阻，由于此漏电阻的存在，使调"RW_1"时电表指针不能达到零点），然后开始测量。

⑪ 当量程开关"K_1"指在"×0.1"，"K_3"指在"低周"，但电导池插口未插接电极时，电表就有指示，这是正常现象，因电极插口及接线有电容存在，只需待电极引线插入插口后，再将指示调至最小值即可。

⑫ 在使用量程选择开关的 1，3，5，7，9，11 各档时，应读取表头上行的数值（0～1.0）；使用 2，4，6，8 各档时，应读取表头下行的数值（0～3）。

(4) 注意事项

① 电极的引线不能潮湿，否则将不准；盛被测溶液的容器必须清洁，无离子沾污。

② 高纯水加入容器后应迅速测量，否则电导率增加很快（水的纯度越高，电导率越低），因为空气中的二氧化碳溶解在水里，生成 CO_3^{2-}，影响水的电导率。

第 5 章

分析数据的记录和处理

5.1 准确度和精密度

5.1.1 准确度与误差

准确度表示测量值（x）与被测组分真实值（T）接近的程度。分析结果与真实值的差别越小，则准确度越高。准确度用误差衡量。误差有绝对误差（E）和相对误差（E_R）两种表示方法。E_R 一般用百分数表示。

绝对误差：
$$E = x - T \tag{5-1}$$

相对误差：
$$E_R = \frac{E}{T} \times 100\% = \frac{x - T}{T} \times 100\% \tag{5-2}$$

误差有正负之分，正误差表示测定结果偏高，负误差表示测定结果偏低。通常用相对误差来衡量测定结果的准确度。

5.1.2 精密度与偏差

精密度是指对同一样品在相同条件下所做多次平行测定的各个结果间相互接近的程度。精密度高低用偏差衡量。偏差越小，精密度越高，表示平行测定的接近程度就越高。偏差有多种表示方法，列出常用的几种表示法。

（1）绝对偏差和相对偏差　绝对偏差（d_i）为某单次测定结果（x_i）与平行测定各单次测定结果平均值（$\overline{x}$）之差。相对偏差（d_{Ri}）为绝对偏差与平均值之比，一般用百分数表示。

绝对偏差：
$$d_i = x_i - \overline{x} \tag{5-3}$$

相对偏差：
$$d_{Ri} = \frac{d_j}{\overline{x}} \times 100\% \tag{5-4}$$

（2）平均偏差和相对平均偏差　平均偏差（$\overline{d}$）指各单次测定结果绝对偏差绝对值的平均值。相对平均偏差（$\overline{d}_R$）为平均偏差与平均值之比。

平均偏差：
$$\overline{d} = \frac{1}{n} \sum_{i=1}^{n} |d_i| \tag{5-5}$$

相对平均偏差：
$$\overline{d}_R = \frac{\overline{d}}{\overline{x}} \times 100\% \tag{5-6}$$

(3) 标准偏差与相对标准偏差　标准偏差又称均方根偏差。对有限次的平行测定，标准偏差用 s 表示。

$$s = \sqrt{\frac{\sum_{i=1}^{n} d_i^2}{n-1}} \tag{5-7}$$

相对标准偏差又称变异系数，为标准偏差与平均值之比，通常用 CV 表示。

$$CV = \frac{s}{\bar{x}} \times 100\% \tag{5-8}$$

5.2　误差的来源和分类

误差通常分为三类：系统误差、随机误差、过失误差。

5.2.1　系统误差

系统误差是指在分析过程中由某些固定的原因造成的误差，对分析结果的影响比较固定，具有重复性和单向性。其大小和正负在理论上是可以测定的。理论上讲，找到产生误差的原因，就可以消除系统误差对测定结果的影响，故系统误差也称可测误差。根据系统误差产生的原因，可以分为以下几种类型：

（1）方法误差　即分析方法本身存在缺陷所导致的误差。

（2）仪器或试剂误差　由于仪器本身不够准确或试剂不纯所致的误差。

（3）操作误差　由于操作人员对实验操作的掌握与实验操作规范有出入所导致的误差。

系统误差在进行平行测定时，会重复固定出现，所以增加平行测定次数，采用数理统计方法不能够消除系统误差。

5.2.2　随机误差（偶然误差）

随机误差也称偶然误差，是由某些难以控制，无法避免的偶然因素造成，如测量时环境的温度、湿度和气压的微小变化，分析人员对试样处理的微小差别等。随机误差的大小，正负都不固定。因此，不能通过校正消除或减小。但多次测定发现，随机误差的分布符合正态分布的规律：

（1）绝对值相等的正负误差出现的概率相同。

（2）绝对值小的误差出现的概率大，绝对值大的误差出现的概率小。绝对值很大的误差出现的概率非常小。

系统误差和随机误差的划分并非是绝对的。有时很难区分某种误差是系统误差或是随机误差。例如判断滴定终点的迟早，观察颜色的深浅，总有偶然性。使用同一仪器所引起的误差也未必是相同的，随机误差比系统误差更具有重要的意义。

5.2.3　过失误差

过失误差是由于操作人员工作中的过失、粗心或不遵守操作规程等引起的误差，如容器不洁净、加错试剂、看错砝码、丢损试液、记录错误等。过失误差一经发现，所测数据应予舍去。

5.3 提高测定结果准确度的方法

(1) 选择合适的分析方法　因各种分析方法的灵敏度和准确度的不同，且实际分析工作中对测定结果所要求的灵敏度和准确度还与试样的性质、组成及待测组分的含量有关，所以要根据具体要求选择合适的分析方法。

(2) 减小测量误差　任何分析方法都离不开测量，要保证分析结果的准确度，必须减小测量误差。称量和滴定是常量分析常用到的操作步骤。通过增大试样用量可以减小称量误差。万分之一的分析天平其称量的绝对误差为±0.0001g，称量一份试样，产生的绝对误差为±0.0002g。若要求称量的相对误差小于±0.1%，则称取的试样不能小于0.2g。对于摩尔质量小的物质，通过称大样增加试样用量，减小称量误差。

滴定分析中，滴定一份样品引入的绝对误差为±0.02mL，要保证相对误差不大于±0.1%，则消耗滴定剂至少为20mL。实际分析测定中，滴定剂控制在20~30mL，这样既减小了测量误差，还可以节省试剂。

(3) 减小随机误差　消除系统误差的前提下，增加平行测定次数，平均值接近于真实值，从而可以减小随机误差。一般分析测定4~6次即可。

(4) 检验和消除系统误差　采用对照试验、空白试验等查找造成系统误差的原因，采用不同方法进行处理。如校准仪器，更换或提纯试剂，对测定结果进行校正等消除存在的系统误差。

5.4 有效数字及运算规则

在进行分析测定时，不仅要准确测量，而且要正确记录测量到的数据。测量数据用有效数字表示。有效数字是实际所能测到的数字。有效数字的保留位数，由分析方法和仪器的准确度来决定，在记录测定的数据时，只保留一位可疑数字。

如称得一份试样质量为0.5g，分析天平称量，正确表达为0.5000g。精度为1/10的电子天平要表达为0.5g。

同样，量取液体的体积记作24mL，则说明用量筒量取的，而用滴定管放出的体积应记录为24.00mL。

(1) 有效数字的计位规则　"0"的不同作用：数字"0"具有双重意义，当其表示测量值时，它是有效数字；当其起定位作用时，不是有效数字。具体讲，数字中间和数字后面的"0"是有效数字，而数字前面的"0"起定位作用，不是有效数字。如20.30mL是四位有效数字，写作0.02030L，前面两个0为定位数字而非有效数字，而最后一个0为有效数字，仍然是四位有效数字。改变单位，不会改变有效数字的位数。

对数值的有效数字位数，取决于小数部分的位数。如常用到的pH、pM、pK，整数部分只代表该数的方次，而有效数字由小数部分来决定。如pH=11.02，即$c(H^+)=9.6\times10^{-12}$mol·L^{-1}，有效数字为两位。

化学计算中的自然数、倍数、分数、化学计量数等，非测量所得，可看作无误差数字，其有效数字位数看作无限的。

(2) 有效数字的修约规则　对分析数据进行处理时，合理保留有效数字，弃去多余数字的过程称为有效数字修约。修约规则为"四舍六入五成双"。当尾数≤4时舍去，尾数≥6则入，若尾数等于5而后面的数为零时，若5前面是偶数则舍，为奇数则入；当5后面还有不为零的数时，无论5前面是偶是奇皆入。

(3) 有效数字的运算规则　在分析结果的计算中，每个测量值的误差都要被传递到结果里。因此必须运用有效数字的运算规则，做到合理取舍，先将数据修约后，再进行计算。

① 加减法：加减运算是各个数值绝对误差的传递。结果的绝对误差应与各数中绝对误差最大的那个数相一致。即按照数据中，小数点后位数最少的那个数来修约其他各数的位数。如计算 0.0147+12.58−3.5568，参照 12.58 修约，得 0.01+12.58−3.56=9.03。

② 乘除法：乘除运算是各个数值相对误差的传递，结果的相对误差应与各数中相对误差最大的那个数相一致。按照有效数字位数最少的那个数来保留其他各数的位数，如：1.25×1.1456×0.32=1.2×1.1×0.32=0.42。

定量分析结果一般要求准确到四位有效数字，用计算器运算，注意结果要按照计算规则修约为合适的位数。

通常报写分析结果，有效数字位数的表示为：高含量组分（>10%）的测定，为四位有效数字（如 23.46%）；中含量组分（1%~10%），保留三位（如 7.25%）；微量组分，保留两位（如 0.66%）。

5.5　分析结果的报告

5.5.1　两份平行测定结果的报告

进行了两次平行测定，若不超过允许公差，以平均值报告分析结果，精密度按下式计算：

$$相对平均偏差 = \frac{|x_1 - x_2|}{2\bar{x}}$$

标准溶液浓度的标定，如果只进行了两次平行测定，一般要求其标定相对平均偏差小于 0.15%，才以两份平均值作为其浓度的标定结果，否则必须进行多份标定。

5.5.2　多份平行测定结果的报告

对于多份平行测定，报告测定结果时，首先检查测定结果中是否存在可疑值（或称离群值），可疑值会影响结果的平均值和精密度，故要判断此可疑值是保留还是舍弃。可疑值的取舍方法很多，从统计学观点，在 3~10 次的测量中，比较严格且简单的是 Q 检验法。

Q 检验法步骤如下：

(1) 将数值由小到大排序，则可疑值为第一个数或最后一个数。

(2) 求出可疑值与其相邻测定值之差的绝对值 a，以及极差 R，之后用 a 除以 R，得到 $Q_{计算}$。

(3) 比较 $Q_{计算}$ 与表 5-1 中 Q 值，确定可疑值的取舍。若 $Q_{计算} > Q_{表值}$，弃去离群值，否则保留。

表 5-1 不同置信度下 Q 分布表

测定次数	3	4	5	6	7	8	9	10
$Q_{0.90}$	0.94	0.76	0.64	0.56	0.51	0.47	0.44	0.41
$Q_{0.95}$	0.98	0.85	0.73	0.64	0.59	0.54	0.51	0.48
$Q_{0.99}$	0.99	0.93	0.82	0.74	0.68	0.63	0.60	0.57

【例1】 某试样5次分析结果分别为35.40，37.20，37.30，37.40，37.50，在置信度95%，判断35.40是否可以弃去？

解：
$$Q=\frac{|35.40-37.20|}{37.50-35.40}=0.86$$

由表 5-1 查得，测定次数为 5，$Q_{0.95}=0.73$，$Q_{计算}>Q_{表值}$，所以 35.40% 应该舍去。

第 2 部分

实 验

第 6 章

基础实验

实验一 电子天平称量练习

一、目的要求

1. 了解电子天平的构造，熟悉电子天平的使用和维护方法。
2. 掌握电子天平的称量方法。
3. 培养准确、整齐、简明地记录实验原始数据的习惯。

二、实验原理

参阅"4.1 电子天平"有关部分。

三、实验用品

仪器：电子天平，电子分析天平，称量瓶，烧杯。

试剂：固体试样。

四、实验步骤

(1) 观看《电子天平的使用》教学录像片。

(2) 精度 0.1g 电子天平的使用。

① 称量 50mL 小烧杯的质量。

② 用称量纸称量 1.0g 固体试样。

③ 称量 0.50g 固体试样于 50mL 小烧杯中。

(3) 电子分析天平的使用

① 直接称量法 称量 50mL 小烧杯的质量。

② 增量法称量 按照教师要求，称量两份不同质量的试样。

③ 减量法称量 准确称取 0.4~0.6g 固体试样三份。

五、使用电子分析天平的注意事项

1. 开关天平侧门、放取被称物等，动作要轻、慢、稳，切不可用力过猛、过快，以免损坏天平。
2. 读取称量读数时，要关好天平门。称量读数要立即记录在实验报告本中。
3. 天平的前门仅供安装、检修和清洁使用，通常不要打开。
4. 必须使用指定的天平。如果发现天平不正常，应及时报告老师或实验室工作人员，不得自行处理。称量完成后，应及时对天平进行清理并在天平使用登记本上登记。

六、数据记录

1. 精度 0.1g 电子天平

样品	烧杯	试样 1	试样 2
质量/g			

2. 电子分析天平

样品	烧杯	试样 1(增量法)	试样 2(减量法)
质量/g			

七、思考与讨论

什么情况下用增量法称量？什么时候用减量法称量？

实验二　粗食盐的提纯

一、目的要求

1. 掌握粗食盐提纯的原理和方法。
2. 学习溶解、沉淀、常压过滤、减压过滤、蒸发浓缩、结晶和烘干等操作。
3. 了解 Ca^{2+}、Mg^{2+}、SO_4^{2-} 等离子的定性鉴定。

二、实验原理

化学试剂或医药用的 NaCl 都是以粗食盐为原料提纯的。粗食盐中含有不溶性的泥沙及可溶性的 Ca^{2+}、Mg^{2+}、K^+、SO_4^{2-} 等杂质。

不溶性的泥沙等可用溶解过滤的方法除去。可溶性的杂质需加入化学试剂使之生成沉淀除去。

加入稍过量 $BaCl_2$ 除去 SO_4^{2-}：

$$Ba^{2+} + SO_4^{2-} = BaSO_4 \downarrow$$

加入 NaOH 和 Na_2CO_3 溶液除去 Ca^{2+}、Mg^{2+} 及过量的 Ba^{2+}：

$$Ca^{2+} + CO_3^{2-} = CaCO_3 \downarrow$$

$$2Mg^{2+} + 2OH^- + CO_3^{2-} = Mg_2(OH)_2CO_3 \downarrow$$

$$Ba^{2+} + CO_3^{2-} = BaCO_3 \downarrow$$

过量的 NaOH 和 Na_2CO_3 通过加 HCl 溶液除去。

同温度下 KCl 的溶解度比 NaCl 大，且在粗食盐中含量较少，K^+ 在蒸发、浓缩、结晶后仍留在母液中，抽滤时除去。

三、实验用品

仪器：电子天平，100mL 烧杯，漏斗，抽滤装置，蒸发皿，酒精灯。

试剂：粗食盐，$2mol \cdot L^{-1}$ HCl，$2mol \cdot L^{-1}$ NaOH，$1mol \cdot L^{-1}$ $BaCl_2$，$1mol \cdot L^{-1}$ Na_2CO_3，$2mol \cdot L^{-1}$ HAc，饱和 $(NH_4)_2C_2O_4$，镁试剂，pH 试纸。

四、实验步骤

1. 溶解粗食盐

在台秤上称取 5.0g 粗食盐放入 100mL 小烧杯中，加入 30mL 去离子水加热搅拌使其溶解（若泥沙等在水中不溶解的量较多，则过滤除去不溶物，将滤液转移至烧杯）。

2. 除 SO_4^{2-}

将粗食盐溶液加热至沸腾，边搅拌边滴加 1mol·L^{-1} BaCl$_2$ 溶液 1mL，继续加热 2~4min。

3. 检验 SO_4^{2-} 是否除尽

停止加热，让溶液静置，沉淀沉降至烧杯底部，沿着烧杯壁滴加 1~2 滴 BaCl$_2$ 溶液，若上层清液不浑浊，表示 SO_4^{2-} 已除尽；否则，需补加 BaCl$_2$，至 SO_4^{2-} 沉淀完全。

4. 除去 Ca^{2+}、Mg^{2+} 及过量 Ba^{2+}

将上述混合物加热至沸腾，边搅拌边滴加 2mol·L^{-1} NaOH 溶液 10 滴和 1mol·L^{-1} Na$_2$CO$_3$ 溶液 1~2mL，直至不再产生沉淀。加热至沸，静置，于上层清液滴加 1mol·L^{-1} Na$_2$CO$_3$ 溶液 1~2 滴，若不浑浊，表示 Ca^{2+}、Mg^{2+}、Ba^{2+} 等阳离子已除净；否则，补加 Na$_2$CO$_3$ 至溶液中无沉淀产生。

常压过滤，滤液转移蒸发皿中，弃去沉淀。

5. 除去 CO_3^{2-}

在滤液中滴加 2mol·L^{-1} HCl 溶液，用 pH 试纸检验，至 pH 值为 4~5。

6. 蒸发、结晶

将蒸发皿中的滤液加热蒸发，当溶液浓缩至糊状时，停止加热，冷却至室温，减压过滤。将提纯的产品转移至蒸发皿中小火烘干，冷却后称重，计算产品的产率。

7. 产品纯度的检验

称取粗食盐和提纯盐各 0.5g，分别用 10mL 去离子水溶解。将溶解的粗食盐和提纯的盐溶液各分三等份。六只试管，一支粗食盐溶液，一支提纯的盐溶液为一组，共计三组，做对比实验。

（1）SO_4^{2-} 的检验　向第一组溶液中各加 2 滴 1mol·L^{-1} BaCl$_2$ 溶液，观察现象。

（2）Ca^{2+} 的检验　向第二组溶液中各加 2mol·L^{-1} HAc 使呈酸性，再滴加 2 滴饱和 (NH$_4$)$_2$C$_2$O$_4$ 溶液，观察现象。

（3）Mg^{2+} 的检验　向第三组溶液中各滴加 2mol·L^{-1} NaOH 溶液使呈碱性，再各滴加 1 滴镁试剂，比较两溶液颜色[1]。

五、数据记录与结果处理

1. 产率计算

粗食盐质量/g	提纯后质量/g	产率/%

2. 纯度检验

试剂	现象	
	粗食盐	提纯的盐
2 滴 1mol·L^{-1} BaCl$_2$ 溶液		
2mol·L^{-1} HAc+2 滴饱和(NH$_4$)$_2$C$_2$O$_4$ 溶液		
2mol·L^{-1} NaOH 溶液+1 滴镁试剂		

六、注意事项

1. 除杂过程:加入一种沉淀剂,使离子沉淀完全后,再进行下一步的除杂。
2. 蒸发浓缩过程,要不断搅拌,溶液呈糊状即可,切勿蒸干。

七、思考与讨论

1. 本实验中除去 SO_4^{2-} 杂质,为什么用有毒的 $BaCl_2$,而不用无毒的 $CaCl_2$?
2. 除杂操作时,为什么先加入 $BaCl_2$ 溶液,然后再加入 Na_2CO_3 溶液?除 CO_3^{2-} 时为什么用盐酸溶液,其他酸是否可以?
3. 检验 Ca^{2+} 滴加饱和 $(NH_4)_2C_2O_4$ 溶液前,为什么要加入 HAc 使溶液呈酸性?加其他酸是否可以?
4. 如果本实验收率过高或过低,原因何在?

八、注释

【1】对硝基偶氮间苯二酚俗称镁试剂,在碱性溶液中呈红色或紫色,被 $Mg(OH)_2$ 吸附后呈天蓝色。

实验三 化学反应速率的测定

一、目的要求

1. 学习一种确定化学反应级数、速率常数及反应速率方程的方法。
2. 通过实验加深理解浓度、温度、催化剂对反应速率的影响。

二、实验原理

在水溶液中过二硫酸铵与碘化钾发生如下反应:

$$S_2O_8^{2-} + 3I^- = 2SO_4^{2-} + I_3^- (aq) \tag{1}$$

反应的平均速率可以表示为:

$$\bar{v} = -\frac{\Delta c(S_2O_8^{2-})}{\Delta t} \tag{6-1}$$

式中,$\bar{v}$ 为反应平均速率;$\Delta c(S_2O_8^{2-})$ 为 Δt 时间内 $S_2O_8^{2-}$ 浓度变化量。

设该反应速率方程为:

$$v = k c_{S_2O_8^{2-}}^{\alpha} c_{I^-}^{\beta} \tag{6-2}$$

式中,v 为瞬时速率。若 $c_{S_2O_8^{2-}}$、c_{I^-} 是起始浓度,则 v 表示初始速率 (v_0)。

实验中只能测定出在一段时间内反应的平均速率,在此近似地用平均速率代替初始速率:

$$v_0 = k c_{S_2O_8^{2-}}^{\alpha} c_{I^-}^{\beta} = \frac{-\Delta c_{S_2O_8^{2-}}}{\Delta t} \tag{6-3}$$

为测出反应在 Δt 时间内 $S_2O_8^{2-}$ 浓度的改变量,在混合 $(NH_4)_2S_2O_8$ 和 KI 溶液的同时,加入一定体积已知浓度的 $Na_2S_2O_3$ 溶液和淀粉溶液,这样在反应(1)进行的同时还进行着另一反应:

$$2S_2O_3^{2-} + I_3^- = S_4O_6^{2-} + 3I^- \tag{2}$$

此反应几乎是瞬间完成,反应(1)比反应(2)慢得多。因此,反应(1)生成的 I_3^- 立即与 $S_2O_3^{2-}$ 反应,生成无色 $S_4O_6^{2-}$ 和 I^-,而观察不到碘与淀粉呈现的特征蓝色。当 $S_2O_3^{2-}$ 全部耗尽,由反应(1)产生的 I_3^- 遇淀粉使溶液立即呈蓝色。

从反应开始到溶液出现蓝色这一段时间 Δt 里,$S_2O_3^{2-}$ 浓度的改变值为:

$$\Delta c_{S_2O_3^{2-}} = -[c_{S_2O_3^{2-}(\text{终})} - c_{S_2O_3^{2-}(\text{始})}] = c_{S_2O_3^{2-}(\text{始})} \tag{6-4}$$

即 $\Delta S_2O_3^{2-}$ 就是 $S_2O_3^{2-}$ 的起始浓度。从反应（1）和反应（2）化学计量关系可见，$S_2O_8^{2-}$ 减少的量为 $S_2O_3^{2-}$ 减少量的一半，即 Δt 时间内 $S_2O_8^{2-}$ 改变量可由下式求得：

$$\Delta c_{S_2O_8^{2-}} = \frac{c_{S_2O_3^{2-}(\text{始})}}{2} \tag{6-5}$$

因此，在实验中只要准确记录反应开始到溶液呈蓝色的时间 Δt，可以近似计算出反应的起始速率。温度不变，k 为常数，保持 $S_2O_8^{2-}$ 或 I^- 其中一项浓度不变，一项浓度改变，联立速率方程，可解得 α、β，从而确定出速率方程和反应速率常数 k。

三、实验用品

仪器：50mL 烧杯，10mL 量筒，秒表，温度计，试管，冰水浴，恒温水浴。

试剂：0.20mol·L^{-1}（NH$_4$）$_2$S$_2$O$_8$，0.20mol·L^{-1} KI，0.010mol·L^{-1} Na$_2$S$_2$O$_3$，0.20mol·L^{-1} KNO$_3$，0.20mol·L^{-1}（NH$_4$）$_2$SO$_4$，0.02mol·L^{-1} Cu(NO$_3$)$_2$，0.2%淀粉溶液。

四、实验步骤

1. 浓度对化学反应速率的影响

在室温下，进行五组实验。按表 6-1 中实验编号所示用量，用量筒分别量取 KI、Na$_2$S$_2$O$_3$、KNO$_3$、(NH$_4$)$_2$SO$_4$ 及淀粉于 50mL 的烧杯中，搅拌均匀。然后用量筒量取表中所示 (NH$_4$)$_2$S$_2$O$_8$ 溶液的量，迅速加入烧杯中，同时按下秒表，不断搅拌溶液。当溶液出现蓝色，立即停止计时，将时间记入表 6-1。实验编号Ⅱ、Ⅲ、Ⅳ、Ⅴ 溶液中加入 KNO$_3$、(NH$_4$)$_2$SO$_4$ 是为了保持反应液总体积和离子强度相同。

表 6-1 浓度对反应速率的影响

室温_____

	实验编号	Ⅰ	Ⅱ	Ⅲ	Ⅳ	Ⅴ
试剂用量 /mL	0.20mol·L^{-1} KI	10	10	10	5.0	2.5
	0.010mol·L^{-1} Na$_2$S$_2$O$_3$	4	4	4	4	4
	0.4% 淀粉溶液	1	1	1	1	1
	0.20mol·L^{-1} (NH$_4$)$_2$SO$_4$	0	5	7.5	0	0
	0.20mol·L^{-1} KNO$_3$	0	0	0	5.0	7.5
	0.20mol·L^{-1} (NH$_4$)$_2$S$_2$O$_8$	10	5	2.5	10	10
混合液中反应物的起始浓度 /mol·L^{-1}	(NH$_4$)$_2$S$_2$O$_8$					
	KI					
	Na$_2$S$_2$O$_3$					
反应时间 Δt/s						
S$_2$O$_8^{2-}$ 的浓度变化 $\Delta c_{S_2O_8^{2-}}$/mol·L^{-1}						
反应速率 v						
反应速率常数 k						

2. 温度对化学反应速率的影响

按表 6-1 编号的试剂用量，将 KI、Na$_2$S$_2$O$_3$、KNO$_3$ 及淀粉置于 50mL 的烧杯中，

$(NH_4)_2S_2O_8$ 溶液置于大试管中，将盛有试液的烧杯和大试管同时放入冰水浴中冷却。当两溶液温度低于室温 10℃时，迅速将 $(NH_4)_2S_2O_8$ 溶液倒入烧杯中，其他操作步骤同实验步骤1。再按上述操作和用量将盛有试液的烧杯和大试管置于热水浴中，做比室温高 10℃的实验。将三个温度溶液呈蓝色所需的时间，记录在表 6-2。

表 6-2　温度对反应速率的影响

实验编号	I	II	III
反应温度 t/℃			
反应时间 Δt/s			
反应速率 v			

3. 催化剂对化学反应速率的影响

按表 6-1 编号的试剂用量进行实验，在 $(NH_4)_2S_2O_8$ 溶液加入 KI 混合液之前，在 KI 混合液中加入 2 滴 $Cu(NO_3)_2$ 溶液，其他操作同实验步骤 1。记录反应时间。

五、数据记录与结果处理

1. 利用表 6-1 数据，计算出反应级数、速率常数，写出速率方程。说明浓度对该反应速率的影响。$\bar{k}=$＿＿＿＿＿，$\alpha=$＿＿＿＿＿，$\beta=$＿＿＿＿＿。

2. 利用表 6-2 数据，说明温度对反应速率的影响。

3. 根据实验步骤 3 说明催化剂对反应速率的影响，Δt ＿＿＿＿＿。

六、注意事项

1. KI、$Na_2S_2O_3$、淀粉、KNO_3、$(NH_4)_2SO_4$ 混合均匀后，将 $(NH_4)_2S_2O_8$ 溶液迅速倒入上述混合液中，同时启动秒表，并且搅拌。

2. 过二硫酸铵易分解，溶液需要新配制。当配制的该溶液 pH＜3 时，说明试剂已有分解，不适合本实验使用。碘化钾溶液若呈浅黄色或有碘析出，不能使用。

七、思考与讨论

1. $(NH_4)_2S_2O_8$ 缓慢加入 KI 等混合溶液中，对实验有何影响？

2. 反应溶液出现蓝色后，反应是否就终止了？

实验四　滴定分析基本操作练习

一、目的要求

1. 掌握酸碱标准溶液的配制方法。
2. 初步掌握滴定操作技术。
3. 学会正确判断滴定终点。

二、实验原理

酸碱滴定中常用稀 HCl 溶液和稀的 NaOH 溶液作标准溶液，由于浓 HCl 易挥发，固体 NaOH 易吸收空气中水分和二氧化碳，故 HCl 标准溶液和 NaOH 标准溶液采用间接法配制。

$0.1mol·L^{-1}$ HCl 和 $0.1mol·L^{-1}$ NaOH 溶液的相互滴定，突跃范围 pH 值约为 4～10，在这一范围中可采用甲基橙（变色范围 pH＝3.1～4.4）、甲基红（变色范围 pH＝

4.4~6.2)、酚酞（变色范围 pH＝8.0~10.0）等指示剂来指示滴定终点。

HCl 和 NaOH 相互滴定时，当 HCl 和 NaOH 的浓度一定时，其体积之比是定值，因此，改变被滴定液的体积，滴定终点时，滴定剂与被滴定液的体积之比应该是恒定值，借此，可以检验滴定操作技术及终点的判断是否准确。

三、实验用品

仪器：电子天平，100mL 烧杯，250mL 烧杯，500mL 试剂瓶 2 个，50mL 量筒，酸式滴定管，碱式滴定管，250mL 锥形瓶，洗瓶。

试剂：NaOH 固体，1∶1 HCl，2g·L^{-1} 酚酞溶液，2g·L^{-1} 甲基红溶液。

四、实验步骤

1. 配制 0.1mol·L^{-1} NaOH 溶液 500mL

在电子天平上称取计算量的固体 NaOH，置于 250mL 烧杯中，加入约 100mL 去离子水，使 NaOH 全部溶解，稍冷后转入盛有约 400mL 去离子水的试剂瓶中，用橡胶塞塞好，充分摇匀，贴上标签。

2. 配制 0.1mol·L^{-1} HCl 溶液 500mL

用洁净的量筒量取一定体积（计算所需体积）的 1∶1 HCl，倒入盛有约 500mL 去离子水的试剂瓶中，盖上玻璃塞，充分摇匀，贴上标签。

3. 准备滴定管

具体做法见教材 3.5.3。

4. 比较滴定

将配制好的 0.1mol·L^{-1} HCl 溶液和 0.1mol·L^{-1} NaOH 溶液分别装入酸式滴定管和碱式滴定管中，排去气泡，调整液面在 0.00~1.00mL 刻度处。

（1）酸滴定碱

① 练习：从碱式滴定管中放出 20mL 左右的 NaOH 标准溶液于一洁净的 250mL 锥形瓶中，加入 2 滴甲基红指示剂，摇匀，此时溶液呈黄色。用 0.1mol·L^{-1} HCl 溶液滴定，边滴定边不停地旋摇锥形瓶，使之充分反应，并注意观察溶液的颜色变化。刚开始滴定时速度可稍快些，在近滴定终点时，速度应减慢，要一滴一滴地加入，其至半滴半滴加入。当滴定到溶液的颜色突然由黄色变为橙色，即为滴定终点。继续滴入几滴 HCl 溶液，溶液呈红色，用 NaOH 溶液滴定至由红色变为橙色。继续滴加 NaOH 溶液，溶液呈黄色，用 HCl 溶液滴定至橙色。如此反复练习，至掌握滴定操作技术和甲基橙指示剂终点颜色的判断。

② 正式滴定：取一洁净的 250mL 锥形瓶，从碱式滴定管中准确放出 20mL[1] 0.1mol·L^{-1} NaOH 溶液，加入 2~3 滴甲基红指示剂，用 0.1mol·L^{-1} HCl 溶液滴定至溶液刚好由黄色变为橙色即为滴定终点[2]，准确记录所消耗的 HCl 溶液体积。平行滴定三份。

（2）碱滴定酸

① 练习：从酸式滴定管中放出约 20mL 左右的 HCl 标准溶液于锥形瓶中，加 2 滴酚酞指示剂，摇匀，溶液无色。用 0.1mol·L^{-1} NaOH 溶液滴定至微红色，30s 不变即为终点。继续滴入 NaOH 溶液，溶液呈红色，用 HCl 溶液滴定至由红变为微红色，继续滴加 HCl 溶液至无色，再用 NaOH 溶液滴定至溶液变为微红色。如此反复练习，至掌握酚酞指示剂终

点的判断。

② 正式滴定：取一洁净的 250mL 锥形瓶，从酸式滴定管中加入 20mLHCl[2] 溶液，加 2 滴酚酞指示剂，用 NaOH 溶液滴定至溶液由无色变为微红色，约 30s 不褪色即为滴定终点。准确记录所消耗的 NaOH 溶液体积。平行滴定三份。

五、数据记录与结果处理

1. HCl 溶液滴定 NaOH 溶液（指示剂：甲基红）

滴定序号		1	2	3
V_{NaOH} /mL	初读数			
	终读数			
	V			
V_{HCl} /mL	初读数			
	终读数			
	V			
V_{HCl}/V_{NaOH}				
$\overline{V_{HCl}/V_{NaOH}}$				
相对平均偏差 $\overline{d}_R/\%$				

2. NaOH 溶液滴定 HCl 溶液（指示剂：酚酞）

滴定序号		1	2	3
V_{HCl} /mL	初读数			
	终读数			
	V			
V_{NaOH} /mL	初读数			
	终读数			
	V			
V_{HCl}/V_{NaOH}				
$\overline{V_{HCl}/V_{NaOH}}$				
$\overline{d}_R/\%$				

六、注意事项

1. 强酸强碱在使用时要注意安全。HCl 溶液和 NaOH 溶液的配制，永远是将相对较浓的 NaOH 和 HCl 溶液倒入水中，尤其不能将水倒入酸中！试剂瓶磨口处不能沾有浓溶液！NaOH 和 HCl 溶液稀释后一定要摇匀。

2. 在滴定过程中，滴定液有可能溅到锥形瓶内壁上，因此，快到终点时，应该用洗瓶吹出少量的去离子水冲洗锥形瓶内壁，以减少误差。

七、思考与讨论

1. 配制 NaOH 溶液时，应该选择何种天平称取试剂？为什么？
2. 如何用浓盐酸（密度为 1.19，$w=38\%$）配制 500mL 0.1mol·L^{-1} HCl？
3. 在滴定分析中，滴定管为何要用滴定剂润洗几次？滴定中的锥形瓶是否也要用滴定剂润洗呢？为什么？

八、注释

【1】由滴定管中放出，在 20mL 附近即可，但必须准确读数，如放出 19.82mL，21.05mL 等。

【2】正式滴定，如果滴定终点过了，需重做，不可以回滴。

实验五　盐酸和氢氧化钠溶液的标定

一、目的要求

1. 掌握酸碱标准溶液的标定方法。
2. 巩固滴定操作技术。

二、实验原理

HCl 溶液和 NaOH 溶液采用间接法配制，其准确浓度需经过标定来确定。常用于标定 HCl 溶液的基准物质为硼砂（$Na_2B_4O_7 \cdot 10H_2O$）或无水碳酸钠（Na_2CO_3）。常用于标定 NaOH 溶液的基准物质为草酸（$H_2C_2O_4 \cdot 2H_2O$）或邻苯二甲酸氢钾（$KHC_8H_4O_4$）。

用硼砂标定 HCl 溶液达到化学计量点时，溶液 pH≈5.0，可以选用甲基红作指示剂。

$$Na_2B_4O_7 \cdot 10H_2O + 2HCl = 4H_3BO_3 + 2NaCl + 5H_2O$$

$$c_{HCl} = \frac{2m_{Na_2B_4O_7 \cdot 7H_2O}}{V_{NaOH} M_{Na_2B_4O_7 \cdot 7H_2O}} \times 1000 \tag{6-6}$$

无水碳酸钠标定 HCl 溶液，达到化学计量点时，溶液 pH≈3.9，可选用甲基橙作指示剂。

$$Na_2CO_3 + 2HCl = 2NaCl + CO_2 + H_2O$$

$$c_{HCl} = \frac{2m_{Na_2CO_3}}{V_{HCl} M_{Na_2CO_3}} \times 1000 \tag{6-7}$$

草酸标定 NaOH 溶液，达到化学计量点时，溶液 pH≈8.5，选用酚酞作指示剂。

$$H_2C_2O_4 \cdot 2H_2O + 2NaOH = Na_2C_2O_4 + 4H_2O$$

$$c_{NaOH} = \frac{2m_{H_2C_2O_4 \cdot 2H_2O}}{V_{NaOH} M_{H_2C_2O_4 \cdot 2H_2O}} \times 1000 \tag{6-8}$$

邻苯二甲酸氢钾标定 NaOH 溶液，计量点 pH≈9，可用酚酞作指示剂。

$$\text{COOH-C}_6\text{H}_4\text{-COOK} + NaOH = \text{COONa-C}_6\text{H}_4\text{-COOK} + H_2O$$

$$c_{NaOH} = \frac{m_{KHC_8H_4O_4}}{V_{NaOH} M_{KHC_8H_4O_4}} \times 1000 \tag{6-9}$$

三、实验用品

仪器：酸式滴定管，碱式滴定管，锥形瓶，烧杯，容量瓶，移液管，电子分析天平。

试剂：$0.1 mol \cdot L^{-1}$ HCl，$0.1 mol \cdot L^{-1}$ NaOH，$2 g \cdot L^{-1}$ 甲基红指示剂，甲基橙指示剂，$2 g \cdot L^{-1}$ 酚酞指示剂，无水碳酸钠（AR）或硼砂、邻苯二甲酸氢钾（AR）或草酸。

四、实验步骤（选用一种方法标定 HCl 或 NaOH）

1. $0.1 mol \cdot L^{-1}$ HCl 溶液的标定

（1）方法一（用无水碳酸钠标定）　准确称取 0.75～0.97g 无水碳酸钠于 100mL 烧杯

中，加 50mL 去离子水溶解，将溶液转移至 150mL 的容量瓶中，用少量去离子水洗涤烧杯 3～4 次，洗涤液转入容量瓶中，加水定容至 150mL，摇匀。

用移液管移取 20.00mL 碳酸钠溶液于锥形瓶中，加入 2 滴甲基橙指示剂，用 HCl 溶液滴定至溶液由黄色变为橙色，记录消耗 HCl 的体积，平行滴定三次。

（2）方法二（用硼砂标定） 准确称取 $Na_2B_4O_7 \cdot 10H_2O$ 三份，每份 0.38～0.43g，分别置于 3 个锥形瓶中，各加入 50mL 去离子水，使之溶解，滴入 2 滴甲基红指示剂，溶液呈黄色，用 HCl 溶液滴定至变为橙红色，即为终点。记录消耗 HCl 的体积。平行滴定三次。

2. $0.1mol \cdot L^{-1}$ NaOH 溶液的标定

（1）方法一（用邻苯二甲酸氢钾标定） 准确称取邻苯二甲酸氢钾三份，每份 0.40～0.45g，分别置于 3 个锥形瓶中。各加入 50mL 去离子水，温热使之溶解，冷却。加 2 滴酚酞指示剂，用 NaOH 溶液滴定至溶液刚出现微红色，30s 不褪色，即为终点。记下消耗的 NaOH 体积。平行滴定三次。

（2）方法二（用草酸标定） 准确称取 0.80～1.10g 草酸于 100mL 烧杯中，加 50mL 去离子水溶解，将溶液转移至 150mL 的容量瓶中，用少量去离子水洗涤烧杯 3～4 次，洗涤液转入容量瓶中，加水定容至 150mL，摇匀。

用移液管移取 20.00mL 草酸溶液于洁净的锥形瓶中，加入 2 滴酚酞指示剂，用 NaOH 溶液滴定至溶液刚出现微红色，30s 不褪色，即为终点。记录消耗 HCl 的体积，平行滴定三次。

五、数据记录与结果处理（以硼砂标定 HCl 为例）

测定次数		1	2	3
$m_{Na_2B_4O_7 \cdot 10H_2O}/g$				
消耗 HCl 体积/mL	初读数			
	终读数			
	V			
$c_{HCl}/mol \cdot L^{-1}$				
$\bar{c}_{HCl}/mol \cdot L^{-1}$				
$\bar{d}_R/\%$				

六、思考与讨论

1. 称取无水碳酸钠的过程中，若称量瓶内的无水碳酸钠吸湿，对称量会造成什么误差？若试样倾入锥形瓶后再吸湿，对称量是否有影响？为什么？
2. 用无水碳酸钠标定盐酸溶液，当滴定到接近终点时，要剧烈摇动溶液，这是为什么？
3. 若邻苯二甲酸氢钾加水后加热溶解，不等其冷却就进行滴定，对标定结果有无影响？为什么？
4. 在酸碱滴定中，每次指示剂的用量很少，仅用 2～3 滴，为什么不可多用？

实验六　乙酸离解度及离解平衡常数的测定

一、目的要求

1. 掌握用酸度计法测定乙酸离解度和离解平衡常数的原理和方法。

2. 掌握移液管、容量瓶的使用。
3. 了解酸度计的构造及测定 pH 值的原理。

二、实验原理

乙酸是弱电解质，在溶液中存在如下离解：

$$HAc \rightleftharpoons H^+ + Ac^-$$

离解达平衡时，标准离解平衡常数 $K_a^\ominus$ 表示为：

$$K_a^\ominus = \frac{(c_{H^+}/c^\ominus)(c_{Ac^-}/c^\ominus)}{c_{HAc}/c^\ominus} \tag{6-10}$$

式中各浓度均为平衡浓度，$c^\ominus$ 为标准浓度。以 c 代表 HAc 的起始浓度，则 $c_{HAc} = c - c_{H^+}$，而 $c_{H^+} = c_{Ac^-}$，将此代入式(6-10) 得：

$$K_a^\ominus = \frac{(c_{H^+}/c^\ominus)^2}{(c - c_{H^+})/c^\ominus} \tag{6-11}$$

当离解度小于 5%，$c - c_{H^+} \approx c$，$c^\ominus = 1.0 \, mol \cdot L^{-1}$

式(6-11) 可写作：

$$K_a^\ominus = \frac{c_{H^+}^2}{c} \tag{6-12}$$

HAc 的离解度 α 可以表示为

$$\alpha = \frac{c_{H^+}}{c} \times 100\% \tag{6-13}$$

乙酸溶液的起始浓度 c 可以用标准 NaOH 溶液滴定测得。在一定温度下用酸度计测定乙酸溶液的 pH 值，代入式(6-12)、式(6-13) 即可求得离解平衡常数和离解度。

三、实验用品

仪器：酸度计，碱式滴定管，20.00mL 移液管，锥形瓶，烧杯 10.00mL 吸量管，50mL 容量瓶。

试剂：$0.1 mol \cdot L^{-1}$ HAc，$0.1 mol \cdot L^{-1}$ NaOH 标准溶液，$2g \cdot L^{-1}$ 酚酞指示剂。

四、实验步骤

1. 标定 HAc 溶液浓度

用移液管移取 20.00mL $0.1 mol \cdot L^{-1}$ HAc 溶液于 250mL 锥形瓶中，加入 2 滴酚酞指示剂。用 NaOH 标准溶液滴定此溶液至呈微红色，30s 不褪色即为终点。记下所用的 NaOH 溶液体积。平行测定 3 份。

2. 配制不同浓度 HAc 溶液

用吸量管（移液管）分别取 5.00mL、10.00mL、20.00mL HAc 溶液于三个洁净的 50mL 容量瓶中（分别标为 1、2、3 号），加去离子水稀释到刻度，摇匀。

3. 测定 HAc 溶液 pH 值

用四只洁净干燥的 50mL 烧杯（标为 1、2、3、4 号），分别取上述三种浓度的 HAc 溶液（分别对应标号为 1、2、3 号烧杯）及一份未稀释的 HAc 标准溶液（对应 4 号烧杯），按浓度由稀至浓顺序测定它们的 pH 值。

五、数据记录与结果处理

1. HAc 溶液浓度标定

滴定序号		1	2	3
NaOH 溶液浓度/mol·L^{-1}				
NaOH 溶液体积 /mL	初读数			
	终读数			
	V			
HAc 溶液的浓度 c/mol·L^{-1}	测定值			
	平均值			
$\bar{d}_R/\%$				

2. HAc 溶液 pH 值的测定及 $K_a^\ominus$ 和 α 计算

编号	c(HAc) /mol·L^{-1}	pH	c(H$^+$) /mol·L^{-1}	α	$K_a^\ominus$	
					测定值	平均值
1						
2						
3						
4						

六、思考与讨论

1. 根据实验结果讨论 HAc 离解度和离解平衡常数与其浓度的关系。如果改变温度和浓度，对 HAc 的离解度和离解平衡常数有何影响？

2. 在测定一系列同一种电解质溶液的 pH 值时，测定的顺序按浓度由稀到浓和由浓到稀，结果有何不同？

实验七　食醋总酸量的测定

一、目的要求

1. 学习食醋总酸量的测定原理及方法。
2. 学习液体试样测定方法，熟悉液体试样含量的表示方法。

二、实验原理

食醋是经微生物发酵而生产的一种调味品，它的主要成分是乙酸，同时含有少量的其他有机酸。只要各酸强度足够大，就能用 NaOH 标准溶液准确滴定，因此测定的是总酸量。化学计量点时溶液 pH 值约为 8.7，通常选用酚酞为指示剂。以乙酸的质量浓度来表示食醋总酸度。

$$\rho(\text{HAc}) = \frac{c_{\text{NaOH}} V_{\text{NaOH}} M_{\text{HAc}} \times 1000}{V_{\text{HAc}}} \tag{6-14}$$

食醋含 HAc 3%～6%，浓度较大，且颜色较深，要稀释后再测定。

三、实验用品

仪器：碱式滴定管，移液管（25.00mL，20.00mL），150mL 容量瓶，250mL 锥形瓶。

试剂：0.1mol·L^{-1} NaOH，邻苯二甲酸氢钾（AR），酚酞指示剂，食醋。

四、实验步骤

1. 标定 0.1mol·L^{-1} NaOH 溶液

参见实验五。

2. 总酸量的测定

用移液管准确移取食醋样品 25.00mL 于 150mL 容量瓶中。用新煮沸的去离子水稀释至刻度，摇匀。

用移液管准确移取 20.00mL 已稀释的食醋于锥形瓶中，加入 2 滴酚酞指示剂，用 NaOH 标准溶液滴定，至溶液出现微红色，30s 不变即为终点，记录消耗 NaOH 溶液的体积。平行测定三次。

五、数据记录及结果分析

1. 0.1mol·L^{-1} NaOH 溶液浓度标定

滴定序号		1	2	3
$m_{KHC_8H_4O_4}$/g				
消耗 NaOH 溶液体积/mL	终读数			
	初读数			
	V			
c_{NaOH}/mol·L^{-1}				
$\bar{c}_{NaOH}$/mol·L^{-1}				
$\bar{d}_R$/%				

2. 食醋总酸量测定

滴定序号		1	2	3
V_{HAc}/mL				
消耗 NaOH 体积/mL	终读数			
	初读数			
	V			
ρ_{HAc}/g·L^{-1}				
$\bar{\rho}_{HAc}$/g·L^{-1}				
$\bar{d}_R$/%				

六、思考与讨论

1. 如果食醋的颜色过深，如何解决？

2. 酚酞指示剂由无色变为微红时，溶液的 pH 值为多少？变红的溶液在空气中放置后又变为无色的原因是什么？

实验八　氨水中氨含量的测定

一、目的要求

1. 掌握氨水中氨含量的测定原理及方法。

2. 掌握返滴定法的操作原理。

二、实验原理

氨水是农用氮肥之一。由于 NH_3 容易挥发，所以通常采用返滴定方式测定氨水中氨的含量。$NH_3·H_2O$ 样品与过量 HCl 标准溶液充分作用，剩余的 HCl 用 NaOH 标准溶液滴定，发生的反应为：

$$HCl(过量) + NH_3 = NH_4Cl$$
$$HCl(剩余) + NaOH = NaCl + H_2O$$

化学计量点时溶液 pH 值约为 5.3，可选甲基红作指示剂，根据 HCl 和 NaOH 的用量计算氨水中氨的含量。

$$\rho_{NH_3} = \frac{(c_{HCl}V_{HCl} - c_{NaOH}V_{NaOH}) \times M_{NH_3}}{V_{NH_3·H_2O}} \tag{6-15}$$

三、实验用品

仪器：酸式滴定管，碱式滴定管，250mL 锥形瓶，10.00mL 移液管。

试剂：$0.1mol·L^{-1}$ NaOH 标准溶液，$0.1mol·L^{-1}$ HCl 标准溶液，$0.1mol·L^{-1}$ $NH_3·H_2O$ 溶液，$2g·L^{-1}$ 甲基红。

四、实验步骤

从酸式滴定管中准确放出 20～25mL [1] $0.1mol·L^{-1}$ HCl 标准溶液于洁净的 250mL 锥形瓶中，用移液管移取 10.00mL $0.1mol·L^{-1}$ $NH_3·H_2O$ 溶液放入盛有 HCl 标准溶液的锥形瓶中，加入 2 滴甲基红，溶液呈红色 [2]。用 $0.1mol·L^{-1}$ [3] NaOH 标准溶液滴定，至溶液变为橙色即为终点。记录所用 NaOH 的体积，平行测定 3 份。

五、数据记录与结果处理

滴定序号		1	2	3
$c_{HCl}/mol·L^{-1}$				
$c_{NaOH}/mol·L^{-1}$				
$V_{NH_3·H_2O}/mL$				
V_{HCl}/mL				
消耗 NaOH 体积 /mL	初读数			
	终读数			
	V			
$\rho_{NH_3}/g·L^{-1}$				
$\bar{\rho}_{NH_3}/g·L^{-1}$				
$\bar{d}_R/\%$				

六、思考与讨论

1. 本实验用 NaOH 标准溶液滴定过量的盐酸溶液，化学计量点处体系为什么不呈中性？

2. 为何 NH_3 的测定不适宜用直接滴定法？

七、注释

【1】$0.1 mol \cdot L^{-1}$ HCl 溶液要标定。

【2】加入甲基红后溶液呈红色，若呈黄色说明 HCl 加入量不足，应适量补加。

【3】$0.1 mol \cdot L^{-1}$ NaOH 要标定。

实验九 尿素含氮量的测定（甲醛法）

一、目的要求

1. 了解弱酸强化的基本原理。
2. 学习尿素试样测定前的消化方法。
3. 学习用甲醛法测定某些铵态氮肥中含氮量的原理和方法。

二、实验原理

尿素 $CO(NH_2)_2$ 用浓硫酸消化，转化为 $(NH_4)_2SO_4$，可用酸碱滴定法测定其含氮量。甲醛法是基于铵盐与甲醛作用，定量地生成质子化六亚甲基四胺和 H^+，可用 NaOH 标准溶液滴定，反应式如下：

$$4NH_4^+ + 6HCHO = (CH_2)_6N_4H^+ + 6H_2O + 3H^+$$

$$(CH_2)_6N_4H^+ + 3H^+ + 4OH^- = (CH_2)_6N_4 + 4H_2O$$

化学计量点时，溶液的 pH 值约为 8.7，以酚酞为指示剂。

三、实验用品

仪器：分析天平，电炉，碱式滴定管，烧杯，100mL 量筒，250mL 容量瓶，锥形瓶。

试剂：浓硫酸，$0.1 mol \cdot L^{-1}$ NaOH 溶液，$2 g \cdot L^{-1}$ 甲基红指示剂（60%乙醇溶液），$2 g \cdot L^{-1}$ 酚酞指示剂，1:1 甲醛溶液【1】，邻苯二甲酸氢钾（AR），尿素试样。

四、实验步骤

1. $0.1 mol \cdot L^{-1}$ NaOH 溶液的标定

参见实验五。

2. 试样中含氮量的测定

准确称取尿素试样 1g 于 100mL 洁净、干燥的烧杯中，加入 6mL 浓硫酸。盖上表面皿，小火加热至无二氧化碳出现，用洗瓶冲洗表面皿和烧杯壁，定量转移至 250mL 容量瓶中，稀释至刻度，摇匀。

准确移取上述试液 20.00mL 于 250mL 锥形瓶中，加 2 滴甲基红指示剂，溶液呈红色。滴加 NaOH 标准溶液中和游离酸，至溶液由红色变为黄色。加入 10mL（1:1）甲醛溶液，充分摇匀，放置 5min 后，加 2 滴酚酞指示剂，用 $0.1 mol \cdot L^{-1}$ NaOH 标准溶液滴定，溶液由黄色变为橙红色即为终点【2】。记录消耗标准溶液的体积。平行测定三次。

尿素中氮的质量分数按下式计算：

$$w_N = \frac{c_{NaOH} V_{NaOH} M_N \times 10^{-3}}{m \times \dfrac{20.00}{250.00}} \times 100\% \qquad (6-16)$$

五、数据记录与结果处理

1. 0.1 mol·L⁻¹ NaOH 溶液的标定

测定次数		1	2	3
$m_{KHC_8H_4O_4}/g$				
消耗 NaOH 溶液体积/mL	初读数			
	终读数			
	V			
$c_{NaOH}/mol·L^{-1}$				
$\bar{c}_{NaOH}/mol·L^{-1}$				
$\bar{d}_R/\%$				

2. 尿素含氮量的测定

测定次数		1	2	3
$m_{尿素}/g$				
消耗 NaOH 体积/mL	初读数			
	终读数			
	V			
$w_N/\%$				
$\bar{w}_N/\%$				
$\bar{d}_R/\%$				

六、注意事项

1. 甲醛常以白色聚合状态存在（多聚甲醛），是链状聚合体的混合物，可以加入少量浓硫酸加热使之解聚。

2. 甲醛与 NH_4^+ 在室温下反应较慢，加入甲醛后，需放置数分钟，使反应完全，或温热（40℃左右，不可超过 60℃）加速反应。

七、思考与讨论

1. 是否所有铵盐中的氮都可以用甲醛法测定？
2. NH_4^+ 能否用 NaOH 标准溶液直接滴定？
3. 中和过量的 H_2SO_4，加入 NaOH 溶液的量是否要准确控制？过量或不足对结果有何影响？

八、注释

【1】甲醛中常含有微量的甲酸（甲醛受空气氧化所致），应将其除去，否则会产生误差。取原装甲醛上层清液于烧杯中用水稀释一倍，加入 1~2 滴酚酞指示剂，用 0.1 mol·L⁻¹ NaOH 溶液滴定至甲醛溶液呈淡红色。

【2】由于同时存在甲基红和酚酞两种指示剂，所以滴定过程颜色变化比较复杂，终点颜色为橙红色。

实验十 EDTA 的配制与标定

一、目的要求

1. 学习 EDTA 标准溶液的配制方法。
2. 了解配位滴定指示剂的变色原理及使用条件。
3. 掌握常用的标定 EDTA 的方法。

二、实验原理

EDTA 标准溶液常用乙二胺四乙酸二钠盐（用 $Na_2H_2Y \cdot 2H_2O$ 表示）配制。因其吸附 0.3% 的水分和含有少量杂质，通常采用间接法配制。标定 EDTA 的基准物质有金属如 Zn、Cu、Ni、Pb 及其氧化物，某些盐如 $CaCO_3$、$ZnSO_4 \cdot 7H_2O$、$MgSO_4 \cdot 7H_2O$ 等也常用于标定 EDTA。通常选用与被测物组分相同的物质作基准物，在相同酸度条件下，进行标定。根据标定的条件，采用铬黑 T 或钙红等指示剂。根据下式计算 EDTA 的浓度。

$$c_{EDTA} = \frac{m}{MV_{EDTA}} \times 1000 \qquad (6\text{-}17)$$

式中，m 为称取基准物质的质量，g；M 为基准物质的摩尔质量，$g \cdot mol^{-1}$；V_{EDTA} 为滴定消耗 EDTA 的体积。

三、实验用品

仪器：酸式滴定管，烧杯，250mL 容量瓶，150mL 容量瓶，20.00mL 移液管，250mL 锥形瓶，500mL 试剂瓶。

试剂[1]：$Na_2H_2Y \cdot 2H_2O$(AR)，$CaCO_3$（110℃烘箱中干燥 2h，稍冷后置于干燥器中冷却至室温），$NH_3\text{-}NH_4Cl$ 缓冲溶液（pH=10），锌片（纯度为 99.99%），Mg^{2+}-EDTA 溶液（先配制 $0.05 mol \cdot L^{-1}$ 的 $MgCl_2$ 和 $0.05 mol \cdot L^{-1}$ EDTA 溶液各 500mL，然后在 pH=10 缓冲溶液中，以铬黑 T 作指示剂，用上述 EDTA 滴定 Mg^{2+}，按所得比例把 $MgCl_2$ 和 EDTA 混合，Mg：EDTA=1：1），$2g \cdot L^{-1}$ 二甲酚橙水溶液，1：2 氨水（1 体积市售氨水与 2 体积水混合），$2g \cdot L^{-1}$ 甲基红，钙红指示剂（1g 钙红+100gNaCl 混匀，研细），$6mol \cdot L^{-1}$ HCl，10% NaOH，K-B 指示剂（称取 0.2g 酸性铬蓝 K，0.4g 萘酚绿 B 于烧杯中，加水溶解，稀释至 100mL）。

四、实验步骤

1. $0.01 mol \cdot L^{-1}$ EDTA 溶液的配制

称取 1.5g 乙二胺四乙酸二钠，溶于 200mL 去离子水中，稀释至 400mL，装入干净的试剂瓶，摇匀，贴标签。

2. 配制钙标准溶液

准确称取基准碳酸钙 0.14~0.16g 于 150mL 的小烧杯中，逐滴加入 $6mol \cdot L^{-1}$ HCl 溶液，一边滴加一边摇动烧杯，待反应停止后（溶液澄清，无气体产生），加入 50mL 去离子水，加热微沸 2~3min，待溶液冷却后转入 150mL 容量瓶中，稀释至刻度，摇匀。

3. 配制锌标准溶液[2]

准确称取 0.15~0.20g 锌片或锌粒，于 150mL 烧杯中，加入 $6mol \cdot L^{-1}$ HCl 溶液 15mL，立即盖上表面皿，待锌完全溶解以少量水冲洗表面皿和烧杯内壁，定量转移 Zn^{2+} 溶液于 250mL 容量瓶中，用水稀释至刻度，摇匀。

4. 标定 EDTA 标准溶液浓度

依据 EDTA 测定的对象及实验条件，选择一种基准物质标定。

（1）以 Zn^{2+} 为基准物质标定 EDTA 用移液管吸取 20.00mL Zn^{2+} 标准溶液于锥形瓶中，加 1 滴甲基红，滴加 1∶2 氨水中和 Zn^{2+} 标准溶液中的 HCl 溶液，溶液由红变黄时即可。加 20mL 去离子水和 10mL NH_3-NH_4Cl 缓冲溶液，加约 10mg 铬黑 T（米粒大小）指示剂，用 EDTA 溶液滴定，当溶液由红色变为蓝色即为终点。记录所消耗 EDTA 的体积。平行测定 3 份。计算 EDTA 溶液的准确浓度。

（2）以 $CaCO_3$ 为基准物质标定 EDTA 可选用下列三种中的一种指示剂进行标定。

① 以铬黑 T 为指示剂 用移液管吸取 20.00mL Ca^{2+} 标准溶液于锥形瓶中，加 30mL 去离子水及 15mL NH_3-NH_4Cl 缓冲溶液，再加约 10mg（米粒大小）铬黑 T 指示剂，立即用 EDTA 滴定，当溶液由酒红色转变为纯蓝色即为滴定终点。平行测定 3 份。计算 EDTA 溶液的准确浓度。

② 以钙红为指示剂 用移液管移取 20.00mL 标准钙溶液于 250mL 锥形瓶中，加入约 30mL 去离子水，10mL10%NaOH 溶液及约 10mg（米粒大小）钙红指示剂，用 EDTA 溶液滴定至溶液由酒红色变为纯蓝色，即为终点，记下消耗 EDTA 的体积。平行测定 3 份。计算 EDTA 溶液的准确浓度。

③ 以 K-B 为指示剂 用移液管移取 20.00mL 标准钙溶液于 250mL 锥形瓶中，加入 20mL NH_3-NH_4Cl 缓冲溶液，滴加 2~3 滴 K-B 指示剂，用待标定的 EDTA 溶液滴定至溶液由紫红色变为蓝绿色为终点。记下消耗 EDTA 的体积。平行测定 3 份。计算 EDTA 溶液的准确浓度。

五、数据记录与结果处理

滴定序号		1	2	3
$m(CaCO_3)$/g				
$V(CaCO_3)$/mL				
消耗 EDTA 溶液体积 /mL	初读数			
	终读数			
	V			
c_{EDTA}/mol·L^{-1}				
$\bar{c}_{EDTA}$/mol·L^{-1}				
$\bar{d}_R$/%				

六、注意事项

1. EDTA-2Na·$2H_2O$ 在水中溶解较慢，可加热促使溶解或放置过夜。EDTA 若储存于玻璃器皿中，根据玻璃质料的不同，EDTA 将不同程度地溶解玻璃中的 Ca^{2+} 而生成 CaY，使 EDTA 浓度缓缓降低。因此，使用一段时间后，做一次检查性标定。配制的 EDTA 溶液最好储存于聚乙烯类的容器中，其浓度基本不改变。

2. 铬黑 T 与 Mg^{2+} 显色的灵敏度高，与 Ca^{2+} 显色的灵敏度低，当水样中钙含量很高而镁含量很低时，往往得不到敏锐的终点。可在水样中加入少许 Mg-EDTA，利用置换滴定法的原理来提高终点变色的敏锐性，或者改用 K-B 指示剂。

七、思考与讨论

1. 为什么通常使用乙二胺四乙酸二钠盐配制 EDTA 标准溶液,而不用乙二胺四乙酸?
2. 滴定为什么要在缓冲溶液中进行?

八、注释

【1】根据具体实验情况准备试剂。仅准备选定的基准物质与相应指示剂以及相关的试剂。

【2】取适量纯锌片或锌粒,用稀 HCl 溶液浸泡片刻(除去锌片表面的氧化物),用去离子水冲去表面的 HCl 溶液,沥干水分于 110℃烘几分钟,置于干燥器中冷却。

实验十一 自来水硬度的测定

一、目的要求

1. 掌握测定水硬度的原理、方法和计算。
2. 了解水硬度的表示方法。
3. 掌握铬黑 T 指示剂的使用条件和终点颜色的变化。

二、实验原理

水硬度通常是指水中钙、镁离子的含量。由钙、镁的酸式碳酸盐形成的硬度称为暂时硬度;由钙、镁的硫酸盐、氯化物、硝酸盐形成的硬度称为永久硬度。暂时硬度和永久硬度的总和称为"总硬"。把镁离子形成的硬度称为"镁硬",钙离子形成的硬度称为"钙硬"。

测定水中 Ca^{2+}、Mg^{2+} 总量,在 pH=10 的缓冲溶液中,以铬黑 T 为指示剂,用 EDTA 标准溶液直接滴定水中的 Ca^{2+}、Mg^{2+},溶液由紫红色经紫蓝色转变为纯蓝色为终点。

滴定过程中生成配合物的稳定性顺序为:

$$CaY^{2-} > MgY^{2-} > MgIn^- > CaIn^-$$

总硬度测定反应为:

滴定前 pH=10 $Mg^{2+} + HIn^{2-}$ (铬黑 T) $=\!=\!= MgIn^- + H^+$
                     蓝色   紫红色

终点前 $Ca^{2+} + H_2Y^{2-} =\!=\!= CaY^{2-} + 2H^+$
             $Mg^{2+} + H_2Y^{2-} =\!=\!= MgY^{2-} + 2H^+$

终点时 $MgIn^- + H_2Y^{2-} =\!=\!= MgY^{2-} + HIn^{2-} + H^+$
             紫红色   蓝色

铬黑 T 与少量镁离子配位,溶液呈紫红色,用 EDTA 滴定,EDTA 与 Ca^{2+} 和 Mg^{2+} 配位,终点时夺取 $MgIn^-$ 中的 Mg^{2+},指示剂铬黑 T 游离出来,溶液呈蓝色。根据 EDTA 的浓度及消耗的体积,可以计算水中 Ca^{2+} 和 Mg^{2+} 总量,换算为相应的硬度单位。

测定 Ca^{2+} 时,将溶液 pH 值调节为 12.0,Mg^{2+} 沉淀为 $Mg(OH)_2$ 后,以钙红为指示剂,用 EDTA 标准溶液滴定,可测定水中 Ca^{2+} 含量即钙硬。

钙硬测定反应为:

滴定前 pH=12 $Mg^{2+} + 2OH^- =\!=\!= Mg(OH)_2 \downarrow$
                 $Ca^{2+} + In^{3-}$(钙指示剂)$=\!=\!= CaIn^-$
                 蓝色   酒红色

终点前 $Ca^{2+} + H_2Y^{2-} =\!=\!= CaY^{2-} + 2H^+$

终点时 $CaIn^- + H_2Y^{2-} =\!=\!= CaY^{2-} + In^{3-} + 2H^+$
             酒红色   蓝色

镁硬通过分别测定 Ca^{2+}、Mg^{2+} 总量和测定 Ca^{2+} 消耗的 EDTA 的体积差量计算。

滴定时，若水中存在干扰离子 Fe^{3+}、Al^{3+} 用三乙醇胺掩蔽，存在 Cu^{2+}、Pb^{2+}、Zn^{2+} 等重金属离子可用 KCN、Na_2S 或巯基乙酸掩蔽。

水硬度测定是水质分析的一项重要指标。各国对水总硬度的表示方法不同，有将 Ca^{2+}、Mg^{2+} 总量折算成 $CaCO_3$ 而以 $CaCO_3$ 的量作为硬度标准的，也有折算成 CaO 而以 CaO 的量表示的。本实验采用我国较普遍的表示方法，以度（°）表示水的总硬度的单位（每升水中含 10mg CaO 为 $1°$）。水中 Ca^{2+} 和 Mg^{2+} 的含量用质量浓度表示（每升水中含待测物质的质量，单位为 $mg·L^{-1}$）。

$$总硬度 = \frac{c_{EDTA} V_1 M_{CaO}}{V_{水样}} \times \frac{1000}{10} \quad (6\text{-}18)$$

$$钙硬度 \rho = \frac{c_{EDTA} V_2 M_{Ca}}{V_{水样}} \times 10^3 \quad (6\text{-}19)$$

$$镁硬度 \rho = \frac{c_{EDTA}(V_1 - V_2) M_{Mg}}{V_{水样}} \times 10^3 \quad (6\text{-}20)$$

三、实验用品

仪器：10mL 量筒，酸式滴定管，100mL 移液管，250mL 锥形瓶。

试剂：$0.01 mol·L^{-1}$ EDTA，20% 三乙醇胺溶液，$NH_3·H_2O$-NH_4Cl 缓冲溶液（pH=10），10% NaOH，1% 固体铬黑 T（1g 铬黑 T + 100g NaCl 混匀，研细），1% 固体钙红指示剂（1g 钙红 + 100g NaCl 混匀，研细）。

四、实验步骤

1. 水总硬度测定

准确移取 100.00mL 水样于锥形瓶中，加入 5mL 三乙醇胺溶液，10mL $NH_3·H_2O$-NH_4Cl 缓冲溶液，再加入少许（米粒大小）铬黑 T 指示剂，混匀，溶液呈紫红色。用 EDTA 标准溶液滴定至溶液由紫红色变为纯蓝色，记录消耗 EDTA 体积（V_1）。平行测定三份。

2. 钙硬度的测定

准确移取 100.00mL 水样于锥形瓶中，加入 10mL 10% NaOH 溶液及少许钙指示剂（米粒大小），摇匀，溶液呈酒红色。用 EDTA 标准溶液滴定至溶液由酒红色变为纯蓝色为终点。记录消耗 EDTA 体积（V_2）。平行测定三份。

五、数据记录及结果处理

1. 水的总硬度的测定

滴定序号		1	2	3
V_{H_2O}/mL				
消耗 EDTA 溶液体积 /mL	初读数			
	终读数			
	V_1			
度/(°)				
平均值				
$\bar{d}_R$/%				

2. 钙硬度的测定

滴定序号		1	2	3
V_{H_2O}/mL				
消耗 EDTA 溶液的体积 /mL	初读数			
	终读数			
	V_2			
Ca^{2+} 含量/mg·L^{-1}				
Ca^{2+} 含量平均值/mg·L^{-1}				
$\overline{d}_R$/%				

六、注意事项

1. 铬黑 T 与 Mg^{2+} 显色的灵敏度高，与 Ca^{2+} 显色的灵敏度低，当水样中钙含量很高而镁含量很低时，往往得不到敏锐的终点。可在水样中加入少许 Mg-EDTA，利用置换滴定法的原理来提高终点变色的敏锐性，或者改用 K-B 指示剂。

2. 若水样中含锰量超过 1mg，在碱性溶液中易氧化成高价，使指示剂变为灰白或浑浊的玫瑰色。可在水样中加入 0.5～2mL 的盐酸羟胺，还原高价锰，以消除干扰。

3. 使用三乙醇胺掩蔽铁离子、铝离子，须在 pH<4 下加入，摇动后再调节 pH 至滴定酸度。水样中含铁量超过 10mg·mL^{-1} 时用三乙醇胺掩蔽有困难，需用去离子水将水样稀释到 Fe^{3+} 含量不超过 10mg·mL^{-1} 即可。

4. 滴定时，因反应速率较慢，在接近终点时，标准溶液慢慢加入，并充分摇动。

七、思考与讨论

1. EDTA 标准溶液测定水的硬度，为什么需要加 $NH_3·H_2O$-NH_4Cl 缓冲溶液？
2. 水样中的 Fe^{3+}、Al^{3+} 等干扰离子，可用什么掩蔽？
3. 本实验用铬黑 T 作指示剂，为什么要控制溶液的 pH 值为 10 左右？

实验十二　过氧化氢含量的测定（$KMnO_4$ 法）

一、目的要求

1. 了解 $KMnO_4$ 溶液的配制方法及保存条件。
2. 掌握用 $Na_2C_2O_4$ 标定 $KMnO_4$ 溶液的原理和条件。
3. 学习高锰酸钾法测定过氧化氢的原理和方法。

二、实验原理

H_2O_2 在工业、生物、医药上广泛使用。利用 H_2O_2 的氧化性可以漂白丝、毛织物；医药上 H_2O_2 是一种常用的消毒剂；工业上 H_2O_2 用作还原剂除去氯气。植物体内的过氧化氢酶也能催化 H_2O_2 的分解反应，在生物上利用 H_2O_2 分解所放出的氧来测定过氧化氢酶的活性。由于 H_2O_2 广泛的应用，常需测定它的含量，可以采用 $KMnO_4$ 法测定。

1. $KMnO_4$ 溶液的配制及标定

高锰酸钾试剂中常含有 MnO_2 等杂质，水中常含有微量还原性物质能与 $KMnO_4$ 作用析出 MnO_2，光线和 $MnO(OH)_2$ 等能促进 $KMnO_4$ 的分解，因此 $KMnO_4$ 标准溶液要用间接法配制。

标定 $KMnO_4$ 的基准物质很多，其中最常用的是 $Na_2C_2O_4$，在 H_2SO_4 介质中，MnO_4^- 与 $C_2O_4^{2-}$ 的反应式如下：

$$2MnO_4^- + 5C_2O_4^{2-} + 16H^+ == 2Mn^{2+} + 10CO_2 + 8H_2O$$

$KMnO_4$ 自身作指示剂，按下式计算 $KMnO_4$ 溶液浓度。

$$c_{KMnO_4} = \frac{2m_{Na_2C_2O_4} \times 1000}{5V_{KMnO_4} M_{Na_2C_2O_4}} \tag{6-21}$$

2. H_2O_2 含量的测定

在酸性条件下，$KMnO_4$ 标准溶液可直接测定 H_2O_2，其反应式如下：

$$2KMnO_4 + 5H_2O_2 + 3H_2SO_4 == 2MnSO_4 + K_2SO_4 + 5O_2\uparrow + 8H_2O$$

$KMnO_4$ 自身作指示剂，根据 $KMnO_4$ 溶液的浓度和消耗的体积，按下式计算 H_2O_2 的质量浓度。

$$\rho_{H_2O_2} = \frac{5c_{KMnO_4} V_{KMnO_4} M_{H_2O_2}}{2V_{H_2O_2}} \tag{6-22}$$

三、实验用品

仪器：分析天平，酸式滴定管，20mL 移液管，250mL 锥形瓶，微孔玻璃，砂芯漏斗。

试剂：$KMnO_4$ 固体，基准 $Na_2C_2O_4$（于 105℃ 干燥 2h 后备用），3mol·L^{-1} H_2SO_4 溶液，H_2O_2 试样，1mol·L^{-1} $MnSO_4$。

四、实验步骤

1. 0.02mol·L^{-1} $KMnO_4$ 溶液的配制及标定

（1）配制：称取 1.0g $KMnO_4$，加入 300mL 去离子水，加热煮沸约 1h，放置 7~10 天后，用微孔玻璃砂芯漏斗过滤，除去析出的沉淀。将过滤的 $KMnO_4$ 溶液储藏于棕色瓶中，放置暗处，以待标定。

（2）标定：准确称取 0.10~0.15g 草酸钠 3 份，分别置于洁净的锥形瓶中，各加 50mL 去离子水，15mL 硫酸，水浴加热至 75~85℃，趁热用 $KMnO_4$ 标准溶液滴定至微红色，30s 不褪色即为终点。记录消耗 $KMnO_4$ 溶液的体积。计算 $KMnO_4$ 溶液的准确浓度。

2. H_2O_2 含量的测定

用移液管吸取已稀释的 H_2O_2 试液 20.00mL 于锥形瓶中，加 10mL 3mol·L^{-1} H_2SO_4，用 $KMnO_4$ 溶液滴定，滴定至溶液由无色变为微红色 30s 不褪色为终点。记录消耗 $KMnO_4$ 溶液的体积，平行测定三份。计算试液中 H_2O_2 的含量。

五、数据记录及结果处理

1. $KMnO_4$ 溶液浓度标定

滴定序号		1	2	3
$m_{Na_2C_2O_4}$/g				
消耗 $KMnO_4$ 体积 /mL	初读数			
	终读数			
	V			
c_{KMnO_4}/mol·L^{-1}				
$\bar{c}_{KMnO_4}$/mol·L^{-1}				
$\bar{d}_R$/%				

2. H_2O_2 含量的测定

滴定序号		1	2	3
$V_{H_2O_2}$/mL				
消耗 $KMnO_4$ 体积 /mL	初读数			
	终读数			
	V			
$\rho(H_2O_2)/g \cdot L^{-1}$				
$\bar{\rho}(H_2O_2)/g \cdot L^{-1}$				
$\bar{d}_R/\%$				

六、注意事项

1. 标定 $KMnO_4$ 反应速率慢，需要加热以加快速率，加热至瓶口有水珠凝结，或看到冒气，此时温度为 75~80℃。但不能过热，防止 $KMnO_4$ 在酸性条件下分解。在滴定过程中温度不可低于 60℃。

2. 严格控制滴定速度，慢—快—慢，开始反应慢，滴入一滴 KMO_4 溶液红色消失后加滴下一滴，此后反应加快时可以快滴，但仍是逐滴加入，防止 $KMnO_4$ 过量分解造成误差，滴定至颜色褪去较慢时再放慢速度。滴定时防止烫伤，滴完一份再加热另一份。

3. H_2O_2 与 $KMnO_4$ 溶液开始反应速率慢，可加入 2~3 滴 $MnSO_4$ 溶液，Mn^{2+} 对滴定反应具有催化作用，以加快反应速率。

七、思考与讨论

1. 粗配的 $KMnO_4$ 要用微孔玻璃砂芯漏斗过滤，能否用滤纸？为什么？
2. 用高锰酸钾法测定 H_2O_2 时，能否用 HNO_3 或 HCl 来控制酸度？
3. 用高锰酸钾法测定 H_2O_2 时，为何不能通过加热来加速反应？

实验十三　碘溶液和硫代硫酸钠溶液的配制与标定

一、目的要求

1. 掌握 I_2 溶液和 $Na_2S_2O_3$ 溶液的配制方法。
2. 掌握标定 I_2 溶液和 $Na_2S_2O_3$ 溶液的原理和方法。

二、实验原理

碘量法中的标准溶液 I_2 和 $Na_2S_2O_3$ 一般均采用间接法配制。碘量法的基本反应为：

$$I_2 + 2Na_2S_2O_3 = 2NaI + Na_2S_4O_6$$

配制的 I_2 溶液和 $Na_2S_2O_3$ 溶液经比较滴定，求出两者体积比，标定其中一种溶液的浓度，确定另一种溶液的浓度。本实验采用 $K_2Cr_2O_7$ 标定 $Na_2S_2O_3$ 溶液浓度。酸性条件下，$K_2Cr_2O_7$ 与过量的 KI 反应生成 I_2：

$$Cr_2O_7^{2-} + 6I^- + 14H^+ = 2Cr^{3+} + 3I_2 + 7H_2O$$

用 $Na_2S_2O_3$ 溶液滴定 I_2，根据 $K_2Cr_2O_7$ 的质量，消耗 $Na_2S_2O_3$ 溶液的体积，由下式计算 $Na_2S_2O_3$ 溶液的浓度。

$$c = \frac{m \times 10^3}{6MV} \tag{6-23}$$

式中，c 为 $Na_2S_2O_3$ 溶液的浓度，$mol \cdot L^{-1}$；m 为 $K_2Cr_2O_7$ 的质量，g；M 为 $K_2Cr_2O_7$ 的摩尔质量，$g \cdot mol^{-1}$；V 为滴定消耗 $Na_2S_2O_3$ 溶液的体积，mL。

三、实验用品

仪器：分析天平，滴定管，锥形瓶，烧杯，棕色细口瓶，量筒，碘量瓶。

试剂：$K_2Cr_2O_7$（AR），20% KI，$Na_2S_2O_3 \cdot 5H_2O$（固体），$2mol \cdot L^{-1}$ HCl，Na_2CO_3（固体），1%淀粉溶液。

四、实验步骤

1. $0.05 mol \cdot L^{-1}$ I_2 溶液和 $0.1 mol \cdot L^{-1} Na_2S_2O_3$ 溶液的配制

称取 3.2g 研细的 I_2 于 250mL 烧杯中，加 6gKI，量取 250mL 去离子水，加入少量水，搅拌，I_2 全部溶解后，溶液转入棕色细口瓶，将剩余去离子水倒入细口瓶，置于暗处。

称取 6.2g $Na_2S_2O_3 \cdot 5H_2O$，溶于 500mL 煮沸冷却的去离子水中，加入 0.2g 碳酸钠，储存于棕色瓶中，在暗处放置 7~14 天后标定。

2. I_2 溶液和 $Na_2S_2O_3$ 溶液的比较滴定

将 I_2 溶液和 $Na_2S_2O_3$ 溶液分别装入酸式滴定管和碱式滴定管，准确放出 20mL I_2 标准溶液于锥形瓶中，加 50mL 去离子水，用 $Na_2S_2O_3$ 溶液滴定至浅黄色，加入 2mL 淀粉指示剂，溶液呈蓝色。继续用 $Na_2S_2O_3$ 标准溶液滴定至溶液蓝色消失为终点。平行测定三次。

3. $Na_2S_2O_3$ 溶液的标定

准确称取 1.4~1.6g $K_2Cr_2O_7$ 三份，分别置于三个 250mL 碘量瓶中，加入 20mL 去离子水使之溶解。加 2g KI，10mL $2mol \cdot L^{-1}$ HCl 摇匀，盖上盖子置于暗处。5min 后取出，加入 50mL 去离子水，用待标定的硫代硫酸钠溶液滴定至由棕色变为淡黄色时，加 2mL 淀粉溶液，溶液呈蓝色，继续滴定至蓝色刚好褪去溶液呈绿色为终点，记录消耗硫代硫酸钠溶液的体积。

五、数据记录与结果处理

1. $Na_2S_2O_3$ 溶液的标定

测定次数		1	2	3
$m(K_2Cr_2O_7)$				
消耗 $Na_2S_2O_3$ 体积 /mL	初读数			
	终读数			
	V			
$c(Na_2S_2O_3)/mol \cdot L^{-1}$				
$\overline{c}(Na_2S_2O_3)/mol \cdot L^{-1}$				
$\overline{d}_R/\%$				

2. I_2 溶液和 $Na_2S_2O_3$ 溶液的比较滴定

滴定序号		1	2	3
$V(I_2)$/mL	初读数			
	终读数			
	V			
$V(Na_2S_2O_3)$/mL	初读数			
	终读数			
	V			
$V(I_2)/V(Na_2S_2O_3)$				
体积比平均值				
$\overline{d}_R$/%				
$c(Na_2S_2O_3)$/mol·L^{-1}				
$c(I_2)$/mol·L^{-1}				

六、注意事项

1. 配制淀粉溶液时，先将可溶性淀粉用少量去离子水调成糊状后缓慢地加入到沸腾的去离子水中，继续煮沸至溶液透明为止。加热时间不可过长，应迅速冷却，避免灵敏性降低。可加入少量防腐剂如 HgI_2、$ZnCl_2$ 等以防腐败。

2. $K_2Cr_2O_7$ 与 KI 反应速率慢，实验中将溶液置于碘量瓶中，在暗处放置一定时间。

3. 滴定前须将溶液稀释，既可以降低酸度，减慢 I^- 被空气氧化的速率，又可使分解速率减小，且稀释后 Cr^{3+} 的绿色变浅，利于终点观察。

4. 滴定至终点后，溶液迅速变蓝，表示反应不完全，实验须重做。若滴定至终点后静置超过 5min 才变蓝，是由于溶液中的 I^- 被空气氧化，不影响分析结果。

七、思考与讨论

1. 如何配制 $Na_2S_2O_3$ 溶液？能否先将 $Na_2S_2O_3$ 溶于去离子水中，之后煮沸？

2. 标定 $Na_2S_2O_3$ 溶液浓度为什么要加 KI？滴定前为何要稀释？

实验十四　果蔬中维生素 C 含量的测定

一、目的要求

1. 了解维生素 C，掌握测定维生素 C 含量的方法。
2. 掌握 I_2 标准溶液和 $Na_2S_2O_3$ 标准溶液的标定方法。
3. 通过实验熟悉碘量法的基本原理和操作过程。

二、实验原理

维生素 C（vitamin C）又名抗坏血酸，分子式为 $C_6H_8O_6$，水溶液呈酸性，加热或在碱性条件下易被氧化，但在酸性溶液中能稳定存在。维生素 C 具有还原性，可被 I_2 定量氧化，因而可用 I_2 标准溶液直接测定。其滴定反应式：

$$C_6H_8O_6 + I_2 \rightleftharpoons C_6H_6O_6 + 2HI$$

该反应可以用于测定药片、注射液及果蔬中维生素 C 的含量。由于维生素 C 的还原性很强，较容易和空气中的氧氧化，在碱性介质中这种氧化作用更强，因此滴定宜在酸性介质中进行，以减少副反应的发生，可选择在 pH 值为 3～4 的弱酸性溶液中进行滴定。

三、实验用品

仪器：分析天平，酸式滴定管，碱式滴定管，20mL 移液管，250mL 锥形瓶，250mL 碘量瓶，100mL 烧杯。

试剂：$0.01\text{mol}\cdot\text{L}^{-1}$ $Na_2S_2O_3$，重铬酸钾（AR），1:1 HCl，$0.05\text{mol}\cdot\text{L}^{-1}$ I_2，$6\text{mol}\cdot\text{L}^{-1}$ HCl，5‰淀粉溶液，$2\text{mol}\cdot\text{L}^{-1}$ HAc 溶液，$200\text{g}\cdot\text{L}^{-1}$ KI，绞碎为糊状的蔬果（橘子、草莓、西红柿等）样品。

四、实验步骤

1. $0.01\text{mol}\cdot\text{L}^{-1}$ $Na_2S_2O_3$ 溶液的标定

准确称取 $0.15\sim0.20\text{g}$ $K_2Cr_2O_7$ 三份于三个 250mL 碘量瓶中，加 25mL 去离子水溶解。加入 5mL $200\text{g}\cdot\text{L}^{-1}$ KI，5mL $6\text{mol}\cdot\text{L}^{-1}$ HCl，盖上塞子，摇匀。在暗处放置 5min。然后加入 60mL 去离子水，用 $0.01\text{mol}\cdot\text{L}^{-1}$ $Na_2S_2O_3$ 标准溶液滴定至溶液呈浅黄色时，加 2mL 淀粉指示剂，继续滴定至深蓝色消失，溶液呈亮绿色即为终点。平行滴定三份。计算 $Na_2S_2O_3$ 标准溶液的浓度。

2. $0.05\text{mol}\cdot\text{L}^{-1}$ I_2 溶液的标定

准确移取 20.00mL $0.01\text{mol}\cdot\text{L}^{-1}$ $Na_2S_2O_3$ 标准溶液于 250mL 锥形瓶中，加入 50mL 去离子水，2mL 淀粉指示剂，用 I_2 标准溶液滴定至溶液呈现蓝色，半分钟不褪即为终点。平行滴定三份。计算 I_2 溶液的浓度。

3. 果蔬中维生素 C 的测定

用 100mL 小烧杯准确称取新绞碎的果浆 30～50g，将其转入锥形瓶中，用去离子水冲洗 1～2 次。加入 10mL $2\text{mol}\cdot\text{L}^{-1}$ HAc 溶液，2mL 淀粉指示剂，立即用 I_2 标准溶液滴定至溶液呈现持续蓝色。平行测定三次。按照下式计算果蔬中维生素 C 的含量（mg/100g）。

$$w(\text{维生素 C}) = \frac{c(I_2)V(I_2)M(\text{维生素 C})}{m_{\text{试样}}} \tag{6-24}$$

五、数据记录及结果处理

1. $Na_2S_2O_3$ 溶液的标定

滴定序号		1	2	3
$m(K_2Cr_2O_7)/\text{g}$				
$Na_2S_2O_3$ 消耗的体积/mL	初读数			
	终读数			
	V			
$c(Na_2S_2O_3)/\text{mol}\cdot\text{L}^{-1}$				
$\bar{c}(Na_2S_2O_3)/\text{mol}\cdot\text{L}^{-1}$				
$\bar{d}_R/\%$				

2. I_2 溶液的标定

滴定序号		1	2	3
$V(Na_2S_2O_3)$/mL				
I_2 消耗的体积/mL	初读数			
	终读数			
	V			
$c(I_2)$/mol·L^{-1}				
$\bar{c}(I_2)$/mol·L^{-1}				
$\bar{d}_R$/%				

3. 果蔬中维生素 C 的测定

滴定序号		1	2	3
m(试样)/g				
I_2 消耗的体积/mL	初读数			
	终读数			
	V			
维生素 C/(mg/100g)				
含量平均值				
$\bar{d}_R$/%				

六、注意事项

1. 标定 $Na_2S_2O_3$ 溶液，碘量瓶要编号。
2. 测定果蔬中维生素 C 含量，加入淀粉指示剂后应立即滴定。
3. 使用碘量法时，应该用碘量瓶，防止 I_2、$Na_2S_2O_3$、维生素 C 被氧化，影响实验结果的准确性。

七、思考与讨论

1. 测定果蔬中维生素 C 含量，为什么要加入 2mol·L^{-1} HAc 溶液？
2. 碘量法的误差来源有哪些？应采取哪些措施减小误差？

实验十五　天然水中溶解氧的测定（碘量法）

一、目的要求

1. 了解天然水中溶解氧测定的原理和方法。
2. 掌握碘量法测定溶解氧的实际应用。

二、实验原理

溶解在水中的分子态氧称为溶解氧，通常记作 DO，用每升水里氧气的毫克数表示。水里的溶解氧被消耗，要恢复到初始状态，所需时间短，说明该水体的自净能力强，或者说水体污染不严重。否则说明水体污染严重，自净能力弱，甚至失去自净能力。水中溶解氧的测定，一般用碘量法。水样中加入硫酸锰和碱性碘化钾，水中溶解氧将二价锰氧化成四价锰的氢氧化物棕色沉淀。加酸溶解氢氧化物沉淀为四价锰离子，Mn^{4+} 与碘离子反应释出与溶解氧量相当的游离碘，以淀粉作指示剂，用硫代硫酸钠滴定释出碘，可计算溶解氧的含量。

$$2MnSO_4 + 4NaOH = 2Mn(OH)_2 \downarrow + 2Na_2SO_4$$
$$2Mn(OH)_2 + O_2 = 2MnO(OH)_2$$
$$MnO(OH)_2 + 2KI + 2H_2SO_4 = MnSO_4 + I_2 + K_2SO_4 + 3H_2O$$
$$I_2 + 2Na_2S_2O_3 = 2NaI + Na_2S_4O_6$$

按照下式计算溶解氧的含量：

$$\rho(O_2) = \frac{cVM \times 1000}{4 \times V_s} \tag{6-25}$$

式中 $\rho(O_2)$——水中溶解氧的含量，$mg \cdot L^{-1}$；
c——硫代硫酸钠标准溶液浓度，$mol \cdot L^{-1}$；
V——硫代硫酸钠标准溶液用量，mL；
V_s——水样体积，mL；
M——O_2 的摩尔质量，$g \cdot mol^{-1}$。

三、实验用品

仪器：溶解氧瓶 500mL，滴定管，吸量管，移液管，250mL 锥形瓶。
试剂：浓硫酸（H_2SO_4），饱和硫酸锰溶液，碱性碘化钾溶液，1% 淀粉溶液，$0.1mol \cdot L^{-1}$ $Na_2S_2O_3$。

四、实验步骤

1. 采集水样

先用水样冲洗溶解氧瓶后，沿瓶壁直接注入水样或用虹吸法将细管插入溶解氧瓶底部，注入水样至溢流出瓶容积的 1/3~1/2 左右。要注意不使水样曝气或有气泡残存在溶解氧瓶中。

2. 溶解氧的固定

用吸量管吸取 $2mL MnSO_4$ 溶液，加入装有水样的溶解氧瓶中，加注时，应将吸量管插入液面下。按上法，加入 4mL 碱性 KI 溶液。盖紧瓶塞，将水样瓶颠倒混合数次，静置。待沉淀降至瓶内一半时，再颠倒混合一次，待沉淀物下降至瓶底。

3. 析出碘

轻轻打开瓶塞，立即用吸管插入液面下加入 4mL 浓硫酸，小心盖紧瓶塞。颠倒混合，直至沉淀物全部溶解为止。放置暗处 5min。

4. 样品的测定

用移液管吸取 100.0mL 上述溶液于 250mL 锥形瓶中，用 $0.1mol \cdot L^{-1}$ $Na_2S_2O_3$ 标准溶液滴定至溶液呈淡黄色，加入 1mL 淀粉指示剂。继续滴定至蓝色刚刚褪去即为终点。平行测定三次。计算溶解氧的含量。

五、数据记录与结果处理

测定次数		1	2	3
V_s				
$c(Na_2S_2O_3)$				
消耗 $Na_2S_2O_3$ 体积/mL	初读数			
	终读数			
	V			
$c(O_2)/mg \cdot L^{-1}$				
$\overline{c}(O_2)/mol \cdot L^{-1}$				
$\overline{d}_R/\%$				

六、注意事项

1. 饱和硫酸锰溶液的配制：称取 480g $MnSO_4 \cdot 4H_2O$ 或 364g $MnSO_4 \cdot H_2O$ 溶于水中，稀释至 1000mL。此溶液加至酸化过的碘化钾溶液中，遇淀粉不得产生蓝色。

2. 碱性碘化钾溶液的配制：称取 500g NaOH 溶于 300～400mL 去离子水中，另称取 150g KI 溶于 200mL 去离子水中，待 NaOH 溶液冷却后，将两溶液合并混匀，用水稀释至 1000mL。如有沉淀，静置 24h，倒出上层澄清液，储存于棕色瓶中。用橡胶塞塞紧，避光保存。此溶液酸化后，遇淀粉不得产生蓝色。

3. 当水样中含有亚硝酸盐时会干扰测定，可加入叠氮化钠使水中的亚硝酸盐分解而消除干扰。其加入方法是预先将叠氮化钠加入碱性碘化钾溶液中。

4. 如水样中含 Fe^{3+} 达 100～200mg·L^{-1} 时，可加入 1mL 40% 氟化钾溶液消除干扰。

5. 在溶解氧的固定和析出碘的实验中，用吸管加入硫酸锰溶液、碱性碘化钾、浓硫酸溶液时，吸管插入液面下，瓶内不允许有气泡。

七、思考与讨论

1. 水样中加入 $MnSO_4$ 和碱性 KI 溶液后，如发现白色沉淀，测定还须继续进行吗？试说明理由？

2. 在上述测定和计算中未考虑因试剂的加入而损失的水样体积，这样做对于试验结果有何影响？

实验十六 $I_3^- \rightleftharpoons I^- + I_2$ 平衡常数的测定

一、目的要求

1. 学习用滴定的方法测定化学反应平衡常数的原理和方法。
2. 加强对化学平衡、平衡常数的理解并了解平衡移动的原理。
3. 巩固移液管、滴定管操作。

二、实验原理

碘溶于碘化钾溶液中形成 I_3^- 离子，并建立下列平衡：

$$I_3^- = I_2 + I^-$$

在一定温度下达到平衡，忽略离子强度的影响，平衡常数可以表示为：

$$K^\ominus = \frac{\frac{c(I^-)}{c^\ominus} \times \frac{c(I_2)}{c^\ominus}}{\frac{c(I_3^-)}{c^\ominus}} \tag{6-26}$$

式中，$c^\ominus$ 为标准浓度，$c^\ominus=1\text{mol} \cdot \text{L}^{-1}$。将上式简化：

$$K^\ominus = \frac{c(I^-)c(I_2)}{c(I_3^-)} \tag{6-27}$$

式中，$c(I^-)$、$c(I_2)$、$c(I_3^-)$ 分别为平衡时 I^-、I_2、I_3^- 的浓度。为了测定平衡时体系的 $c(I^-)$、$c(I_2)$ 和 $c(I_3^-)$，用过量的固体碘与已知浓度的碘化钾溶液一起摇荡，达到平衡后，取上层清液，用标准硫代硫酸钠溶液进行滴定：

$$2Na_2S_2O_3 + I_2 =\!=\!= 2NaI + Na_2S_4O_6$$

由于溶液中存在 $I_3^- =\!=\!= I_2 + I^-$ 的平衡，所以用硫代硫酸钠溶液滴定，最终测得的是平衡时 I_2、I_3^- 的总浓度。设这个浓度为 c，则：

$$c = c(I_2) + c(I_3^-) \tag{6-28}$$

$c(I_2)$ 可通过在相同温度条件下，测定过量固体碘与水处于平衡时，溶液中碘的浓度来代替。设这个浓度为 c'，则 $c(I_2) = c'$，整理式(6-28) 得：$c(I_3^-) = c - c'$

从反应式 $I_3^- =\!=\!= I_2 + I^-$，可以看出，形成一个 $c(I_3^-)$ 就需要一个 I^-，所以平衡时 I^- 的浓度为

$$c(I^-) = c_0 - c(I_3^-) \tag{6-29}$$

式中，c_0 为碘化钾的起始浓度。

将 $c(I^-)$、$c(I_2)$ 和 $c(I_3^-)$ 代入式(6-27)，可求得在此温度条件下的平衡常数 $K^\ominus$。

三、实验用品

仪器：量筒（10mL、100mL），10mL 吸量管，50mL 移液管、碱式滴定管，碘量瓶（100mL、250mL），250mL 锥形瓶，洗耳球。

试剂：固体碘，$0.010\text{mol} \cdot \text{L}^{-1}\text{KI}$，$0.020\text{mol} \cdot \text{L}^{-1}\text{KI}$，$0.0050\text{mol} \cdot \text{L}^{-1}\text{Na}_2\text{S}_2\text{O}_3$ 标准溶液，0.2%淀粉溶液。

四、实验步骤

(1) 取两只干燥的 100mL 的碘量瓶和一只 250mL 的碘量瓶，分别标上 1、2、3 号。

(2) 用量筒分别量取 80mL $0.0100\text{mol} \cdot \text{L}^{-1}$ KI 溶液注入 1 号瓶，80mL $0.0200\text{mol} \cdot \text{L}^{-1}$ KI 溶液注入 2 号瓶中，200mL 去离子水注入 3 号瓶中。然后在每个瓶内各加入 0.5g 研细的碘，盖好瓶塞。

(3) 将装有配好溶液的 3 只碘量瓶分别放置于磁力搅拌器上，搅拌 30min，静置 10min。待过量的碘完全沉于瓶底后，分别取三只碘量瓶中上层清液滴定。或者，将装有配好溶液的三只碘量瓶激烈振荡 15min，再静置于 25℃的水浴中。每隔 10min 取出激烈振荡 1min。三次振荡后，在水浴中静置 15min。待过量的碘完全沉于瓶底后，分别取三只碘量瓶中上层清液滴定。

(4) 用 10mL 吸量管吸取 1 号瓶中上层清液两份，分别注入 250mL 锥形瓶中，再各注入 40mL 去离子水，用 $0.005000\text{mol} \cdot \text{L}^{-1}$ 标准 $\text{Na}_2\text{S}_2\text{O}_3$ 溶液滴定其中一份至淡黄色时，注入 2mL 0.2%的淀粉溶液，此时溶液呈蓝色，继续滴定至蓝色刚好消失。记下所消耗的

$Na_2S_2O_3$ 溶液的体积。平行做第二份清液。

同样的方法滴定 2 号瓶中上层清液。

（5）用 50mL 移液管移取 3 号瓶上层清液两份，用 $0.005000 mol \cdot L^{-1}$ 标准 $Na_2S_2O_3$ 溶液滴定，方法同上。

五、数据记录和结果处理

瓶号		1	2	3
取样体积 V/mL		10.00	10.00	50.00
$c(Na_2S_2O_3)$/mol·L^{-1}				
$Na_2S_2O_3$ 溶液的用量/mL	初读数			
	终读数			
	V			
c/mol·L^{-1}				—
$\bar{c}$/mol·L^{-1}				—
c'/mol·L^{-1}		—	—	
$\bar{c'}$/mol·L^{-1}		—	—	
$c(I_3^-)$/mol·L^{-1}				—
c_0/mol·L^{-1}		0.0100	0.0200	—
$c(I_2)$/mol·L^{-1}				—
$K^{\ominus}$				
$\bar{K}^{\ominus}$				

用 $Na_2S_2O_3$ 标准溶液滴定碘时，相应的碘的浓度计算方法如下：

1、2 号瓶：
$$c = \frac{c_{Na_2S_2O_3} V_{Na_2S_2O_3}}{2V_{KI-I_2}} \tag{6-30}$$

3 号瓶：
$$c' = \frac{c_{Na_2S_2O_3} V_{Na_2S_2O_3}}{2V_{H_2O-I_2}} \tag{6-31}$$

本实验测定 K 值在 $1.0 \times 10^{-3} \sim 2.0 \times 10^{-3}$ 范围内合格（文献值 $K = 1.5 \times 10^{-3}$）。

六、注意事项

测定平衡常数严格应该在恒温条件下进行。如使用恒温水浴测定 25℃时的反应平衡常数，其实验步骤如下：首先将恒温水浴的温度调至 25℃（±0.5℃），然后将装有配好的溶液的三只碘量瓶激烈振荡 15min，再静置于水浴中。每隔 10min 取出激烈振荡 0.5～1min。三次振荡后，在水浴中静置 15min。分别取三只碘量瓶中上层清液滴定，滴定步骤同前。

七、思考与讨论

1. 本实验中，碘的用量是否要准确称取？为什么？
2. 出现下列情况，将会对本实验产生何种影响？
（1）所取碘的量不够；
（2）三只碘量瓶没有充分振荡；
（3）在吸取清液时，不注意将沉在溶液底部或悬浮在溶液表面的少量固体碘带入吸量管。
3. 为什么要滴定到溶液显示淡黄色时才加入指示剂？

4. 为什么可以用 3 号瓶的碘水浓度代替 1、2 号瓶中的碘水浓度?

实验十七　氯化物中氯含量的测定(莫尔法)

一、目的要求

1. 学习 $AgNO_3$ 标准溶液的配制与标定。
2. 掌握莫尔法测定氯化物的基本原理、反应条件。

二、实验原理

莫尔法是在中性或弱碱性溶液中,以 K_2CrO_4 为指示剂,用 $AgNO_3$ 标准溶液直接滴定待测试液中的 Cl^-。主要反应如下:

$$Ag^+ + Cl^- \rightleftharpoons AgCl\downarrow(白色) \quad K_{sp}^{\ominus} = 1.8 \times 10^{-10}$$

$$2Ag^+ + CrO_4^{2-} \rightleftharpoons Ag_2CrO_4\downarrow(砖红色) \quad K_{sp}^{\ominus} = 2.0 \times 10^{-12}$$

由于 AgCl 的溶解度小于 Ag_2CrO_4,所以当 AgCl 定量沉淀后,微过量的 Ag^+ 即与 CrO_4^{2-} 形成砖红色的 Ag_2CrO_4 沉淀,它与白色的 AgCl 沉淀一起,使溶液略带橙红色即为终点。

$$c(Ag^+) = \frac{[m(NaCl)/M(NaCl)] \times 25.00}{100.0 \times V(AgNO_3)}$$

$$w(Cl^-) = \frac{c(AgNO_3)V(AgNO_3)M(Cl)}{m(Cl)} \times 100\%$$

(6-32)

滴定必须在中性或弱碱性溶液中进行,最适宜的 pH 值范围为 6.5～10.5。如果有铵盐存在,溶液的 pH 值需控制在 6.5～7.2 之间。

指示剂的用量对滴定有影响,一般以 5.0×10^{-3} mol·L^{-1} 为宜。溶液较稀时,须做指示剂的空白校正,方法如下:取 1mL K_2CrO_4 指示剂溶液,加入适量去离子水,然后加入无 Cl^- 的 $CaCO_3$ 固体(相当于滴定时 AgCl 的沉淀量),制成相似于实际滴定的浑浊溶液。逐渐滴入 $AgNO_3$ 溶液,滴至与终点颜色相同为止,记录读数,从滴定试液所消耗的 $AgNO_3$ 体积中扣除此读数。凡是能与 Ag^+ 生成难溶性化合物或配合物的阴离子都干扰测定,如 PO_4^{3-}、AsO_4^{3-}、SO_3^{2-}、S^{2-}、CO_3^{2-}、$C_2O_4^{2-}$ 等。其中 H_2S 可加热煮沸除去,将 SO_3^{2-} 氧化成 SO_4^{2-} 后就不再干扰测定。大量 Cu^{2+}、Ni^{2+}、Co^{2+} 等有色离子将影响终点观察。凡是能与 CrO_4^{2-} 指示剂生成难溶化合物的阳离子也干扰测定,如 Ba^{2+}、Pb^{2+} 能与 CrO_4^{2-} 分别生成 $BaCrO_4$ 和 $PbCrO_4$ 沉淀。Ba^{2+} 的干扰可通过加入过量的 Na_2SO_4 消除。Al^{3+}、Fe^{3+}、Bi^{3+}、Sn^{4+} 等高价金属离子在中性或弱碱性溶液中易水解产生沉淀,会干扰测定。

三、实验用品

仪器:电子分析天平,电子秤,500.0mL 棕色试剂瓶,5.0mL 量筒,100mL 烧杯,酸式滴定管,100.0mL 容量瓶,250.0mL 容量瓶,25.00mL 移液管,250mL 锥形瓶。

试剂:$AgNO_3$(分析纯),NaCl(优级纯,使用前在高温炉中于 500～600℃下干燥 2～3h,存于干燥器内备用),50g·L^{-1} K_2CrO_4 溶液,去离子水。

四、实验步骤

1. 配制 0.10mol·L^{-1} $AgNO_3$ 溶液

称取 $AgNO_3$ 晶体 8.5g 于小烧杯中,用少量去离子水溶解后,转入棕色试剂瓶中,稀释至 500mL 左右,摇匀置于暗处备用。

2. 0.10mol·L^{-1} AgNO$_3$ 溶液的标定

准确称取 0.55～0.60g 基准试剂 NaCl 于小烧杯中，用去离子水溶解完全后，定量转移到 100.0mL 容量瓶中，稀释至刻度，摇匀。用移液管移取 25.00mL 此溶液置于 250.0mL 锥形瓶中，加 20mL 去离子水，用吸量管加入 1.0mL 50g·L^{-1} K$_2$CrO$_4$ 溶液，在不断摇动下，用 AgNO$_3$ 溶液滴定至溶液微呈橙红色即为终点。平行测定三份，计算 AgNO$_3$ 溶液的准确浓度。

3. 试样中 Cl$^-$ 含量的测定

准确称取含氯试样 [w(Cl$^-$)≈60%] 约 1.6g 于小烧杯中，加入去离子水溶解后，定量转入至 250.0mL 容量瓶中，稀释至刻度，摇匀。准确移取 25.00mL 试液置于 250.0mL 锥形瓶中，加去离子水 20mL，用吸量管加入 50g·L^{-1} K$_2$CrO$_4$ 溶液 1.0mL，在不断摇动下，用 AgNO$_3$ 标准溶液滴定至溶液呈橙红色即为终点。平行测定三份，根据 AgNO$_3$ 标准溶液的浓度和滴定中消耗的体积，以及试样质量，计算试样中 Cl$^-$ 的含量。

为提高实验精度必要时须进行空白测定，即取 25.00mL 去离子水按上述同样操作测定，计算时应扣除空白测定所耗 AgNO$_3$ 标准溶液的体积。

五、数据记录与结果处理

1. 称量：AgNO$_3$(s) _____g；NaCl（基准试剂）_____g。
2. 标准溶液 AgNO$_3$ 浓度的标定（指示剂为 K$_2$CrO$_4$ 溶液）

滴定序号		1	2	3
m(NaCl)/g				
V(NaCl)/mL				
消耗 AgNO$_3$ 体积/mL	终读数			
	初读数			
	V			
c(AgNO$_3$)/mol·L^{-1}				
$\bar{c}$(AgNO$_3$)/mol·L^{-1}				
$\bar{d}_R$/%				

3. 试样中 Cl$^-$ 含量的测定（指示剂为 K$_2$CrO$_4$ 溶液）

滴定序号		1	2	3
m(Cl$^-$)/g				
V(NaCl)/mL				
$\bar{c}$(AgNO$_3$)/mol·L^{-1}				
消耗 AgNO$_3$ 体积/mL	初读数			
	终读数			
	V			
w(Cl$^-$)/%				
$\bar{w}$(Cl$^-$)/%				
$\bar{d}_R$/%				

六、注意事项

1. 适宜的 pH=6.5~10.5，若有铵盐存在，pH=6.5~7.2。
2. $AgNO_3$ 需保存在棕色瓶中，勿使 $AgNO_3$ 与皮肤接触。
3. 滴定过程中，滴定剂加入量不能太快，而且要剧烈地振荡锥形瓶。否则体系中 CrO_4^{2-} 含量过高，形成的 Ag_2CrO_4 沉淀被 AgCl 沉淀包夹，使测定结果偏低。
4. 实验结束后，盛装 $AgNO_3$ 的滴定管先用去离子水冲洗 2~3 次，再用自来水冲洗。含银废液予以回收。

七、问题与讨论

1. 为什么要将配制的 $AgNO_3$ 标准溶液转入棕色试剂瓶中并置于暗处？
2. 莫尔法测氯时，为什么溶液的 pH 值须控制在 6.5~10.5？
3. 以 K_2CrO_4 作指示剂时，指示剂浓度过大或过小对测定有何影响？

实验十八　化学平衡及移动

一、目的要求

1. 探讨影响化学平衡的因素。
2. 学习配制缓冲溶液进一步理解其性质。

二、实验原理

根据平衡移动的原理，如果改变溶液中某个离子的浓度，会使原来的平衡发生移动。

缓冲溶液当外加少量酸、碱或稀释时，溶液的 pH 值基本保持不变。缓冲溶液的 pH 值计算公式为：

$$\mathrm{pH} = pK_a^{\ominus} - \lg \frac{c_a}{c_b}$$

式中，c_a、c_b 分别为缓冲溶液组成中酸和其共轭碱的浓度。根据上式，可以配制出不同 pH 值的缓冲溶液。

三、实验用品

仪器：9 孔井穴板，酒精灯，玻璃棒，牛角匙，量筒，洗瓶，小烧杯，试管，试管夹，离心试管，电动离心机。

试剂：HCl（$0.1\,mol \cdot L^{-1}$、$2\,mol \cdot L^{-1}$、$6\,mol \cdot L^{-1}$、$12\,mol \cdot L^{-1}$），H_2SO_4（1:1），$0.1\,mol \cdot L^{-1}$ HAc，NaOH（$0.1\,mol \cdot L^{-1}$、$2\,mol \cdot L^{-1}$），$NH_3 \cdot H_2O$（$0.1\,mol \cdot L^{-1}$、$2\,mol \cdot L^{-1}$、$6\,mol \cdot L^{-1}$），NH_4Cl（固体、$1\,mol \cdot L^{-1}$），$0.1\,mol \cdot L^{-1}\,AgNO_3$，$0.1\,mol \cdot L^{-1}\,K_2CrO_4$，$0.1\,mol \cdot L^{-1}\,MgCl_2$，NaAc（固体、$0.1\,mol \cdot L^{-1}$），$0.1\,mol \cdot L^{-1}\,NaCl$，$0.1\,mol \cdot L^{-1}\,Na_2S$，饱和 Na_2CO_3 溶液，饱和 $PbCl_2$ 溶液，$0.1\,mol \cdot L^{-1}\,Pb(NO_3)_2$，$0.1\,mol \cdot L^{-1}\,Zn(NO_3)_2$，$0.1\,mol \cdot L^{-1}\,KSCN$，$0.1\,mol \cdot L^{-1}\,CuSO_4$，95% C_2H_5OH，$0.1\,mol \cdot L^{-1}\,K_3[Fe(CN)_6]$，$0.1\,mol \cdot L^{-1}\,FeCl_3$，$0.1\,mol \cdot L^{-1}\,NH_4SCN$，$0.5\,mol \cdot L^{-1}\,Fe(NO_3)_3$，$4\,mol \cdot L^{-1}\,NH_4F$，$0.5\,mol \cdot L^{-1}\,Na_2CO_3$，$0.1\,mol \cdot L^{-1}\,NaCl$，$0.1\,mol \cdot L^{-1}\,KBr$，饱和 $(NH_4)_2C_2O_4$ 溶液，$0.1\,mol \cdot L^{-1}\,KI$，$CCl_4$，$0.1\,mol \cdot L^{-1}\,Na_2S$，$0.5\,mol \cdot L^{-1}\,Na_2SO_3$，饱和 $Na_2S_2O_3$ 溶液甲基橙，1:1 H_2SO_4。

四、实验步骤

1. 同离子效应

（1）于井穴板的干燥孔中，加入几滴 $0.1\,mol \cdot L^{-1}$ HAc 溶液，再加 1 滴甲基橙，观察颜色，然后加少量 NaAc 固体，比较颜色变化，说明原因。

(2) 于井穴板的干燥孔中加几滴饱和 $PbCl_2$ 溶液，然后再加入 1～2 滴浓 HCl，观察现象，说明原因。

2. 缓冲溶液的配制和性质

(1) 用 $0.1mol \cdot L^{-1}$ HAc 和 $0.1mol \cdot L^{-1}$ NaAc 溶液配制 pH=5.0 的缓冲溶液 10mL，用 pH 试纸检验所配溶液 pH 值（保留该缓冲溶液做下面实验）。

(2) 将 (1) 配制的缓冲溶液分 3 份装入井穴板的 3 个孔中，分别加 $0.1mol \cdot L^{-1}$ HCl、$0.1mol \cdot L^{-1}$ NaOH 溶液各 1 滴及 10 滴去离子水搅拌，用精密 pH 试纸检验各溶液 pH 值。然后将上述的缓冲液换成同样体积的去离子水，再各加 1 滴 $0.1mol \cdot L^{-1}$ HCl、$0.1mol \cdot L^{-1}$ NaOH、10 滴去离子水，用精密 pH 试纸检验，比较 pH 值的变化，解释原因。

3. 溶度积规则的应用

(1) 沉淀的生成和溶解

① 于井穴板一孔中，加入 3 滴 $0.1mol \cdot L^{-1}$ $AgNO_3$ 溶液和 2 滴 $0.1mol \cdot L^{-1}$ K_2CrO_4 溶液观察现象，写出反应方程式。用 $0.1mol \cdot L^{-1}$ $Pb(NO_3)_2$ 溶液代替 $AgNO_3$ 溶液，同上操作，观察现象。用溶度积规则解释。

② 于井穴板一孔中，加入 $0.10mol \cdot L^{-1}$ $MgCl_2$ 2 滴，逐滴加入 $2mol \cdot L^{-1}$ $NH_3 \cdot H_2O$，至生成沉淀，接着逐滴加入 $1mol \cdot L^{-1}$ NH_4Cl，至沉淀溶解，解释上述现象。

③ 同上取 $0.1mol \cdot L^{-1}$ $Zn(NO_3)_2$ 5 滴，加 1 滴 $0.1mol \cdot L^{-1}$ Na_2S，观察沉淀的生成和颜色变化，再滴加 $2mol \cdot L^{-1}$ HCl 数滴，观察沉淀是否溶解，试解释现象。

(2) 分步沉淀　取 1 滴 $0.1mol \cdot L^{-1}$ $AgNO_3$ 和 1 滴 $0.1mol \cdot L^{-1}$ $Pb(NO_3)_2$ 于试管中，加 3mL 去离子水稀释，摇匀，然后逐滴加 $0.1mol \cdot L^{-1}$ K_2CrO_4，并不断搅拌，观察沉淀的颜色变化。继续滴加 K_2CrO_4 溶液，观察沉淀的颜色变化，判断沉淀生成的先后次序并给出解释。

(3) 沉淀转化

① 取 2 滴 $0.1mol \cdot L^{-1}$ $AgNO_3$ 于试管中，加 5 滴 $0.1mol \cdot L^{-1}$ K_2CrO_4，搅拌，观察沉淀的颜色变化。再加 $0.1mol \cdot L^{-1}$ NaCl 5 滴，搅拌，观察沉淀的颜色变化，写出反应方程式，解释现象。

② 取 3 滴 $0.1mol \cdot L^{-1}$ $Zn(NO_3)_2$ 溶液于试管中，加 $0.1mol \cdot L^{-1}$ Na_2S，观察沉淀的生成，然后逐滴加 $0.1mol \cdot L^{-1}$ $CuSO_4$ 溶液，并搅拌，观察沉淀颜色的变化，写出反应方程式，解释转化原因。

4. 配合物的性质

(1) 配合物的生成

① $[Cu(NH_3)_4]^{2+}$ 配离子的生成　于井穴板一孔中，加入 3 滴 $0.1mol \cdot L^{-1}$ $CuSO_4$ 溶液，然后加入 1 滴 $6mol \cdot L^{-1}$ $NH_3 \cdot H_2O$，观察现象，记录生成沉淀的颜色，继续加入 $6mol \cdot L^{-1}$ $NH_3 \cdot H_2O$ 直至生成的沉淀消失；观察溶液呈现的颜色，写出反应式。最后加入 2mL 95% C_2H_5OH，静置，观察深蓝色晶体析出。

② $[Fe(SCN)_6]^{3-}$ 配离子的生成　于井穴板一孔中，加入 2 滴 $0.1mol \cdot L^{-1}$ $FeCl_3$ 溶液，然后逐滴加入 $0.1mol \cdot L^{-1}$ KSCN 溶液，注意观察沉淀的颜色变化并与溶液比较。

（2）配位平衡的移动

① 配位平衡与酸碱平衡　取一支试管，加入 2mL 0.1mol·L^{-1} FeCl$_3$，然后滴加 4mol·L^{-1} NH$_4$F 至刚呈无色，将此溶液分成两份，在一份中滴加 2mol·L^{-1} NaOH，在另一份中滴加 1:1 H$_2$SO$_4$，观察现象，写出反应式并加以解释。

② 配位平衡与氧化还原平衡　取两支试管，分别加入 5 滴 0.1mol·L^{-1} 的 FeCl$_3$、K$_3$[Fe(CN)$_6$]，再往试管中各加入 5 滴 0.1mol·L^{-1} KI 和 0.5mL CCl$_4$，振荡后观察 CCl$_4$ 层的颜色变化；比较两试管，解释现象，写出有关反应式。

③ 配位平衡与沉淀平衡　在一支试管中，加入 5 滴 0.1mol·L^{-1} AgNO$_3$，然后依次进行下列实验，写出每一步骤的反应式。

a. 加入 1 滴 0.1mol·L^{-1} NaCl 生成沉淀。

b. 滴加 6mol·L^{-1} 氨水至沉淀刚溶解。

c. 加入 1 滴 0.1mol·L^{-1} KBr 生成沉淀。

d. 滴加 0.5mol·L^{-1} Na$_2$S$_2$O$_3$，边滴边摇荡至沉淀刚溶解。

e. 加入 1 滴 0.1mol·L^{-1} KI 生成沉淀。

f. 滴加饱和 Na$_2$S$_2$O$_3$，边滴边摇荡至沉淀刚溶解。

g. 滴加 0.1mol·L^{-1} Na$_2$S 至生成沉淀。

注意每步加入的试剂量为刚生成沉淀或沉淀刚溶解即可。若溶液量太大，可倾去部分继续试验。

（3）配离子之间的转化　往一支试管加入 5 滴 0.5mol·L^{-1} Fe(NO$_3$)$_3$ 溶液，然后加入 3 滴 6mol·L^{-1} HCl，振荡，观察溶液颜色变化，写出反应式。用同样的方法，依次加入 0.1mol·L^{-1} NH$_4$SCN，加入 4mol·L^{-1} NH$_4$F 溶液，加入饱和 (NH$_4$)$_2$C$_2$O$_4$ 溶液至溶液颜色发生明显变化。说明配离子之间转化的条件，写出各反应式。

五、思考与讨论

1. 配离子是如何形成的？它与简单离子有何区别？配合物与复盐有何区别？如何证明？
2. 为什么 FeCl$_3$ 能与 KI 反应生成 I$_2$，而 K$_3$[Fe(CN)$_6$] 则不能？

实验十九　邻二氮菲分光光度法测定铁

一、实验目的

1. 掌握分光光度法测定物质含量的原理及方法。
2. 熟悉绘制吸收曲线的方法，正确选择测定波长。
3. 学习制作标准曲线的方法。
4. 掌握 722 型分光光度计的正确使用方法，并了解此仪器的主要构造。

二、实验原理

邻二氮菲是目前测定微量铁的一种较好试剂。在 pH=2~9 的溶液中，Fe^{2+} 与邻二氮菲（phen）生成一种稳定的橘红色螯合物 Fe(phen)$_3^{2+}$，颜色深度与酸度无关。在还原剂存在下，颜色可以保持几个月不变。其稳定常数为 2.0×10^{21}，摩尔吸光系数 $\varepsilon_{max}=1.1 \times 10^4$ L·mol^{-1}·cm^{-1}。铁含量在 0.1~6μg·mL^{-1} 范围内遵守比尔定律。

$$Fe^{2+} + 3 \rightleftharpoons \left[Fe \right]_3^{2+}$$

邻二氮菲与 Fe^{3+} 也能生成配位比为 3∶1 的淡蓝色螯合物，其稳定常数为 1.2×10^{14}，因此在显色前用盐酸羟氨将 Fe^{3+} 全部还原为 Fe^{2+}。

$$4Fe^{3+} + 2NH_2OH \rightleftharpoons 4Fe^{2+} + N_2O + 4H^+ + H_2O$$

测定酸度太高时，反应进行较慢；酸度太低时，二价铁离子水解，影响显色。本实验采用 pH=5.0~6.0 的 HAc-NaAc 缓冲溶液，使显色反应进行完全。

有很多元素能与邻二氮菲发生反应，干扰测定，如邻二氮菲与钴、镍、铜、铅形成有色配合物，与钨、铂、镉、汞生成沉淀，锡、铅、铋在邻二氮菲铁配合物形成的 pH 范围内发生水解，因此当这些离子共存时，要预先进行掩蔽或分离，消除它们的干扰作用。

用分光光度法测定物质的含量，一般采用标准曲线法，即配制一系列不同浓度的标准溶液，在实验条件下依次测量各标准溶液的吸光度（A），以溶液的浓度为横坐标，相应的吸光度为纵坐标，绘制标准曲线。在同样实验条件下，测定待测溶液的吸光度，根据测得的吸光度值从标准曲线上查出相应的浓度值，即可计算试样中被测物质的含量。

三、实验用品

仪器：722 型分光光度计，吸量管（1mL 一支，2mL 一支，5mL 两支，10mL 两支），50mL 容量瓶七个，100mL 容量瓶。

试剂：$100.0\mu g \cdot mL^{-1}$ 铁标准溶液，$1.5 g \cdot L^{-1}$ 邻二氮菲溶液（两周有效溶液颜色变暗时即不能使用），$100 g \cdot L^{-1}$ 盐酸羟胺溶液（用时配制），$6 mol \cdot L^{-1}$ HCl，$1.0 mol \cdot L^{-1}$ NaAc 溶液，待测铁溶液。

四、实验步骤

（1）配制 $10\mu g \cdot mL^{-1}$ 铁标准溶液　用移液管移取 $100\mu g \cdot mL^{-1}$ 铁标准溶液 10mL 于 100mL 容量瓶中，加入 2mL $6 mol \cdot L^{-1}$ HCl 溶液，用水稀释至刻度，摇匀。

（2）配制系列标准溶液和待测液　在序号为 1~6 的 6 只 50mL 容量瓶中，用吸量管分别加入 0mL、2mL、4mL、6mL、8mL、10mL $10\mu g \cdot mL^{-1}$ 铁标准溶液，均加入 1mL 盐酸羟胺溶液，摇匀后，各加入 2mL 邻二氮菲溶液、5mL NaAc 溶液，加水稀释至刻度，摇匀，放置 10min。

用吸量管加入 5.0mL 待测铁溶液于 7 号容量瓶中，加入 1mL 盐酸羟胺溶液，摇匀后，加入 2mL 邻二氮菲溶液、5mL NaAc 溶液，加水稀释至刻度，摇匀，放置 10min。

（3）选择测量波长　在分光光度计上，用 2cm 比色皿，以试剂空白溶液（1号）为参比，测定波长为 440nm、460nm、480nm、490nm、500nm、510nm、520nm、540nm、560nm 条件下 6 号溶液的吸光度 A。

（4）铁含量测定　以 1 号溶液为参比，用 2cm 比色皿，在选定波长下测定 2~5 号各显色标准溶液及 7 号待测液的吸光度。

五、数据记录及结果分析

1. 吸收曲线的绘制

λ/nm	440	460	480	490	500	510	520	540	560
A									

以波长为横坐标，吸光度为纵坐标，绘制吸收曲线，选择测定铁的适宜波长。

2. 工作曲线的绘制

编号	1#	2#	3#	4#	5#	6#	7#
V/mL	0.00	2.00	4.00	6.00	8.00	10.00	5.00
$\rho/\mu g \cdot mL^{-1}$							
A							

在坐标纸上，以铁的浓度为横坐标，相应的吸光度为纵坐标，绘制标准曲线，从标准曲线上查出待测铁溶液浓度值，计算试样中铁的含量。

待测液中铁含量为：$\rho =$ _____ $\mu g \cdot mL^{-1}$。

六、注意事项

1. 配制显色标准溶液，试剂加入必须按顺序进行。每加入一种试剂都必须摇匀。
2. 比色皿装入溶液，透光面必须擦拭干净。手拿比色皿时，不能接触透光面，应拿毛玻璃面。

七、思考与讨论

1. 用邻二氮菲测定铁时，为什么要加入盐酸羟胺？其作用是什么？试写出有关反应方程式。
2. 根据有关实验数据，计算邻二氮菲-Fe(Ⅱ)络合物在选定波长下的摩尔吸光系数。
3. 吸收曲线与标准曲线有何区别？在实际应用中有何意义？

实验二十 熔点的测定

一、目的要求

1. 学习熔点测定的原理及意义。
2. 掌握毛细管法测定熔点的方法。
3. 认真预习教材 3.16 "熔点测定"中相关内容。

二、实验原理

见教材 3.16 "熔点的测定"相关内容。

三、实验用品

仪器：b 形管，带缺口塞的温度计，铁架台，熔点管，酒精灯，表面皿，长玻璃管。
试剂：尿素（熔点为 133~135℃），肉桂酸（熔点为 135~136℃），尿素-肉桂酸（1:1）。

四、实验步骤

1. 样品的准备

分别取少量尿素、肉桂酸、尿素-肉桂酸（1:1）样品，研细混匀。取七根毛细管，三根装尿素，三根装肉桂酸，一根装尿素-肉桂酸（1:1）。

2. 安装装置

按图 3-56 安装 b 形管测熔点装置，管中装入液体石蜡作热浴液，液面与支管上口平齐，温度计通过开口塞插入其中，水银球位于上下支管中间。用橡胶圈将毛细管套在温度计上，使所装样位于温度计水银球的中部，小心地将温度计垂直插入浴液中。

3. 加热

仪器和样品安装好后，用小火加热侧管。掌握升温速度是准确测定熔点的关键。开始时升温速度为 5~6℃·min^{-1}，距离熔点 10~15℃时，调整火焰使升温速度为 1~2℃·min^{-1}，接近熔点时，每分钟上升 0.5℃ 左右。

4. 记录

密切观察样品的变化，当样品开始塌落和出现部分透明时即为初熔，记录此刻温度 t_1。当样品全部消失呈透明溶液时即为全熔，记录温度 t_2。$t_1 \sim t_2$ 即为熔程。

每种已知样品重复测一次，两次测定数据的误差不能大于 ±1℃。混合样品测定一次。

5. 其他熔点测定方法

演示讲解。

五、数据记录与结果处理

试 样		初熔/℃	全熔/℃	熔点范围/℃
尿素	粗测			
	精测 1			
	精测 2			
肉桂酸	粗测			
	精测 1			
	精测 2			
尿素-肉桂酸				

六、注意事项

1. 所用样品必须干燥、研细、装实。
2. 应注意观察在初熔前是否有萎缩或软化，放出气体以及其他分解现象。例如某物质在 112℃ 开始萎缩，在 113℃ 时有液滴出现，在 114℃ 时全部熔化，应记录如下：熔点 113~114℃，112℃ 萎缩。
3. 粗测熔点时加热速度稍快，了解样品大致熔点范围。
4. 待热浴液温度下降至熔点范围 30℃ 以下，才能换上新的毛细管进行下一次测定。
5. 测定熔点或沸点后的温度计不要立即取下放在铁架台上或用冷水冲洗，否则，温度计会因骤冷而破裂。

七、思考与讨论

1. 如何用熔点测定的方法来确定 A 和 B 是否是同一物质？
2. 毛细管中样品的正确高度是多少？
3. 为什么每一次测定必须更换样品管？
4. 为什么距离熔点 10~15℃ 时，需要控制升温速度？
5. 测熔点时，若遇到下列情况，将产生什么样的结果？
(1) 熔点管不洁净。

(2) 熔点管底部未完全封闭，尚有一针孔。
(3) 熔点管壁太厚。
(4) 样品未完全干燥或含有杂质。
(5) 加热太快。
(6) 样品研的不细或装的不紧密。

实验二十一　沸点的测定

一、目的要求

1. 学习沸点测定的意义。
2. 掌握微量法（毛细管法）测定沸点的原理和方法。
3. 认真阅读教材 3.17 "沸点测定"中相关内容。

二、实验原理

见教材 3.17 "沸点的测定"相关内容。

三、实验用品

仪器：b 形管，带缺口塞的温度计，铁架台，沸点测定管，酒精灯。
试剂：丙酮，氯仿，四氯化碳，教师指定的 1~2 个未知物。

四、操作步骤

1. 常量法测沸点

见 3.12 "普通蒸馏"。

2. 微量法测沸点

实验装置见图 3-58。

（1）加料　取沸点管（外管）加入 3~4 滴液体样品，将一根一端封闭的毛细管（内管）开口向下插入外管。

（2）加热　将带有沸点管的温度计插入 b 形管，使温度计水银球位于 b 形管上下侧管的中间部位，开始加热，见图 3-56(a)。

（3）观察记录　加热到温度稍高于样品沸点时，便有一连串的小气泡出现。停止加热，使浴温自行降低，气泡逸出的速度逐渐减慢。当最后一个气泡出现而刚欲缩回内管时，表示毛细管内液体的蒸气压与外界压力相等，此时温度即该液体的沸点。

（4）重复测定 2 次，要求几次温度计读数相差不超过 1℃。

五、注意事项

1. 沸点管、温度计的位置一定要安装准确。
2. 加热不能太快，被测液体不宜太少，以防液体全部汽化。
3. 观察要仔细，重复测定几次，要求几次的误差不超过±1℃。

沸点管内的空气应尽量排干净，具体的做法是在正式测定前，让管内有大量气泡冒出，以此带出空气。

六、思考与讨论

1. 不纯的液体有机化合物沸点是否一定比纯净物高？

2. 实验测得的某物质的沸点是否应该与文献值一致？
3. 有恒定沸点的液体是否一定是纯物质。

实验二十二　薄层色谱和纸色谱

一、目的要求

1. 学习色谱法的基本原理及薄层色谱和纸色谱的用途。
2. 掌握薄层色谱和纸色谱的操作方法。
3. 认真阅读教材 3.10 "色谱法"中相关内容。

二、实验原理

参见教材 3.10 "色谱法"相关内容。

三、实验用品

仪器：色谱缸，展开瓶，铅笔，烘箱，载玻片，试管，烧杯，直尺，滤纸，点样毛细管。

试剂：偶氮苯，苏丹Ⅲ，偶氮苯和苏丹Ⅲ混合物，硅胶，9∶1 的环己烷-乙酸乙酯，天门冬氨酸，蛋氨酸，0.1％茚三酮乙醇溶液，10∶50∶2 的水-乙醇-冰醋酸，滤纸条。

四、操作步骤

1. 薄层色谱分离偶氮苯和苏丹红Ⅲ[1]

（1）薄层板的制备：称取 1.5g 硅胶于 50mL 小烧杯中，加 6mL 0.7％ CMC 水溶液，搅匀后等量倾注在两块载玻片上并铺平，干燥后活化备用。

（2）点样：在距离薄层板一端 1.5cm 处，用铅笔轻轻画一条起始线，并用毛细管分别点上偶氮苯、混合样、苏丹红Ⅲ。

（3）展开：用 9∶1 的环己烷-乙酸乙酯为展开剂，待样点干燥后，放入展开瓶中展开（注意：展开剂不宜过多，使薄层板浸入 0.5cm 即可），当展开剂到达薄板上端大约 0.5cm 处时，将薄板取出，并用铅笔画出溶剂前沿。观察分离情况，计算并比较二者的 R_f。

2. 纸色谱分离天门冬氨酸和蛋氨酸[2]

（1）按要求制备色谱滤纸[3]，吸取约 10mL 展开剂（10∶50∶2 的水-乙醇-冰醋酸），放入展开缸中[4]。

（2）点样（同薄层色谱）。

（3）展开：待样点干燥后，将滤纸的另一端挂在展开缸盖子的挂钩上，使滤纸下端与展开剂接触，展开剂由于毛细管作用沿纸条上升。

（4）显色：当展开剂接近滤纸上端时，取出纸条，放入烘箱烘干后均匀地喷上 0.1％茚三酮乙醇溶液，再放入烘箱烘干[5]，即出现紫色斑点。

（5）计算 R_f，对照标样和混合样品的 R_f[6]，以鉴定混合样中的氨基酸。

五、注意事项

1. 制备出的薄层板要求平滑均匀，无裂缝。
2. 点样时不要刺破薄板，点样管切勿弄混。
3. 滤纸条在展开缸中应保持垂直，两端不能接触缸壁。
4. 画线时只能使用铅笔，不能使用其他的笔，因为其中的有机染料会产生颜色干扰。

5. 无论是画线还是点样，不能用手接触色谱纸前沿线以下的任何部位，因为手指上有相当数量的氨基酸，足以在本实验方法中被检出，从而干扰实验结果。

六、思考与讨论

1. 在混合物薄层色谱中，如何判定各组分在薄层上的位置？
2. 展开剂的高度若超过了点样线，对薄层色谱有何影响？
3. 点样时，样点太靠近薄板的边缘，展开时，会出现什么样的情况？
4. 纸色谱属于分配色谱还是吸附色谱？
5. 纸色谱和薄层色谱中，如果样品斑点过大会产生什么结果？

七、注解

【1】偶氮苯和苏丹红Ⅲ都是偶氮化合物，但极性不同，利用薄层色谱可将二者分离。

偶氮苯　　　　　　　　　苏丹红Ⅲ

反式偶氮苯稳定，光照后部分转化为顺式偶氮苯，薄层色谱中出现两个斑点。

【2】天门冬氨酸和蛋氨酸的溶解度见表 6-3。

表 6-3　天门冬氨酸和蛋氨酸的溶解度

氨基酸	水(25℃)/(g/100mLH$_2$O)	乙醇
天门冬氨酸	0.54	难溶
蛋氨酸	3.4	易溶

$$HOOCCH_2CHCOOH \qquad CH_3SCH_2CH_2CHCOOH$$
$$\qquad\quad |\qquad\qquad\qquad\qquad\qquad\quad |$$
$$\qquad\;NH_2\qquad\qquad\qquad\qquad\qquad NH_2$$

天门冬氨酸　　　　　　　　　　蛋氨酸

【3】色谱纸使用前，应在烘箱中 100℃ 温度下，烘 1~2h，否则会产生拖尾现象。

【4】纸色谱须在密闭容器中展开。加入展开剂后，再等 20min 左右，使色谱缸内充满此溶液的饱和蒸气。

【5】α-氨基酸和水合茚三酮的反应如下：

喷有显色剂的色谱纸，在烘干时应注意温度的控制。温度太高，不但氨基酸会产生颜色，而且茚三酮也会产生颜色，从而干扰实验结果。

【6】R_f 随分离化合物的结构、固定相与流动相的性质、温度以及纸的质量等因素而变化。当实验条件固定时，比移值就是一个特有的常数，因而可作定性分析的依据。

实验二十三　柱　色　谱

一、目的要求

1. 学习柱色谱的原理及应用。

2. 初步掌握柱色谱的操作方法。
3. 认真阅读 3.10.1 "柱色谱"中相关内容。

二、实验原理

参见 3.10.1 "柱色谱"中相关内容。

三、实验用品

仪器：玻璃漏斗，玻璃管，滴管，锥形瓶，烧杯，色谱柱。

试剂：95％乙醇，中性氧化铝（100～200 目），荧光黄-碱性湖蓝 BB 乙醇溶液（每毫升溶液中含 1mg 荧光黄和 1mg 碱性湖蓝 BB），石英砂，脱脂棉。

四、实验步骤

1. 装柱

称取 8g 中性氧化铝于小烧杯中，加入 10mL 98％乙醇，搅拌成糊状。取少许脱脂棉，用玻璃管推置于色谱柱底部，上面盖一层约 0.5cm 厚的石英砂。色谱柱中加入 10mL 95％乙醇，打开下旋塞，使流速为每秒 1 滴。将糊状氧化铝通过玻璃漏斗加入色谱柱中，待氧化铝自然沉降后，用玻璃管理平上部，再加约 0.5cm 厚的石英砂。操作时一直保持上述流速，注意不能使液面低于石英砂上层。

2. 加样

当 95％乙醇液面刚好流至石英砂面时，关闭下旋塞，加入 5～8 滴荧光黄-碱性湖蓝 BB 乙醇溶液，打开下旋塞，待样品进入石英砂层后，用尽可能少的 95％乙醇洗下管壁上的有色物质。

五、注意事项

1. 棉花不要塞得太紧，否则影响洗脱速度；
2. 色谱柱要填装紧密，表面平整；
3. 固定相要始终浸于溶液中，防止柱身干裂；
4. 色谱柱的活塞不涂凡士林。

六、思考与讨论

1. 色谱柱中若留有空气或填装不均匀，对分离效果有何影响？
2. 色谱柱底部和上部装石英砂的目的何在？
3. 物质的极性与吸附性有什么关系？
4. 为什么洗脱速度不能太快，也不能太慢？
5. 上样时，样品滴到了管壁上，能不能用大量的洗脱液将其冲下？为什么？

实验二十四　萃取和蒸馏

一、目的要求

1. 学习萃取、普通蒸馏的原理、方法及其应用。
2. 掌握分液漏斗的使用方法、普通蒸馏的实验操作技术。
3. 认真阅读教材 3.11 "萃取" 3.12 "普通蒸馏"中相关内容。

二、实验原理

参见教材 3.11 "萃取"及 3.12 "普通蒸馏"中相关内容。

三、实验用品

仪器：分液漏斗，锥形瓶，具塞锥形瓶，蒸馏装置，沸石。

试剂：5％苯酚水溶液，$FeCl_3$ 溶液，乙酸乙酯，无水硫酸镁。

四、实验步骤

1. 乙酸乙酯萃取苯酚水溶液中的苯酚

（1）分液漏斗洗涤、检漏后加入 30mL5％苯酚水溶液、15mL 乙酸乙酯，盖上顶塞。右手紧握分液漏斗颈部并紧紧顶住玻塞，左手握住旋塞，稍倾斜，轻轻振摇，及时开启旋塞放气，以解除漏斗内的压力，重复操作 2～3 次。

（2）将分液漏斗静置于铁圈上，当溶液分成两层时，小心打开旋塞，放出下层水溶液于锥形瓶中，从上口将有机层倒入具塞锥形瓶。

（3）将水层倒回分液漏斗，加 15mL 乙酸乙酯再萃取一次；合并两次萃取的有机层，加入适量的无水硫酸镁干燥 30min。

（4）用试管分别取少量萃取后的水相、5％苯酚水溶液，滴加 1～2 滴 $FeCl_3$ 溶液，振摇后观察现象。

2. 蒸馏回收乙酸乙酯

（1）安装装置：如图 3-46 所示。安装顺序：先从热源开始，自下而上，从左到右。

（2）加料：将干燥后的苯酚-乙酸乙酯溶液滤入圆底烧瓶，加入 2～3 粒沸石，检查仪器各部分是否连接紧密。

（3）蒸馏：通冷凝水，电热套小火加热，保持蒸馏速度为每秒 1～2 滴。待乙酸乙酯蒸完后（温度不超过 80℃，以防止苯酚挥发），停止蒸馏。先移去热源，稍冷后停冷凝水，按和仪器安装相反的顺序拆除装置。

（4）回收苯酚、乙酸乙酯。

五、注意事项

1. 乙酸乙酯为低沸点易燃溶剂，蒸馏时要远离明火，蒸馏装置各部分气密性要好，减少挥发。

2. 使用分液漏斗时，应注意：

（1）萃取操作之前，可用水检查其顶塞和旋塞是否紧密配套，如旋塞有漏水现象，应涂上凡士林。

（2）使用分液漏斗时，记住应经常放气，避免内压过高。解除压力时，漏斗支管不能指向明火或任何人。

（3）不能把旋塞带有凡士林的分液漏斗放入烘箱中烘干。

3. 萃取和蒸馏操作中，均用小口带塞的锥形瓶，减少有机溶剂挥发。

六、思考与讨论

1. 萃取和洗涤有何异同点？

2. 萃取时，怎样判断水层和有机层的位置？这两层的液体应如何放出才合适？若分别用乙醚、苯、氯仿萃取苯酚水溶液，有机层在上层还是在下层？

3. 振荡过激，乳化后如何破乳？

4. 蒸馏时温度计的位置偏高或偏低，馏出液的速度太快或太慢，对温度计的读数有何影响？

5. 蒸馏时加入沸石的作用是什么？若蒸馏前忘加沸石，该怎么办？

6. 结束蒸馏时，按实际操作的先后顺序将下列操作连接起来。
①拆下尾接管；②拆下冷凝管；③取下接液瓶；④停止通冷凝水；⑤停止加热移走热源；⑥拆下温度计和蒸馏头；⑦拆下蒸馏烧瓶。

7. 有机化学实验中经常用到的冷凝管有哪些？分别在什么情况下使用？

实验二十五　重结晶及熔点的测定

一、目的要求

1. 学习重结晶的原理及用途。
2. 掌握用水、有机溶剂重结晶提纯固体有机物的基本操作。
3. 练习用显微熔点测定仪测定熔点。
4. 认真阅读教材 3.8 "重结晶"中相关内容。

二、实验原理

见教材 3.8 "重结晶"中相关内容。

三、实验内容

（一）乙酰苯胺重结晶

纯乙酰苯胺为有光泽的鳞片结晶，有时呈白色粉末，熔点为 114.3℃，沸点为 305℃，易溶于乙醇、氯仿、丙酮，几乎不溶于石油醚。乙酰苯胺在水中的溶解度见表 6-4。

表 6-4　乙酰苯胺在水中的溶解度

$t/℃$	20	25	50	80	100
溶解度/(g/100mL)	0.46	0.56	0.84	3.45	5.5

（1）溶解：称取 2g 粗乙酰苯胺，放于 250mL 烧杯中，加入 70mL 水。用电炉小火加热至沸[1]，并不断搅拌，使固体溶解。若部分不溶，可补充适量水（总量不超过 90mL）并加热至可溶物完全溶解。

（2）脱色：溶液若有色，稍冷后加入少许活性炭，搅拌后继续加热，保持微沸 5~10min。

（3）热过滤：将事先预热好的无颈漏斗安放在铁圈上，放入菊形滤纸并用少量热水润湿。将上述热溶液分批滤入 100mL 烧杯。

（4）冷却结晶：将滤液静置，自然冷却至近室温，再用冷水浴冷却至结晶完全。

（5）用布氏漏斗抽滤，收集晶体，并用少量冷水洗涤晶体。

（6）将晶体转移至船形称量纸，放入烘箱，于 60℃烘至恒重。

（7）用显微熔点测定仪测定重结晶后乙酰苯胺的熔点，并与粗品熔点比较。

（8）称重、计算回收率，回收精制产物。

（二）萘的重结晶

纯萘为白色结晶片或粉末，熔点为 80.2℃，沸点为 217.9℃，在常温下能升华，易燃，能溶于苯、甲醇、氯仿、甲苯及无水乙醇等，极易溶于醚，不溶于水。

（1）溶解：如图 2-2(a) 所示，在装有回流冷凝管的 100mL 圆底烧瓶中，加入 2g 粗萘、

15mL 70%乙醇（体积分数），加 1～2 粒沸石，接通冷凝水后，在水浴上加热至沸，并不断振摇加速溶解。若所加的乙醇不能使粗萘完全溶解，应从冷凝管上端补加[2]，每次加入乙醇后应振摇，待完全溶解后，再多加入几毫升[3]。

（2）脱色：撤去火源，移出水浴，稍冷后，加入适量活性炭，振摇后在水浴上加热煮沸 5～10min。

（3）热过滤：事先预热好的无颈漏斗安放在铁圈上，将折好的菊花形滤纸放入漏斗中并用少量热 70%乙醇润湿。将上述热溶液通过菊形滤纸滤入干燥的 100mL 锥形瓶中。

（4）冷却、抽滤：将滤液静置，自然冷却至室温，再用冷水浴冷却，待结晶完全后抽滤，并用少量 70%乙醇洗涤晶体。

（5）干燥、测熔点、计算回收率：取出结晶置于表面皿上晾干，待完全干燥后测熔点，称重并计算回收率。重结晶所得萘及吸滤瓶中的溶液都倒入指定的回收瓶中。

四、注意事项

1. 溶解过程中若加热时间太长，溶剂挥发过多，会增大热过滤时的结晶损失，这时要补充溶剂，但应适量，否则会加大产品的溶解损失甚至晶体难以析出。
2. 不要在沸腾的溶液中加入活性炭，以免暴沸冲出。
3. 抽滤时防止倒吸，烧杯中的固体要全部用母液转移至布氏漏斗中。
4. 洗涤晶体时，先关闭水泵，加入少量冷溶剂，用玻璃棒松动晶体，然后开泵抽干。

五、思考与讨论

1. 重结晶中的理想溶剂应满足哪些条件？
2. 活性炭能不能在溶液沸腾时加入？活性炭用多了有什么不好？
3. 热过滤时，溶剂挥发对重结晶有何影响？如何减少溶剂挥发？
4. 布氏漏斗中的滤纸过大或过小行不行？为什么？

六、注释

[1] 沸腾后往往有不溶解的油珠存在，这是因为乙酰苯胺与水会形成低熔混合物，此油珠就是熔融态的低熔物（83℃时含水 13%）。此时只要再加入少量水继续加热，油珠就会溶解消失。

[2] 萘的熔点较 70%的乙醇沸点低，加入不足量的 70%乙醇加热至沸后，萘呈熔融状态而不溶解，这时应继续添加溶剂直至完全溶解，但注意判断是否有不溶或难溶性杂质。

[3] 为了防止过滤时有晶体在漏斗中析出，溶剂用量可比沸腾时饱和溶液所需的用量适当多一些，在此过量 20%，故在溶解粗萘时注意记下恰好完全溶解时所需的溶剂量。

七、SWG-X-4B 显微熔点测定仪操作指南及注意事项

1. 操作指南

（1）本仪器可用毛细管和盖玻片两种方法进行测量。

（2）用盖玻片法测量时，取两片盖玻片，用蘸有酒精的脱脂棉擦拭干净。晾干后，取适量（不大于 1mg）干燥的待测物品放在两片盖玻片间，使药品分布薄而均匀，然后放置在热台中心，盖上隔热玻片。

（3）打开电源开关，松开显微镜的升降手轮，参考显微镜的工作距离，上下调节显微镜，直到从目镜中能看到熔点热台中央的待测物品轮廓时锁紧该手轮；然后调节调焦手轮，直到能清晰地看到待测样品为止。

（4）将控制面板的按钮推至加热，顺时针旋开粗调开关，开始升温。测定过程中，前段

升温迅速，当温度接近待测物品熔点 40℃ 左右时，升温速度减慢。在距离被测物熔点 10℃ 左右时，关闭粗调开关，用微调开关控制升温速度约每分钟 1℃ 左右。

（5）观察被测样品的熔化过程，记录初熔和全熔时的温度，关闭加热开关，取下隔热玻璃和盖玻片，即完成一次测试。

（6）重复测量前，打开冷风开关，使温度降至待测样品熔点值 40℃ 以下时，再放入样品进行测量。

（7）对未知熔点的物质，可先粗测一次，找到熔点的大约值，再测量精确值。

（8）测试完毕，应切断电源，当热台冷却到室温时，盖上遮布。

2. 注意事项

（1）仪器长期使用后镜头表面可能污染，可用镜头纸轻轻擦拭。

（2）毛细管外若沾有样品，应擦净再放入。

（3）不要随意调节显微镜旋钮和调焦旋钮（多数情况下，已经调整好，直接放置样品，微调即可）。

实验二十六　油脂的提取

一、目的要求

1. 学习液-固萃取的一般方法。
2. 掌握索氏提取器提取油脂的原理和实验操作技术。
3. 认真阅读教材 3.11.3 "液-固萃取" 中相关内容

二、实验原理

油脂是动植物细胞的组成部分，其含量高低是油料作物品质的重要指标。油脂是各种高级脂肪酸甘油酯的混合物，不溶于水，易溶于乙醚、苯、汽油、石油醚、二硫化碳等有机溶剂。本实验以石油醚作萃取剂，用索氏提取器提取花生米中的粗脂肪（其中含有一并被提取出来的脂溶性色素、游离脂肪酸、磷脂、类固醇及蜡等类脂）。

三、实验用品

仪器：电热套，索氏提取器，平底烧瓶，球形冷凝管，滤纸，棉线，烘箱、蒸馏装置，沸石，温度计。

试剂：花生米粉、石油醚（60~90℃）。

四、操作步骤

（1）先将样品置于烘箱中在 100~110℃ 烘 3~4h，冷却后，粉碎至颗粒小于 50 目。准确称取 3g 样品，用滤纸包住并用棉线绑紧后装入索氏提取器的抽提筒中。滤纸筒的直径要略小于抽提筒的内径，其高度应稍低于虹吸管，同时注意不让其堵住虹吸管下端出口。

（2）按图 3-45 安装好提取装置，圆底烧瓶中加入 2~3 粒沸石，从回流管上口慢慢加入石油醚至发生虹吸后，再用量筒多加 15mL 左右（总体积约 55mL）。通冷凝水，电热套加热回流，控制回流速度为每秒 2~3 滴，至石油醚虹吸 10 次以上（此时抽提筒内石油醚颜色很淡）即可结束。回流时注意观察，如出现液面已达虹吸管最高处，但不发生虹吸，而是液体沿虹吸管流回的现象，可以将整个装置向虹吸管一侧稍微倾斜，或者用湿布包住虹吸管下端，降低该处液体温度后即可虹吸。

（3）待最后一次回流结束，撤去热源，稍冷后，拆下球形冷凝管和索氏提取器。将索氏提取器抽提筒内残余液体小心地倒回蒸馏烧瓶，取出并打开滤纸包，置于通风橱内，待大部分石油醚挥发后，置于烘箱中烘干、称重。

（4）安装蒸馏装置，补加沸石，电热套加热蒸馏。待温度计读数下降，即停止蒸馏，分别回收石油醚和粗脂肪。

（5）根据样品和残渣的质量计算粗脂肪的提取率。

实验二十七　从茶叶中提取咖啡因

一、目的要求

1. 学习生物碱提取的原理和方法。
2. 掌握索氏提取、微波提取、升华法提纯易升华有机物的操作技术。
3. 认真阅读教材3.11"萃取"及3.15"升华"中相关内容。

二、实验原理

咖啡因（又称咖啡碱）是存在于茶叶、咖啡、可可及某些植物中的生物碱之一，化学名称为1,3,7-三甲基-2,6-二氧嘌呤，是具有绢丝光泽的无色针状结晶，含一分子结晶水。其结构式如下：

咖啡因呈弱碱性，常以盐或游离状态存在，能溶于氯仿、丙酮、乙醇和水。咖啡因在100℃时失去结晶水并开始升华，至178℃可迅速升华为针状晶体。它是一种温和的兴奋剂，具有刺激心脏、兴奋中枢神经和利尿等作用，是复方阿司匹林（APC）的组分之一。

茶叶中含有1%～5%的咖啡因，此外，还含有大约11%～12%的单宁酸（鞣酸）和0.6%的色素、纤维素以及蛋白质等，其中单宁酸也易溶于水和乙醇。因此用水或乙醇提取时，单宁酸即混溶于茶汁中。为了除去单宁酸，可以加入碱使其成盐而与咖啡因分离。除去单宁酸的粗咖啡因中还含有一些生物碱和杂质，利用升华可进一步提纯。

茶叶中咖啡因的提取既可用传统的索氏提取法也可用微波萃取法。

三、实验用品

仪器：索氏提取装置，升华装置，回流提取装置，电热套，蒸馏装置，蒸发皿，石棉网，玻璃漏斗，滤纸，碘量瓶，沸石，圆底烧瓶，蒸馏烧瓶，微波炉。

试剂：红茶叶末[1] 7.0～10g，95%乙醇，2.5g生石灰粉。

四、实验步骤

1. 方法一（索氏提取法）

（1）称取红茶叶末7g，置于合适的滤纸筒中，然后放入索氏提取器内。取60mL 95%乙醇置于圆底烧瓶中，放入沸石，安装好回流提取装置，电热套加热。连续回流提取2h左右，直至提取液颜色较淡，当溶液刚好虹吸回流至烧瓶中时，即可停止加热[2]。

(2) 冷却后改用蒸馏装置，蒸出提取液中的大部分乙醇（可回收利用），然后将残液倒入蒸发皿中，并用蒸出的乙醇对蒸馏烧瓶稍作洗涤，一并倒入蒸发皿中。加 2.5g 生石灰粉[3]，不断搅拌，并将蒸发皿置于蒸汽浴上蒸干溶剂。将蒸发皿移至石棉网上，用小火加热，不断焙炒至干[4]。

(3) 取一张稍大些的圆形滤纸，罩在大小适宜的玻璃漏斗上，刺上小孔，再盖在蒸发皿上，漏斗颈部塞入少许棉花。用小火慢慢加热升华[5]，当有棕色油状物在玻璃漏斗壁上生成时，立刻停止加热，冷却，收集滤纸上的咖啡碱晶体。残渣经充分搅拌后，用略大的火再升华 1~2 次，合并数次升华产物，称重，产量约 30~40mg。咖啡因为白色或略带微黄色的针状晶体，熔点为 238℃。

2. 方法二（微波萃取法）

(1) 称取研细的红茶末 10g，置于 250mL 碘量瓶中，加入 120mL95％的乙醇，放入沸石。将碘量瓶放于普通微波炉中，调节功率约 320W，辐射约 50~60s（微波辐射时间以不使溶液暴沸冲出为原则），取出冷却。重复上述步骤 3~4 次（重复微波辐射前要先冷却），过滤，去除红茶末。

(2) 其余步骤按方法一中的步骤（2）、(3) 操作，产量约为 70~80mg。

五、注释

【1】通常红茶中咖啡因的含量高于绿茶。

【2】控制回流速度，一般 2h 内虹吸 8~10 次。

【3】生石灰起中和作用，以除去丹宁酸等酸性物质。

【4】若残留少量水分，则会在下一步升华开始时漏斗壁上呈现水珠。如有此现象，则应撤去火源，迅速擦去水珠，然后继续升华。

【5】升华操作直接影响到产物的质量与产量，升华的关键是控制温度。温度过高，将导致被烘物冒烟炭化，或产物变黄，造成损失。

实验二十八　橙皮中橙皮油的提取

一、目的要求

1. 学习橙皮中橙皮油的提取原理和方法。
2. 掌握水蒸气蒸馏的原理及操作。
3. 认真阅读教材 3.13 "水蒸气蒸馏"中相关内容。

二、实验原理

柠檬烯又称苎烯，是一种环状单萜化合物，是多种水果（主要是柑橘类）、蔬菜及香料中存在的天然成分，天然柠檬烯多是右旋的。柠檬、橙子、柚子等的果皮经水蒸气蒸馏得到的精油，柠檬烯的含量超过 90％。柠檬烯可促进消化液的分泌，用于治疗消化不良，排除肠内积气等；还有利胆、溶石、消炎、止痛等功效，适用于胆囊炎、胆管炎、胆结石、胆道术后综合征。

柠檬烯的结构

三、实验用品

仪器：水蒸气蒸馏装置，普通蒸馏装置，500mL 圆底烧瓶，50mL 圆底烧瓶，50mL 锥形瓶，250mL 分液漏斗，50mL 量筒，离心试管。

试剂：新鲜橙子皮，二氯甲烷，无水硫酸钠。

四、实验步骤

(1) 称取剪成小碎片的新鲜橙子（或橘子）皮 100g，倒入 500mL 圆底烧瓶，加适量热水（不超过烧瓶容量的 1/3），按图 3-48 安装水蒸气蒸馏装置，注意各仪器接口安装要严密。

(2) 打开 T 形管螺旋夹，通冷凝水；加热水蒸气发生器；当 T 形管支管有蒸汽冲出时，夹紧螺旋夹，使蒸气通入烧瓶中。调节火源，控制馏出速度为每秒 1 滴，待馏出液由混浊液变为澄清透明时，先打开 T 形管螺旋夹，移去热源，停止蒸馏，拆除装置。

(3) 将流出液倒入分液漏斗中，用二氯甲烷萃取 3 次，每次 15mL；合并萃取液，用适量无水硫酸钠干燥。

(4) 安装蒸馏装置，将干燥液滤入 50mL 圆底烧瓶，水浴加热蒸去大部分溶剂，将剩余液体移至一支已称重的离心试管中，继续水浴小火加热，除去残余的二氯甲烷（二氯甲烷有毒，在通风橱中进行），试管中留下的少量橙黄色液体即为橙子皮精油，称重，计算提取率。纯柠檬烯的沸点为 176℃，折射率为 1.4727，比旋光度为 +125.6°。

五、思考与讨论

1. 水蒸气蒸馏有哪些用途，又必须符合哪些条件？
2. 安全管与 T 形管各有何作用？
3. 水蒸气蒸馏结束时，为何要先打开螺旋夹？
4. 水蒸气发生瓶与蒸馏烧瓶中都要加沸石吗？

实验二十九　正溴丁烷的制备

一、目的要求

1. 学习由醇制备溴代烃的原理和方法。
2. 掌握带气体吸收装置的回流操作，巩固洗涤、干燥、蒸馏等基本操作。

二、实验原理

主反应：

$$NaBr + H_2SO_4 \rightleftharpoons HBr + NaHSO_4$$

$$CH_3CH_2CH_2CH_2OH + HBr \xrightarrow{\triangle} CH_3CH_2CH_2CH_2Br + H_2O$$

副反应：

$$CH_3CH_2CH_2CH_2OH \xrightarrow[\triangle]{H^+} CH_3CH_2CH=CH_2 + H_2O$$

$$2\,CH_3CH_2CH_2CH_2OH \xrightarrow[\triangle]{H^+} (CH_3CH_2CH_2CH_2)_2O + H_2O$$

$$2NaBr + 3H_2SO_4 \xrightleftharpoons[\triangle]{} Br_2 + SO_2\uparrow + 2H_2O + 2NaHSO_4$$

三、主要物料及产物的物理常数

主要物料及产物的物理常数见表 6-5。

表 6-5　主要物料及产物的物理常数

名称	分子量	性状	折射率	相对密度	熔点/℃	沸点/℃	溶解度/(g/100mLH₂O)
正丁醇	74.1	无色透明液体	1.3993	0.81	−89	118	7.7
正溴丁烷	137.0	无色透明液体	1.4398	1.28	112.4	101.6	不溶

四、实验用品

仪器：带气体吸收装置的回流反应装置，蒸馏装置，液-液萃取装置，玻璃漏斗，电热套。

试剂：正丁醇 6mL（0.065mol），硫酸溶液（硫酸：水＝1.4：1）18mL，无水溴化钠 8g（0.08mol），饱和碳酸氢钠，5％NaOH，无水氯化钙。

五、实验步骤

实验流程图如图 6-1 所示。

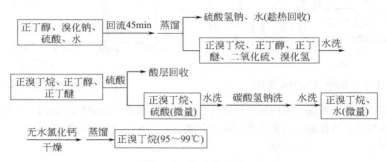

图 6-1 实验流程图

按图 6-2 安装回流反应装置，冷凝管上端接一气体吸收装置，大烧杯中加约 5mL 5％氢氧化钠水溶液，再加适量水作吸收剂。

50mL 圆底烧瓶中依次加入 1.4：1 硫酸 18mL、正丁醇 6mL、溴化钠 8g，充分振摇防止结块。

图 6-2 制备正溴丁烷装置

(1) 加入几粒沸石，电热套小火加热回流 45min，回流时要不断摇动烧瓶至溴化钠固体基本消失。

(2) 待反应液冷却后，将反应装置改为蒸馏装置（接收瓶中事先加入少量水），蒸出粗产品正溴丁烷，至烧瓶中液体澄清透明并出现黄色时[1]，结束蒸馏。蒸馏烧瓶中的液体要趁热回收到指定的容器内。

(3) 馏出液分别用等体积水（约 7mL）、浓硫酸[2]、水、饱和碳酸氢钠溶液、水洗涤，最后将有机层放入干燥的锥形瓶中，加入适量的无水氯化钙干燥，塞好塞子放置，其间要摇动几次。

(4) 将干燥好的液体滤入蒸馏瓶中，蒸馏，收集 95～99℃的馏分，称重，计算产率。

六、思考与讨论

1. 加料时，能不能先将溴化钠和浓硫酸混合，然后再加正丁醇？为什么？
2. 反应后的粗产物中含有哪些杂质？各步洗涤的目的何在？
3. 用分液漏斗洗涤产物时，产物时而在上层，时而在下层，用什么简便方法可以判断？
4. 本实验中，无水氯化钙除了作干燥剂外，还有什么用途？
5. 蒸出粗产物正溴丁烷的过程是否属于水蒸气蒸馏？为什么？

七、注释

[1] 蒸馏粗产品正溴丁烷（正溴丁烷的 ^{1}H NMR 谱图见图 6-3，IR 谱图见图 6-4）时，烧瓶中水层的变

化过程为：

a. 上层有机层蒸完之前，水层澄清透明；

b. 有机层蒸完，水层先变浑浊，之后逐渐澄清透明，最后出现黄色，蒸馏完成。

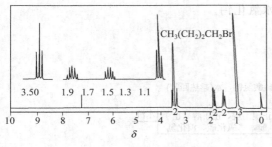

图 6-3　正溴丁烷的 ^{1}HNMR 谱图　　　　图 6-4　正溴丁烷的 IR 谱图

【2】浓硫酸洗涤前，分液漏斗中的水要尽可能全部分出；洗涤后的硫酸层要回收到指定容器内。本实验粗产物经历 5 次洗涤，为保证不丢失产物，每次分液后的上下层液体都要先保留，直至确认产物未丢失时再弃去非有机层。

实验三十　苯甲酸的制备

一、目的要求

1. 学习由甲苯氧化制备苯甲酸的原理和方法。
2. 掌握回流、抽滤、重结晶、熔点测定等操作技能。

二、实验原理

苯甲酸又叫安息香酸，是有机合成的重要原料，也可用作食品防腐剂、醇酸树脂和聚酰胺的改性剂、医药和染料中间体，还可以用来制备增塑剂和香料等。此外，苯甲酸及其钠盐还是金属材料的防锈剂。

可用 $KMnO_4$ 氧化甲苯制备苯甲酸，但酸性条件下的氧化反应过于剧烈，因此，本实验在水溶液中进行，然后酸化，反应式如下：

$$\text{C}_6\text{H}_5\text{CH}_3 + 2KMnO_4 \longrightarrow \text{C}_6\text{H}_5\text{COOK} + 2MnO_2\downarrow + H_2O$$

$$\text{C}_6\text{H}_5\text{COOK} + HCl \longrightarrow \text{C}_6\text{H}_5\text{COOH} + KCl$$

由于甲苯不溶于高锰酸钾水溶液，反应体系中还有固体高锰酸钾，氧化过程为三相反应，需要较高温度和较长时间，因此采用了磁力搅拌的回流反应装置。

三、实验用品

仪器：100mL 圆底烧瓶，球形冷凝管，抽滤装置，250mL 烧杯，磁力搅拌电热套，水浴锅，表面皿。

药品：甲苯，$KMnO_4$，1∶1 HCl，$NaHSO_3$，pH 试纸，活性炭。

四、实验步骤

苯甲酸制备流程图如图 6-5 所示。

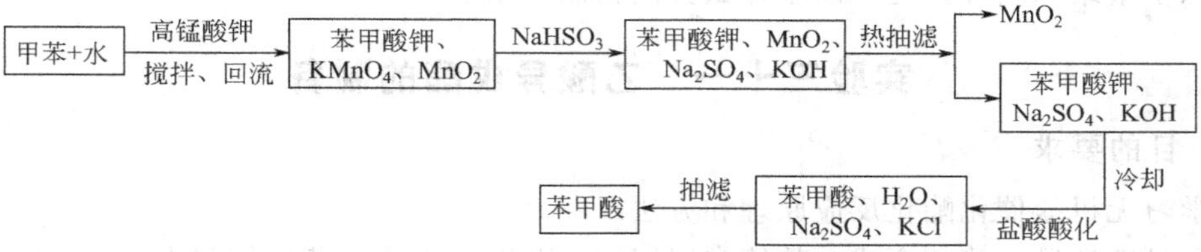

```
甲苯+水 →高锰酸钾,搅拌、回流→ 苯甲酸钾、KMnO₄、MnO₂ →NaHSO₃→ 苯甲酸钾、MnO₂、Na₂SO₄、KOH →热抽滤→ MnO₂ / 苯甲酸钾、Na₂SO₄、KOH →冷却、盐酸酸化→ 苯甲酸、H₂O、Na₂SO₄、KCl →抽滤→ 苯甲酸
```

图 6-5 苯甲酸制备流程图

在 100mL 圆底烧瓶中加入 50mL 水、2mL 甲苯和搅拌子，装上回流冷凝管，开启磁力搅拌电热套，在搅拌下加热至微微沸腾。控制加热速度，使蒸气不超过冷凝管下面数第二个球为宜。

从冷凝管上口分批加入 5g $KMnO_4$，每次加入后都要搅拌一段时间，至反应平稳再加。最后用少量水将黏附在冷凝管内壁上的 $KMnO_4$ 冲入瓶内。继续搅拌煮沸至回流液中无明显油珠，甲苯层消失为止（约 1.5h）。

趁热抽滤（若滤液有颜色，可加入 $NaHSO_3$ 固体至无色为止）。用少量热水洗涤滤渣。合并滤液和洗涤液，放在冷水浴中冷却，然后用 1∶1 HCl 酸化，直到溶液呈强酸性，冷却析出晶体。

抽滤，用少量冷水洗涤产品，挤压除去水分。把制得的苯甲酸放在沸水浴上烘干，称重、计算产率。

粗产品用热水重结晶后，用显微熔点测定仪测熔点。

纯净的苯甲酸为白色片状或针状晶体，熔点为 122.4℃。苯甲酸的 ^{1}H NMR 谱图见图 6-6。苯甲酸的 IR 谱图见图 6-7。

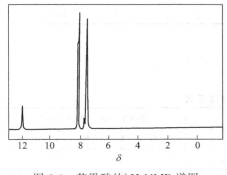

图 6-6 苯甲酸的 ^{1}H NMR 谱图

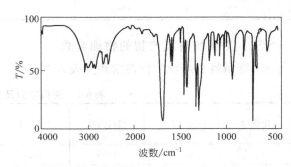

图 6-7 苯甲酸的 IR 谱图

五、注意事项

1. 称量高锰酸钾时，一定要将称量纸折叠成船形，防止固体药品洒落在电子天平秤盘上，一旦洒落，应及时清理干净。

2. 一次加入过多的高锰酸钾会导致反应剧烈发生，可能会有危险，因此加入高锰酸钾一定要少量多次。

六、思考与讨论

1. 为什么高锰酸钾要分批加入？

2. 实验完毕后，黏附在烧瓶壁上的黑色固体是什么？如何除去？

3. 除了重结晶之外，还可以用什么方法精制苯甲酸？

实验三十一　乙酸异戊酯的制备

一、目的要求

1. 学习无机盐催化酯化反应原理和方法。
2. 通过乙酸异戊酯的合成，熟练掌握回流、萃取、干燥、蒸馏等基本操作。

二、实验原理

乙酸异戊酯俗名香蕉水，可用于配制食物香精，在油漆、皮革、化妆品工业中也有广泛应用。乙酸异戊酯的制备常用浓硫酸作催化剂，但制备过程中，加热条件不易控制，反应物常常变黑，不利于后面的洗涤操作，进而影响产品产率。近年来研究发现，用路易斯酸、无机盐、杂多酸、离子液体等催化该反应，可以避免上述现象，也可以达到理想的效果。本实验以硫酸氢钠作催化剂，由乙酸和异戊醇加热回流制备乙酸异戊酯。

$$CH_3COOH + (CH_3)_2CHCH_2CH_2OH \xrightarrow{NaHSO_4} CH_3COOCH_2CH_2CH(CH_3)_2 + H_2O$$

由表 6-6 可看出，水、产物和原料能形成多种二元或三元恒沸物，因此，蒸馏之前必须尽可能除去水，否则蒸馏过程中前馏分增多，严重影响酯的收率。

表 6-6　恒沸物的组成及恒沸点

水	乙酸	异戊醇	乙酸异戊酯	恒沸点/℃
44.8%	—	31.2%	24.0	93.6
49.6%	—	50.4%	—	95.2
1.5%	—	—	98.5%	131.3
97.0%	3.0%	—	—	76.6

三、主要物料及产物的物理常数

主要物料及产物的物理常数见表 6-7。

表 6-7　主要物料及产物的物理常数

化合物	分子量	相对密度	熔点/℃	沸点/℃	溶解度/(g/100mL 溶剂)		
					水	乙醇	乙醚
乙酸	60.05	1.05	16.6	117.9	∞	∞	∞
异戊醇	88.15	0.81	−117	132	微溶	∞	∞
乙酸异戊酯	130.2	0.88	−78.5	142.5	微溶	∞	∞

四、实验用品

仪器：回流反应装置，液-液萃取装置，蒸馏装置，分液漏斗，电热套。

试剂：冰醋酸 7mL（0.11mol），异戊醇 5.4mL（0.05mol），硫酸氢钠 0.5g，饱和碳酸氢钠水溶液，饱和氯化钠水溶液，无水硫酸镁。

五、实验步骤

实验流程图如图 6-8 所示。

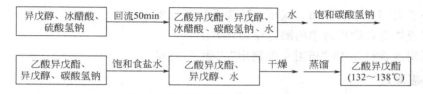

图 6-8 乙酸异戊酸的制备流程图

（1）在 50mL 圆底烧瓶中依次加入 7.0mL 冰醋酸、5.4mL 异戊醇、0.5g 硫酸氢钠，摇匀后加入几粒沸石，按图 2-2 安装回流装置。

（2）电热套加热回流 50min，控制回流速度每秒 1~2 滴。反应结束后，冷却反应液至室温。

（3）将反应液倒入分液漏斗，用 10mL 水洗涤烧瓶，并将洗液合并至分液漏斗中，振摇后静置，分出下层水溶液。

（4）有机层用约 15mL 饱和碳酸氢钠[1]洗涤，至水溶液对 pH 试纸呈中性为止。

（5）有机层用 10mL 饱和食盐水[2]洗涤，仔细分去盐层，酯层倒入干燥的具塞锥形瓶中，加适量无水硫酸镁干燥 20min。

（6）将干燥后的粗产物滤入 50mL 蒸馏烧瓶，安装蒸馏装置，电热套加热，收集 132~138℃ 之间的馏分，称重，计算产率。

纯乙酸异戊酯为无色透明液体，折射率为 $n_D^{20}=1.4003$。乙酸异戊酯的 ^{1}H NMR 谱图见图 6-9。乙酸异戊酯的 IR 谱图见图 6-10。

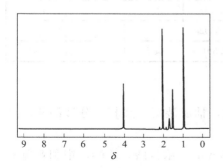

图 6-9 乙酸异戊酯的 ^{1}H NMR 谱图

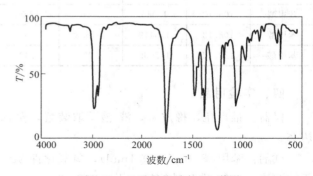

图 6-10 乙酸异戊酯的 IR 谱图

六、思考与讨论

1. 本实验使用什么原理和措施来提高反应产率的？
2. 三次洗涤的目的分别是什么？

七、注释

【1】用饱和碳酸氢钠溶液洗涤时，有大量二氧化碳产生，因此开始时不要塞住分液漏斗，振摇漏斗至无明显气泡产生后再塞住振摇，并及时放气。

【2】氯化钠饱和溶液不仅可降低酯在水中的溶解度，而且可以防止乳化，有利于分层，便于分离。

实验三十二　Cannizzaro 反应

一、目的要求

1. 通过苯甲醇和苯甲酸的制备，加深对 Cannizzaro 反应原理的认识和理解。

2. 进一步巩固萃取、蒸馏、减压过滤和重结晶等操作。
3. 学习液体化合物折射率的测定原理和方法。
4. 认真阅读教材 3.18 "折射率的测定"中相关内容。

二、反应原理

无 α-氢的醛（如甲醛、三甲基乙醛、苯甲醛、糠醛等）与浓的强碱溶液作用时，发生自身氧化还原反应，一分子醛被还原为醇，一分子醛被氧化为酸，此反应称为 Cannizzaro 反应。如：

$$2C_6H_5CHO \xrightarrow{\text{浓 KOH}} C_6H_5CH_2OH + C_6H_5COOK$$
$$\downarrow H^+$$
$$C_6H_5COOH$$

Cannizzaro 反应中，通常使用 50% 的浓碱，其中碱的量比醛多一倍以上，否则反应不完全，未反应的醛与生成的醇混在一起，用蒸馏的方法很难除去。

三、主要物料及产物的物理常数

主要物料及产物的物理常数见表 6-8。

表 6-8 主要物料及产物的物理常数

化合物	分子量	比重(d)	熔点/℃	沸点/℃	折射率(n)	溶解度		
						水	乙醇	乙醚
苯甲醛	106.12	1.046	−26	179.1	1.5456	0.3	∞	∞
苯甲醇	108.13	1.0419	−15.3	205.3	1.5392	4^{17}	∞	∞
苯甲酸	122.12	1.2659	122	249	1.501	微溶	s	s

四、实验用品

仪器：锥形瓶，橡皮塞，液-液萃取装置，蒸馏装置，抽滤装置，烧杯，分液漏斗，电热套。

试剂：苯甲醛 10mL（0.1mol），氢氧化钾 9g（0.16mol），浓盐酸，乙醚，饱和亚硫酸氢钠溶液，10% 碳酸钠溶液、无水硫酸镁。

五、实验步骤

制备、分离的流程图如图 6-11 所示。

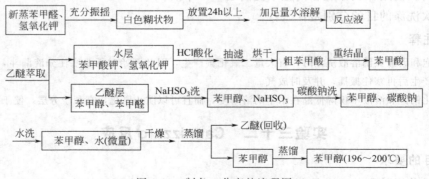

图 6-11 制备、分离的流程图

(1) 歧化反应：在 125mL 锥形瓶中，配制 9g KOH 和 9mL 水的溶液，冷至室温后，加入 10mL 苯甲醛，不断用力振摇使充分混合，得白色蜡状物，放置 24h 以上待处理。

(2) 萃取、分离：向反应混合物加入足量水（大约 35mL），不断振摇，使其中的苯甲酸盐全部溶解。将溶液置于分液漏斗中，每次用 10mL 乙醚萃取，共萃取水层 3 次（萃取苯甲醇），合并乙醚萃取液，水层保留。

(3) 洗涤醚层：乙醚萃取液依次用 5mL 饱和 $NaHSO_3$ 溶液、8mL 10% Na_2CO_3 溶液及 8mL 水洗涤，最后用无水硫酸镁或无水碳酸钾干燥。

(4) 蒸馏：将干燥后的乙醚溶液滤入圆底烧瓶中，先用电热套或水浴小火加热蒸去乙醚。当温度上升到 140℃时，稍冷，更换空气冷凝管继续蒸馏，收集 196~200℃的馏分。测定产品苯甲醇的折射率（方法参见 3.18），并以此值粗略判断产品的纯度。

(5) 酸化、重结晶：搅拌下在乙醚萃取后的水层中慢慢加入浓盐酸，至溶液显酸性。冷却、抽滤、烘干后的粗苯甲酸用水重结晶。

(6) 计算苯甲醇、苯甲酸的产率。

苯甲醇的 ^1H NMR 谱图见图 6-12。苯甲醇的 IR 谱图见图 6-13。

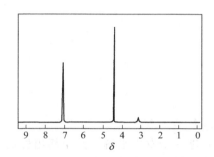

图 6-12　苯甲醇的 ^1H NMR 谱图

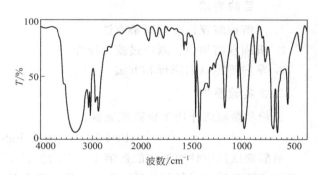

图 6-13　苯甲醇的 IR 谱图

六、注意事项

1. 本反应是两相反应，充分摇振是关键。如混合充分，放置 24h 之后，反应物通常在瓶内固化，苯甲醛气味消失。

2. 蒸馏乙醚时，因其沸点低，易挥发，易燃，蒸气可使人失去知觉，故要求：检查仪器各接口安装是否严密；接收瓶用水浴冷却；尾接管支管连接一橡胶管并通入水槽；用电热套小火加热或水浴加热。

3. 蒸馏苯甲醇时，当温度上升至 140℃时，稍冷后更换空气冷凝管。

七、思考与讨论

1. 本实验中，用饱和亚硫酸氢钠及 10%碳酸钠溶液洗涤的目的何在？

2. 乙醚萃取后的水溶液，用浓盐酸酸化至中性是否最适当？为什么？不用试纸或试剂检验，怎样知道酸化已经恰当？

3. 如何利用 Cannizzaro 反应将苯甲醛全部转化为苯甲醇？

第 7 章

综合和设计实验

实验三十三 硫酸亚铁铵的制备及亚铁离子含量测定

一、目的要求

1. 了解硫酸亚铁铵的制备方法。
2. 巩固水浴加热、减压过滤等操作。
3. 掌握测定铁的原理和方法。

二、实验原理

铁粉和稀硫酸作用生成硫酸亚铁：

$$Fe + H_2SO_4 = FeSO_4 + H_2\uparrow$$

硫酸亚铁在中性溶液中能被溶于水中的少量氧气氧化并进一步发生水解，甚至析出棕黄色的碱式硫酸铁（或氢氧化铁）沉淀，所以制备过程中溶液应保持足够的酸度。

$$4FeSO_4 + O_2 + 6H_2O = 2[Fe(OH)_2]_2SO_4 + 2H_2SO_4$$

硫酸亚铁与硫酸铵作用，生成溶解度较小的硫酸亚铁铵。

$$FeSO_4 + (NH_4)_2SO_4 + 6H_2O = FeSO_4 \cdot (NH_4)_2SO_4 \cdot 6H_2O$$

硫酸亚铁铵在空气中不易氧化，比硫酸亚铁稳定，易溶于水，难溶于乙醇，在定量分析中常用来配制亚铁离子的标准溶液。

制备的硫酸亚铁铵中铁的含量可以依据教学要求，选择采用高锰酸钾法、重铬酸钾法或分光光度法测定。

(1) 方法一 在酸性条件下，$KMnO_4$ 能定量氧化 Fe^{2+}，反应为：

$$MnO_4^{1-} + 5Fe^{2+} + 8H^+ = Mn^{2+} + 5Fe^{3+} + 4H_2O$$

因此可用 $KMnO_4$ 测定产品中 Fe^{2+} 的含量。

(2) 方法二 酸性条件下，重铬酸钾与 Fe^{2+} 定量反应：

$$Cr_2O_7^{2-} + 6Fe^{2+} + 14H^+ = 2Cr^{3+} + 6Fe^{3+} + 7H_2O$$

用二苯胺磺酸钠为指示剂，在硫酸-磷酸介质中滴定，测定产品中的 Fe^{2+} 的含量。

三、实验用品

仪器：电子天平，分析天平，蒸发皿，锥形瓶，布氏漏斗，吸水纸，烧杯，容量瓶，减压过滤装置，酸式滴定管。

药品：0.02mol·L^{-1} KMnO$_4$，3mol·L^{-1} 硫酸，(NH$_4$)$_2$SO$_4$ 固体，铁粉，3mol·L^{-1} HCl，25% KSCN，二苯胺磺酸钠指示剂（0.2%水溶液），85% H$_3$PO$_4$，乙醇，K$_2$Cr$_2$O$_7$（固体）。

四、实验步骤

1. 硫酸亚铁的制备

称取 2.0g 铁粉于干净的 150mL 锥形瓶中，加入 15mL 3.0mol·L^{-1} 的硫酸溶液，放在水浴上（100℃）加热（此反应过程中产生大量 H$_2$ 及少量毒气 H$_2$S、PH$_3$ 等，应在通风橱或通风处进行）。在加热过程中，应经常取出锥形瓶摇荡，以加速反应，并适当添加少量去离子水，补充失水。当反应进行到没有气泡放出时，趁热过滤，用少量热水洗涤锥形瓶及布氏漏斗上的残渣。滤液收集于蒸发皿中。忽略残渣的质量。

2. 硫酸亚铁铵的制备

根据溶液中 FeSO$_4$ 的含量，按 FeSO$_4$: (NH$_4$)$_2$SO$_4$ = 1 : 1 (以物质的量计)，称取化学纯 (NH$_4$)$_2$SO$_4$ 加到 FeSO$_4$ 溶液中，然后在水浴上加热搅拌，使 (NH$_4$)$_2$SO$_4$ 全部溶解。继续加热蒸发，浓缩直至溶液表面刚出现晶膜为止。静置让溶液自然冷却至室温，即有硫酸亚铁铵晶体析出。减压过滤，用少量乙醇淋洗晶体。将晶体取出，摊在两张干净的吸水纸之间，并轻压以吸干母液。观察晶体的颜色和形状，称量，计算产率。

3. 测定 (NH$_4$)$_2$SO$_4$·FeSO$_4$·6H$_2$O 中铁含量

（1）方法一（KMnO$_4$ 法） 在分析天平上准确称取 0.15～0.2g 制得的 (NH$_4$)$_2$SO$_4$·FeSO$_4$·6H$_2$O 于锥形瓶中，加入 5mL·3mol·L^{-1} 硫酸及 20mL 去离子水，试样溶解后，用 KMnO$_4$ 标准溶液滴定至溶液呈现微红色，30s 内不褪即为终点，记下滴定消耗 KMnO$_4$ 的体积。平行测定三次。计算硫酸亚铁铵中铁的含量。

（2）方法二（K$_2$Cr$_2$O$_7$ 法）

① 0.02mol·L^{-1} K$_2$Cr$_2$O$_7$ 标准溶液的配制

在分析天平上准确称取 0.88～0.90g K$_2$Cr$_2$O$_7$ 于 150mL 烧杯中，加约 30mL 去离子水溶解，定量转移至 150mL 容量瓶中，稀释至刻度，摇匀。

② 产品中铁含量的测定

用分析天平准确称取 0.8～1.2g 的产品 (NH$_4$)$_2$SO$_4$·FeSO$_4$·6H$_2$O 于锥形瓶中，加入 100mL 去离子水及 20mL·3mol·L^{-1} 硫酸，滴加 6～8 滴二苯胺磺酸钠指示剂，用 K$_2$Cr$_2$O$_7$ 标准溶液滴定至溶液出现绿色时，加入 5mL 85% H$_3$PO$_4$，继续滴定至溶液呈现蓝紫色即为终点。记录消耗 K$_2$Cr$_2$O$_7$ 体积，平行测定三次。计算硫酸亚铁铵中铁的含量。

五、注意事项

KMnO$_4$ 溶液颜色深，读数时读液面最上沿。

六、思考题

1. 制备硫酸亚铁和硫酸亚铁铵时，为什么溶液必须呈酸性？为何在制备硫酸亚铁时要适当补加去离子水？硫酸亚铁制备过程中如何判断反应完全？
2. 减压过滤应注意什么？
3. 在减压过滤时，用无水乙醇淋洗产品的目的是什么？
4. 方法一中，产品铁含量的测定能否用 HCl 调节酸度？

实验三十四　分光光度法测定硫酸亚铁铵中铁离子的含量

一、目的要求

学习标准比较法测定组分含量的分析方法。

二、实验原理

采用邻二氮菲作显色剂，采用标准比较法测定 Fe^{2+}。依据朗伯比尔定量，在相同的实验条件下，浓度为 $c(s)$ 的标准溶液吸光度为 $A(s)$，浓度为 $c(x)$ 的待测溶液的吸光度 $A(x)$，则待测溶液浓度：

$$c(x) = \frac{c(s) \times A(x)}{A(s)} \tag{7-1}$$

三、实验用品

仪器：722 型分光光度计，烧杯，吸量管（1mL 一支，2mL 一支，5mL 两支），10mL 移液管两支，100mL 容量瓶两个，50mL 容量瓶七个，250mL 容量瓶。

试剂：$100.0\mu g \cdot mL^{-1}$ 铁标准溶液，$1.5g \cdot L^{-1}$ 邻二氮菲溶液，1% 盐酸羟胺溶液 $6mol \cdot L^{-1}$ HCl，$1.0mol \cdot L^{-1}$ NaAc 溶液。

四、实验步骤

1. 硫酸亚铁铵的制备

硫酸亚铁铵的制备基本同实验三十三，不同之处在于本实验 Fe 粉用量为 1g，$3.0mol \cdot L^{-1}$ 的硫酸溶液用量为 7mL。

2. $(NH_4)_2SO_4 \cdot FeSO_4 \cdot 6H_2O$ 中铁含量的测定

（1）配制 $10\mu g \cdot mL^{-1}$ 铁标准溶液　用移液管移取 $100\mu g \cdot mL^{-1}$ 铁标准溶液 10.00mL 于 100mL 容量瓶中，加入 $2mL 6mol \cdot L^{-1}$ HCl 溶液，用水稀释至刻度，摇匀。

（2）配制待测溶液　准确称取制备的产品 0.2～0.23g 于 100mL 烧杯中，加入 $5mL 6mol \cdot L^{-1}$ HCl 和少量去离子水，溶解后转移至 250mL 容量瓶中，用水稀释至刻度，摇匀配制成待测溶液。用移液管移取待测溶液 10.00mL 于 100mL 容量瓶中，加 $6mol \cdot L^{-1}$ HCl 溶液 2mL，用水稀释至刻度，摇匀。

（3）显色　取五只 50mL 的容量瓶，用吸量管分别吸取 5.00mL 浓度为 $10.0\mu g \cdot mL^{-1}$ 铁标准溶液于 1 号、2 号容量瓶中，再用吸量管分别吸取 5.00mL 待测溶液于 3 号、4 号容量瓶中；5 号容量瓶作为空白试验用。在五个容量瓶中各分别加入 1% 盐酸羟胺溶液 1.00mL，摇匀后，各加入 pH=4.6 的 NaAc 溶液 5mL 及 1% 的邻二氮菲溶液 2.00mL，用去离子水稀释至刻度，摇匀，放置 10min。

用吸量管分别吸取 5.00mL 待测溶液于 6 号、7 号瓶中，除不加盐酸羟胺溶液外，其他同上。

（4）测定　用 1cm 吸收池，以试剂空白溶液为参比，在波长 510nm 处分别测定 1～7 号容量瓶中各溶液的吸光度 A，每个溶液测两次吸光度。

五、数据记录与结果计算

1. 计算标准样吸光度平均值。
2. 计算总铁含量，即分别计算 3、4 号待测溶液总铁浓度 c_i，并以平均值表示测定结果,单位换算为 mg·L^{-1}。

3. 计算 Fe^{2+} 含量,即分别计算 5、6 号待测溶液 Fe^{2+} 浓度 c_i,并以平均值表示测定结果,单位换算为 mg·L^{-1}。

4. 计算 Fe^{3+} 含量。

六、思考题

用分光光度法进行定量分析,什么情况下选用标准比较法?什么情况下采用工作曲线法?

实验三十五　纯碱的制备及含量分析

一、目的要求

1. 掌握制备碳酸钠的方法,学习灼烧操作。
2. 巩固减压过滤、滴定分析操作。

二、实验原理

1. Na_2CO_3 的制备原理

碳酸钠又名苏打,工业上称作纯碱,用途广泛。Na_2CO_3 的工业制法是将 NH_3 和 CO_2 通入 NaCl 溶液中,生成 $NaHCO_3$,经过高温灼烧,脱去 CO_2 和 H_2O,生成 Na_2CO_3,反应式为:

$$NH_3 + CO_2 + H_2O + NaCl =\!=\!= NaHCO_3 + NH_4Cl$$
$$2NaHCO_3 =\!=\!= Na_2CO_3 + CO_2 \uparrow + H_2O$$

本实验直接用碳酸氢铵与氯化钠在水溶液中的复分解反应制取碳酸氢钠:

$$NH_4HCO_3 + NaCl =\!=\!= NaHCO_3 \downarrow + NH_4Cl$$

由表 7-1 可知,当温度在 40℃ 时 NH_4HCO_3 已分解,因此反应温度一般控制在 30~35℃,$NaHCO_3$ 溶解度最低而析出。

表 7-1　10~60℃ 下几种盐的溶解度　　　　　　　单位:g/100gH_2O

盐＼温度/℃	10	20	30	40	60
NaCl	35.8	35.9	36.1	36.4	37.1
NH_4HCO_3	16.1	21.7	28.4	—①	—①
NH_4Cl	33.2	37.2	41.4	45.8	55.3
$NaHCO_3$	8.1	9.6	11.1	12.7	16.0
Na_2CO_3	12.5	21.5	39.7	49.0	46.0

① 表示 NH_4HCO_3 已分解。

2. 滴定法测定产品中 Na_2CO_3 的含量

用盐酸标准溶液作为滴定剂,以酚酞为指示剂,测定产品中 Na_2CO_3 含量。滴定反应式:$H^+ + CO_3^{2-} =\!=\!= HCO_3^-$。滴定至终点红色转化为无色,根据盐酸的用量计算 Na_2CO_3 的含量。所以产品中 Na_2CO_3 质量分数按下式计算:

$$w(Na_2CO_3) = \frac{c(HCl)V(HCl)M(Na_2CO_3)}{G} \times 100\% \tag{7-2}$$

三、实验用品

仪器：恒温水浴锅，循环水真空泵，烧杯（50.0mL），布氏漏斗，蒸发皿，量筒（100mL），玻璃棒，酒精灯，三脚架，石棉网，电子秤，电子分析天平，坩埚，锥形瓶（250.0mL），25.00mL 酸式滴定管，滴定台。

试剂：NaCl（分析纯，固体），NH_4HCO_3（分析纯，固体），$0.1 mol \cdot L^{-1}$ HCl，酚酞指示剂（$1g \cdot L^{-1}$）。

四、实验步骤

1. Na_2CO_3 的制备

（1）$NaHCO_3$ 的制备 称取 4.0g 分析纯 NaCl 于 50.0mL 小烧杯中，加 15.0mL 去离子水搅拌溶解。然后将 NaCl 溶液放在 30~35℃ 水浴中加热，在不断搅拌下分 5~6 次加入 6.0g 研细的 NH_4HCO_3 固体，继续充分搅拌并保持在此温度下反应 30min，静置、抽滤，得到 $NaHCO_3$ 固体。用少量去离子水淋洗晶体抽干，称量。母液回收。

（2）由 $NaHCO_3$ 制备 Na_2CO_3 将制得的 $NaHCO_3$ 固体转入蒸发皿烤干，然后转移至坩埚中，灼烧 30min，冷却、称量，计算产率。

2. Na_2CO_3 含量分析

准确称取两份 0.2~0.29g 自制的 Na_2CO_3 产品，分别置于 250.0mL 锥形瓶中，用 25.0mL 去离子水使其溶解，分别加 2 滴酚酞指示剂，用 HCl 标准溶液滴定至红色刚好褪去。记录 V_{HCl}。计算产品中 Na_2CO_3 的质量分数。

五、数据记录

1. 称量数据

NaCl/g	NH_4HCO_3/g	$NaHCO_3$/g	Na_2CO_3/g

2. Na_2CO_3 含量分析（指示剂为酚酞）

滴定序号		1	2	3
$m(Na_2CO_3)$/g				
$c(HCl)$/mol·L^{-1}				
消耗 HCl 体积 /mL	初读数			
	终读数			
	V			
$w(Na_2CO_3)$/%				
$\overline{w}(Na_2CO_3)$/%				
$\overline{d}_R$/%				

六、注意事项

1. 复分解反应水浴温度控制在 30~35℃。
2. 将研细的 NH_4HCO_3 分 5~6 次加入，继续搅拌保温 30min，以保证复分解反应进行完全。

3. $NaHCO_3$ 加热分解时应注意经常翻搅，防止固体凝结成块。

七、问题与思考

1. 为什么不用 $NaCl$、NH_4HCO_3 直接生成 Na_2CO_3？
2. 制取 $NaHCO_3$ 时，为什么温度要控制在 30～35℃之间？
3. 用盐酸滴定 Na_2CO_3 时为何不生成 H_2CO_3 而生成 $NaHCO_3$？

实验三十六 硫代硫酸钠的制备、检验及含量测定

一、目的要求

1. 了解硫代硫酸钠制备的原理和方法。
2. 了解硫代硫酸钠的性质。
3. 学习硫代硫酸钠的检验方法。
4. 掌握硫代硫酸钠产品含量分析。

二、实验原理

硫代硫酸钠制备方法有多种。本实验采用亚硫酸钠在沸腾下与硫化合生成硫代硫酸钠：

$$Na_2SO_3 + S == Na_2S_2O_3$$

经过滤、蒸发、浓缩、结晶，即可得到产品。常温下从溶液中结晶出来的硫代硫酸钠是 $Na_2S_2O_3 \cdot 5H_2O$，温度达到 100℃ 左右失去全部结晶水。因此，在浓缩过程中要注意不能蒸发过度。

硫代硫酸钠遇酸会分解出单质硫及二氧化硫。硫代硫酸钠既有氧化性又有还原性，但以还原性为主。硫代硫酸钠遇强氧化剂如 $KMnO_4$、Cl_2 被氧化成硫酸盐，遇中等强度的氧化剂如 Fe^{3+}、I_2 则被氧化为连四硫酸钠。硫代硫酸钠还具有配位性能，如 $AgCl$、$AgBr$ 与过量硫代硫酸钠溶液作用，因生成配离子而溶解。

制备的硫代硫酸钠采用间接碘量法测定含量。

$$Cr_2O_7^{2-} + 6I^- + 14H^+ == 2Cr^{3+} + 3I_2 + 7H_2O$$

$$I_2 + 2S_2O_3^{2-} == 2I^- + S_4O_6^{2-}$$

三、实验用品

仪器：台秤，电子分析天平，电热套，水浴槽，锥形瓶，抽滤瓶，布氏漏斗，蒸发皿，烧杯，减压过滤装置，试管，表面皿，150.00mL 容量瓶，碱式滴定管。

试剂：亚硫酸钠固体，硫粉，乙醇，$6mol \cdot L^{-1}$ HCl，$0.1mol \cdot L^{-1}$ 碘溶液（$13gI_2$ 及 $35gKI$ 溶于 $100mL$ 去离子水，稀释至 $1000mL$），$2mol \cdot L^{-1}$ HCl，$0.01mol \cdot L^{-1}$ $KMnO_4$，$2mol \cdot L^{-1}$ NaOH，氯水，碘水，$0.2mol \cdot L^{-1}$ $BaCl_2$，$0.1mol \cdot L^{-1}$ $AgNO_3$，$K_2Cr_2O_7$ 固体，5%KI，pH 试纸淀粉指示剂。

四、实验步骤

1. 硫代硫酸钠的制备

称取 2.0g 硫粉于 150mL 烧杯中，加入 2mL 无水乙醇充分搅拌均匀，加入亚硫酸钠 6.0g 和 50mL 去离子水，电热套加热并适当搅拌，微沸不少于 40min，停止加热，此时溶液体积不要少于 30mL，若太少，在反应过程中适当补充去离子水。趁热减压过滤，滤液移至蒸发皿中，水浴加热，蒸发浓缩至晶膜出现，停止加热，充分冷却使晶体析出。减压过

滤，滴加无水乙醇洗涤，用滤纸吸干晶体表面上的水分后（或晶体放在烘箱中），在40℃下，干燥40~60min。称重，计算产率。

2. 产品性质检验

称取0.3g样品，加入10mL去离子。用pH试纸检验试液的酸碱性。将溶液分装于5支试管中，分别进行下列反应。

（1）试管中滴加 $2mol·L^{-1}$ HCl，观察现象，写出化学反应式。

（2）试管中滴入1滴 $0.01mol·L^{-1}$ $KMnO_4$ 溶液，观察现象，写出化学反应方程式。

（3）在试管中加入2滴 $2mol·L^{-1}$ NaOH溶液，滴加氯水，振荡，检验溶液中有无 SO_4^{2-} 生成。

（4）在试管中滴加碘水，边滴边振荡，观察现象，检验溶液中是否有 SO_4^{2-}。

（5）先向一试管中加入2滴 $0.1mol·L^{-1}$ $AgNO_3$ 溶液，然后逐滴加入配制的样品溶液，边滴加边振荡，直至生成的沉淀完全溶解，解释现象。

3. 产品含量分析

准确称取产品4.0~4.5g，加去离子水溶解，定容至150.00mL，摇匀。

准确称取三份0.12~0.14g $K_2Cr_2O_7$，分别加25mL去离子水溶解。加入5% KI溶液10mL和 $6mol·L^{-1}$ HCl溶液5mL，盖上表面皿于暗处放置5min后，加50mL去离子水，用配制的产品溶液滴定至淡黄绿色，加入3mL淀粉指示剂，继续滴定至溶液由蓝色突变为亮绿色，即为终点。根据下式计算：

$$w = \frac{6m(K_2Cr_2O_7)M(Na_2S_2O_3·5H_2O)\times 150}{M(K_2Cr_2O_7)V(Na_2S_2O_3·5H_2O)m_s}\times 100\% \tag{7-3}$$

$$w = \frac{6m(K_2Cr_2O_7)M(Na_2S_2O_3)\times 150}{M(K_2Cr_2O_7)V(Na_2S_2O_3)m_s}\times 100\%$$

式中，$V(Na_2S_2O_3·5H_2O)$ 为滴定消耗的产品溶液的体积；m_s 为称取的产品质量。

五、数据处理与结果分析

1. $Na_2S_2O_3·5H_2O$ 产品性质检验

加入试剂	pH试纸	HCl	$KMnO_4$	氯水	碘水	$AgNO_3$
现象及解释						
化学反应方程式						

2. 产品含量测定

滴定序号		1	2	3
m_s（产品质量）/g				
$m(K_2Cr_2O_7)$/g				
消耗 $Na_2S_2O_3$ 体积/mL	初读数			
	终读数			
	V			
$w(Na_2S_2O_3)$/%				
$\overline{w}(Na_2S_2O_3)$/%				
$\overline{d}_R$/%				

六、注意事项

1. 制备硫代硫酸钠过程中要将烧杯壁上的硫粉搅入反应液中。
2. 注意保持反应液体积。
3. 浓缩结晶切忌蒸出较多溶液,以防产物因缺水而固化,得不到 $Na_2S_2O_3 \cdot 5H_2O$ 晶体。
4. 若放置一段时间无晶体析出,是因为形成过饱和溶液,可采用摩擦器壁或加入一粒硫代硫酸钠晶体引发结晶。
5. 用 $K_2Cr_2O_7$ 测定 $Na_2S_2O_3$ 时,加一份 KI 滴定一份试样。

七、思考与讨论

1. 为提高 $Na_2S_2O_3 \cdot 5H_2O$ 的产率与纯度,实验中需注意哪些问题?
2. $K_2Cr_2O_7$ 与 KI 反应完成后,加 50mL 水稀释的作用是什么?

实验三十七 三草酸合铁(Ⅲ)酸钾的制备和组成测定

一、目的要求

1. 掌握合成 $K_3Fe[(C_2O_4)_3] \cdot 3H_2O$ 的基本原理和操作技术;
2. 加深对铁(Ⅲ)和铁(Ⅱ)化合物性质的了解;
3. 掌握滴定分析测定组成的原理和方法。

二、实验原理

1. $K_3Fe[(C_2O_4)_3] \cdot 3H_2O$ 的制备

$K_3Fe[(C_2O_4)_3] \cdot 3H_2O$ 的制备可以采用铁盐如 $FeCl_3$ 或 $Fe_2(SO_4)_3$ 与草酸钾直接反应制得。

$$FeCl_3 + 3K_2C_2O_4 = K_3[Fe(C_2O_4)_3] + 3KCl$$

$K_3Fe[(C_2O_4)_3] \cdot 3H_2O$ 的制备也可以用硫酸亚铁铵为原料,与草酸在酸性溶液中先制得草酸亚铁沉淀,然后再用草酸亚铁在草酸钾和草酸的存在下,以过氧化氢为氧化剂,得到铁(Ⅲ)草酸配合物制得。主要反应为:

$$(NH_4)_2Fe(SO_4)_2 + H_2C_2O_4 + 2H_2O = FeC_2O_4 \cdot 2H_2O \downarrow + (NH_4)_2SO_4 + H_2SO_4$$
$$2FeC_2O_4 \cdot 2H_2O + H_2O_2 + 3K_2C_2O_4 + H_2C_2O_4 = 2K_3[Fe(C_2O_4)_3] \cdot 3H_2O$$

改变溶剂的极性并加少量盐析剂,可析出绿色单斜晶体三草酸合铁(Ⅲ)酸钾,通过化学分析确定配离子的组成。

2. 产物化学式的确定

用 $KMnO_4$ 标准溶液在酸性介质中滴定草酸根,由消耗的 $KMnO_4$ 的量求出 $C_2O_4^{2-}$ 含量。反应为:

$$5C_2O_4^{2-} + 2MnO_4^- + 16H^+ = 10CO_2 \uparrow + 2Mn^{2+} + 8H_2O$$

测铁含量时,可用过量锌粉将其还原为 Fe^{2+},然后再用 $KMnO_4$ 标准溶液滴定,其反应式为:

$$5Fe^{2+} + MnO_4^- + 8H^+ = 5Fe^{3+} + Mn^{2+} + 4H_2O$$

由消耗的 $KMnO_4$ 的量,计算出铁的含量。

三、实验用品

仪器：电子天平，分析天平，抽滤装置，循环水真空泵，烘箱，表面皿，锥形瓶，50mL 酸式滴定管，水浴装置，烧杯。

试剂：$(NH_4)_2Fe(SO_4)_2 \cdot 6H_2O$（固体），$H_2SO_4$（3mol·L^{-1}），$FeCl_3 \cdot 6H_2O$（固体）$H_2C_2O_4$（饱和），$K_2C_2O_4$（饱和），95% 乙醇，3% H_2O_2，0.02mol·L^{-1} $KMnO_4$（标准溶液），Zn（粉）。

四、实验步骤

1. 制备三草酸合铁（Ⅲ）酸钾

（1）方法一（$FeCl_3$ 与草酸钾直接制备） 称取 8g 草酸钾放入 100mL 烧杯中，加 15～20mL 去离子水，加热使草酸钾固体全部溶解。在溶液近沸时，边搅拌边加入 3g 六水合三氯化铁固体，将此溶液在冷水中冷却，减压过滤得粗产品。将粗产品溶解在 10mL 热去离子水中，待溶液冷却后加入 3mL 无水乙醇，然后将溶液在冰水中冷却，减压过滤，将所得产品放在烘箱中烘干，称重。

（2）方法二

① 草酸亚铁的制备 称取 5.0g 硫酸亚铁铵固体放在 250mL 烧杯中，然后加 15mL 去离子水和 1～2 滴 3mol·L^{-1} H_2SO_4，加热溶解，加入 25mL 饱和草酸溶液，加热搅拌至沸，维持微沸 5min，静置。待黄色晶体 $FeC_2O_4 \cdot 2H_2O$ 沉淀后倾析，弃去上层清液，加入 20mL 去离子水洗涤晶体，搅拌并温热，静置，弃去上层清液，即得黄色晶体草酸亚铁。

② 三草酸合铁（Ⅲ）酸钾的制备 在草酸亚铁沉淀中加入饱和 $K_2C_2O_4$ 溶液 10mL，40℃水浴加热，恒温下慢慢滴加 3% 的 H_2O_2 溶液 20mL，沉淀转为深棕色。边加边搅拌，加完后将溶液加热至沸除去过量 H_2O_2，然后加入 20mL 饱和草酸溶液，沉淀立即溶解，溶液变为绿色。趁热抽滤，滤液转入 100mL 烧杯中，冷却，加入 95% 的乙醇 25mL，则有绿色晶体 $K_3[Fe(C_2O_4)_3] \cdot 3H_2O$ 析出。晶体完全析出后，抽滤，用乙醇淋洗晶体，抽干混合液。产品 $K_3[Fe(C_2O_4)_3] \cdot 3H_2O$ 置于一表面皿上，置暗处晾干。称重，计算产率。

2. 三草酸合铁（Ⅲ）酸钾组成的测定

（1）草酸根含量的测定 准确称取样品 0.2～0.3g 于 250mL 锥形瓶中，加入 25mL 去离子水和 5mL 3mol·L^{-1} H_2SO_4，用标准 0.02mol·L^{-1} $KMnO_4$ 溶液滴定。滴定时先滴入 8mL 左右的 $KMnO_4$ 标准溶液，然后加热到 343～358K（不高于358K）直至紫红色消失。再用 $KMnO_4$ 滴定热溶液，直至微红色在 30s 内不消失。记下消耗 $KMnO_4$ 标准溶液的总体积，计算 $K_3[Fe(C_2O_4)_3] \cdot 3H_2O$ 中草酸根的质量分数，并换算成物质的量。滴定后的溶液保留待用。

（2）铁含量测定 在上述滴定过草酸根的保留溶液中加锌粉还原，至黄色消失。加热 3min，使 Fe^{3+} 完全转变为 Fe^{2+}，抽滤，用温水洗涤沉淀。滤液转入 250mL 锥形瓶中，用 $KMnO_4$ 溶液滴定至出现微红色，30s 不退即为终点。计算 $K_3[Fe(C_2O_4)_3] \cdot 3H_2O$ 中铁的质量分数。并换算成物质的量。

五、数据记录与结果处理

1. 草酸根含量测定

序号	1	2	3
$c(KMnO_4)/mol \cdot L^{-1}$			
$m\{K_3[Fe(C_2O_4)_3] \cdot 3H_2O\}/g$			
$V(KMnO_4)$终读数/mL			
$V(KMnO_4)$初读数/mL			
V_1/mL			
$n(C_2O_4^{2-})$/mol			
$w(C_2O_4^{2-})$/%			
w(平均)/%			
相对平均偏差			

2. 铁含量测定

序号	1	2	3
$c(KMnO_4)/mol \cdot L^{-1}$			
$m\{K_3[Fe(C_2O_4)_3] \cdot 3H_2O\}/g$			
$V(KMnO_4)$终读数/mL			
$V(KMnO_4)$初读数/mL			
V_2/mL			
$n(Fe^{2+})$/mol			
$w(Fe^{2+})$/%			
w(平均)/%			
相对平均偏差			

六、注意事项

1. 水浴 40℃下加热，慢慢滴加 H_2O_2，防止 H_2O_2 分解。
2. 在抽滤过程中，勿用水冲洗黏附在烧杯和布氏滤斗上的绿色产品。
3. 测定含量时，水浴加热，当锥形瓶口有热蒸气冒出，即为所需控制的温度。

七、思考与讨论

1. 能否用 $FeSO_4$ 代替硫酸亚铁铵来合成 $K_3Fe[(C_2O_4)_3]$？如果用 HNO_3 代替 H_2O_2 作氧化剂，写出用 HNO_3 作氧化剂的主要反应式。你认为用哪个作氧化剂较好？为什么？
2. 在三草酸合铁（Ⅲ）酸钾的制备过程中，加入15mL饱和草酸溶液后，沉淀溶解，溶液变为绿色。若往此溶液中加入 25mL 95％乙醇或将此溶液过滤后往滤液中加入 25mL 95％的乙醇，现象有何不同？为什么？并说明对产品质量有何影响？

实验三十八　去离子水的制备与检验

一、目的要求

1. 了解离子交换柱的制作方法及制备纯水的原理。

2. 掌握去离子水的制备方法及水中常见离子的定性鉴定原理和方法。
3. 学习电导率仪的使用。

二、实验原理

1. 纯水的制备

在天然水或者自来水中含有各种各样的无机和有机杂质，常见的无机杂质有 Mg^{2+}、Ca^{2+}、CO_3^{2-}、HCO_3^-、Cl^- 等离子及某些气体。在化学实验中，根据任务及要求的不同，对水的纯度有不同要求。水的纯化方法有蒸馏法、电渗析法和离子交换法。本实验用离子交换法制备纯水，所得纯水称为去离子水。离子交换法制备纯水是使自来水通过离子交换柱（内装离子交换树脂[1]），除去杂质离子，达到净化的目的。离子交换法中起核心作用的物质就是离子交换树脂。离子交换树脂是一种含有能与其他物质进行离子交换的活性基团的有机高分子化合物。根据活性基团类型的不同，离子交换树脂分为阳离子交换树脂和阴离子交换树脂。典型的阳离子交换树脂是磺酸盐型交换树脂，表示为 RSO_3H。典型的阴离子交换树脂是季铵碱型离子交换树脂，表示为 $RN(CH_3)_3OH$。当天然水通过阳离子交换树脂时，水中的阳离子如 Ca^{2+}、Mg^{2+}、Na^+ 等被树脂吸附，发生如下的交换反应：

$$2R{-}SO_3H + Ca^{2+} \Longrightarrow (R{-}SO_3)_2Ca + 2H^+$$
$$R{-}SO_3H + Na^+ \Longrightarrow R{-}SO_3Na + H^+$$
$$2R{-}SO_3H + Mg^{2+} \Longrightarrow (R{-}SO_3)_2Mg + 2H^+$$

从阳离子交换树脂流出的水再通过阴离子交换树脂时，水中的 Cl^-、SO_4^{2-}、CO_3^{2-} 等阴离子被树脂吸附，并发生如下的交换反应：

$$R{-}N(CH_3)_3OH + Cl^- \Longrightarrow R{-}N(CH_3)_3Cl + OH^-$$
$$2R{-}N(CH_3)_3OH + SO_4^{2-} \Longrightarrow [R{-}N(CH_3)_3]_2SO_4 + 2OH^-$$
$$2R{-}N(CH_3)_3OH + CO_3^{2-} \Longrightarrow [R{-}N(CH_3)_3]_2CO_3 + 2OH^-$$

经过阳离子交换树脂交换出的 H^+ 与经过阴离子交换树脂交换出的 OH^- 结合得到去离子水：

$$H^+ + OH^- \Longrightarrow H_2O$$

由于在离子交换树脂上进行的反应是可逆的，从两个交换反应方程式可以看出，当水样中 H^+ 或 OH^- 浓度不断增加时，不利于交换反应进行。所以只用阳离子交换柱和阴离子交换柱串联起来制得的水，往往仍含有少量的杂质离子。要进一步提高水的纯度，可再串接一套阳、阴离子交换柱，经多级交换处理，水质更纯。离子交换树脂的交换量是一定的，使用到一定程度后即失效。失效的阳、阴离子交换树脂可分别用稀 HCl、稀 NaOH 溶液再生。

2. 纯水的检验

纯水的检验有物理方法和化学方法两类。水是弱电解质，水中杂质离子越少，水的纯度越高，其导电能力越弱。测定水的电导率，即可判断水的纯度。25℃各种水样的电导率值范围为自来水 $5.3 \times 10^{-4} \sim 5.0 \times 10^{-3} \, S \cdot cm^{-1}$，去离子水 $1.0 \times 10^{-6} \sim 5.0 \times 10^{-5} \, S \cdot cm^{-1}$，蒸馏水 $6.3 \times 10^{-7} \sim 2.8 \times 10^{-6} \, S \cdot cm^{-1}$。

也可以用化学方法对水样中 Mg^{2+}、Ca^{2+}、SO_4^{2-}、Cl^- 等离子进行定性鉴定。在 pH 值约为 8～11 的溶液中，用铬黑 T 检验 Mg^{2+}，若有 Mg^{2+} 存在，则与铬黑 T 形成酒红色的配合物。在 pH>12 的溶液中，用钙指示剂检验 Ca^{2+}，若有 Ca^{2+} 存在，则与钙指示剂形成红色配合物。Cl^- 和 SO_4^{2-} 分别用 $AgNO_3$ 溶液和 $BaCl_2$ 溶液鉴定。

三、实验用品

仪器：电导率仪，烧杯，阳离子交换柱，阴离子交换柱，阳离子和阴离子混合柱，pH试纸，试管。

试剂：1mol·L^{-1} HNO$_3$，2mol·L^{-1} NaOH，2mol·L^{-1} NH$_3$·H$_2$O，0.1mol·L^{-1} AgNO$_3$，1mol·L^{-1} BaCl$_2$，铬黑T（固体），钙指示剂（固体）。

四、实验步骤

1. 离子交换装置的制作

离子交换装置由三根离子交换柱串联组成。装置的流程为：自来水→阳离子交换柱→阴离子交换柱→阴、阳离子交换柱→去离子水。如图7-1所示，第一根柱子中装阳离子交换树脂，第二根柱子中装阴离子交换树脂，第三根柱子中装混合均匀的阴、阳离子交换树脂。柱子底部垫有玻璃纤维，以防止树脂颗粒掉出柱外。向柱中装入去离子水至交换柱的1/3高，排除柱下部和玻璃棉中的空气。将处理好的树脂混合后与水一起加入交换柱中，与此同时打开交换柱下端的夹子，让水缓慢流出（水流的速度不能太快，防止树脂露出水面），使树脂自然沉降。

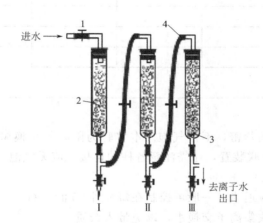

图7-1 离子交换装置示意图

Ⅰ—阳离子交换柱；Ⅱ—阴离子交换柱；Ⅲ—阴、阳离子交换柱；
1—螺旋夹；2—树脂；3—玻璃纤维；4—乳胶管

在装填过程中一定要填实，不能让柱子内部出现空洞或者气泡，出现以上情况可以拿玻璃棒伸入树脂内部捣实。装柱完毕后，在树脂层上盖一层玻璃棉，以防加入溶液时把树脂冲起。

2. 去离子水的制备

自来水依次流入阳离子交换柱（Ⅰ）、阴离子交换柱（Ⅱ）及混合交换柱（Ⅲ），控制水流速度为每分25～30滴。让流出液流出20mL以后，收集各部位的产品检验。

3. 水质的检验

取自来水和制备得到的去离子水，分别进行如下检测。

（1）电导率的测定 每次测定前，都要先后用蒸馏水和待测水样冲洗电导电极，并用滤纸吸干，再将电极浸入水样中，务必保证电极头的铂片完全被水浸没，然后按照教材4.4

"电导率仪"的说明进行操作。

(2) 离子的定性检验

① Ca^{2+}：分别取自来水和去离子水 1mL 于试管中，各加入 1 滴 $2mol \cdot L^{-1}$ NaOH 溶液，再加入少许钙指示剂，比较两支试管溶液颜色。

② Mg^{2+}：分别取自来水和去离子水 1mL 于试管中，各加入 1 滴 $2mol \cdot L^{-1}$ 氨水，再加入少许铬黑 T，比较两支试管溶液颜色。

③ Cl^- 检验：分别取自来水和去离子水 1mL 于试管中，各加 4 滴 $1mol \cdot L^{-1}$ HNO_3 溶液，再滴入 3 滴 $0.1mol \cdot L^{-1}$ $AgNO_3$ 溶液，观测两支试管中有无沉淀产生。

④ SO_4^{2-} 的检验：分别取自来水和去离子水 1mL 于试管中，各滴入 1 滴 $1mol \cdot L^{-1}$ $BaCl_2$ 溶液，观测两支试管中有无沉淀产生。

五、实验记录与结果处理

测试水样	电导率/$\mu S \cdot cm^{-1}$	检验现象			
		Ca^{2+}	Mg^{2+}	SO_4^{2-}	Cl^-
自来水					
阳离子柱流出水					
阴离子柱流出水					
去离子水					

结论：_____。

六、注意事项

1. 装柱时，应使树脂紧密，不留气泡。本实验为阳离子交换树脂柱，阴离子树脂柱和阴、阳离子树脂混合柱串联装置，还需注意各柱的连接处应无气泡（可预先将新乳胶管充满水赶出气泡，然后再接上）。

2. 离子交换的速度应适当，一般可控制在每分钟 25 滴左右。

3. 应用清洁的容器收集离子交换水，以免带入杂质。

七、思考与讨论

1. 列举出至少 3 种不能用离子交换法去除的水中杂质。

2. 为什么要先让流出液流出 20mL 以后，才能开始收集产品检验？

3. 装柱时为什么要赶净柱中的气泡？

4. 为什么可用测量水样的电导率来检查水质的纯度？

5. 现有下列无色、浓度均为 $0.01mol \cdot L^{-1}$ 的葡萄糖溶液、氯化钠溶液、乙酸溶液和硫酸钠溶液，能否用测量电导率的方法进行区别？

6. 需制备的水为什么先经过阳离子交换树脂处理，后经过阴离子交换树脂处理？反过来是否可以？

八、注释

【1】离子交换树脂的选择和处理：

a. 阴、阳离子交换树脂的粒度一般在 16～50 目之间。

b. 新树脂在使用前必须进行预处理，以除去树脂中的杂质，并将树脂转变成 H^+ 型和 OH^- 型。

阳离子交换树脂的预处理方法是：将树脂用清水漂洗，直到排水清晰为止，用纯水浸泡 4h 后，再用

5%的 HCl 溶液浸泡 4h，适当搅拌，然后，将溶液排尽，以纯水反复洗至pH=3~4为止。

阴离子树脂的预处理方法与上述程序基本相同，只是以 5%NaOH 溶液代替 HCl 溶液。取后用纯水洗至 pH=8~9 为止。

c. 用过的树脂必须进行再生，以恢复树脂的交换能力。阳离子交换树脂用 5%HCl 溶液浸泡约半小时，再以纯水洗至 pH=3~4。阴离子交换树脂用 5%NaOH 浸泡 1h，再以纯水洗至 pH=8~9 即可。

d. 混合树脂需在分离后按阴、阳离子交换树脂分别再生。分离通常是利用树脂的密度不同，在容器中使用反冲洗的方法。

实验三十九　枸杞叶茶中总黄酮含量的测定

一、目的要求

1. 了解紫外分光光度计的使用，学习植物中有效成分的提取方法。
2. 掌握枸杞叶茶样品的处理方法及枸杞叶茶中总黄酮含量的测定。

二、实验原理

枸杞叶中含有丰富的多酚类物质，主要为单宁类、酚酸类及黄酮类。这些多酚类物质均有很强的抗氧化能力，能够增强人体的免疫功能，起到抗衰老的作用。枸杞叶中的黄酮类物质主要是黄酮、黄烷酮及黄烷醇类，其含量在 15%左右，其中仅黄烷醇类的儿茶素、表儿茶素、没食子儿茶素、表没食子儿茶素、儿茶素没食子酸酯、表儿茶素没食子酸酯、没食子儿茶素没食子酸酯及表没食子儿茶素没食子酸酯等八种的含量就是枸杞叶干重的 8%。

目前黄酮的含量测定方法有多种，如紫外区直接测定法（不同峰位）、液相色谱法、荧光法、化学发光法、紫外分光光度法等，本实验采用索氏提取法提取宁夏枸杞叶茶的黄酮，用紫外可见分光光度法测定总黄酮含量。

三、实验用品

仪器：紫外可见分光光度计，电热套，容量瓶，索氏提取器。

试剂：芦丁对照品（纯度≥95%）、乙醇、三氯化铝、乙酸、乙酸钠均为优级纯或分析纯，实验用水为去离子水，枸杞叶茶为市售。

四、实验步骤

1. 对照品溶液的配制

准确称取干燥的芦丁对照品 5mg，用 50%乙醇溶解并定容至 50mL 容量瓶中，摇匀即得浓度为 $0.1mg \cdot mL^{-1}$ 的标准溶液。

2. 最大吸收波长的测定

准确称取 $0.1mg \cdot mL^{-1}$ 的芦丁标准溶液 4.00mL 于 25mL 容量瓶中，加 1.5% $AlCl_3$ 8mL 及乙酸-乙酸钠缓冲溶液 4mL，用 50%乙醇溶液定容至刻度，摇匀静置 0.5h。以空白试验为参比，在波长 390~440nm 区间测定吸光度，每隔 5nm 测定一次吸光度，在最大吸收峰附近每隔 2nm 测定一次吸光度，以波长为横坐标，吸光度为纵坐标绘制吸收曲线，找出最大吸收波长。

3. 标准曲线的绘制

准确量取标准溶液 0.00mL、2.00mL、3.00mL、4.00mL、5.00mL、6.00mL、7.00mL 分别置于 25mL 容量瓶中，分别加 1.5% $AlCl_3$ 8mL 及乙酸-乙酸钠缓冲溶液 4mL，用 50%

乙醇定容至刻度，摇匀静置 0.5h，以空白试验为参比在波长 415nm 处测定吸光度。以吸光度为纵坐标，芦丁溶液为横坐标，绘制标准曲线。

4. 样品中总黄酮含量的测定

准确称取 1.0g 枸杞叶茶，置于索氏提取器中，加 50％乙醇 80mL，加热回流至无色。提取液用 50％乙醇定容至 100mL，摇匀即为样品溶液。吸取样品溶液 3.00mL，置于 25mL 容量瓶中，分别加 1.5％ $AlCl_3$ 8mL 及乙酸-乙酸钠缓冲溶液 4mL，用 50％乙醇定容至刻度，摇匀静置 0.5h，以空白试验为参比在波长 415nm 处测定吸光度。根据标准曲线计算枸杞叶茶中总黄酮的含量。

实验四十　碘酸铜溶度积的测定

一、目的要求

1. 进一步掌握无机化合物制备的基本操作技术。
2. 通过实验，加深对溶度积概念的理解。
3. 了解分光光度法测定溶度积常数的原理和方法。
4. 进一步掌握吸收曲线和工作曲线的绘制。

二、实验原理

碘酸铜是难溶强电解质，在其饱和水溶液中，存在着下列平衡：

$$Cu(IO_3)_2(s) \rightleftharpoons Cu^{2+} + 2IO_3^-$$

在一定温度下，难溶强电解质碘酸铜的饱和溶液中，有关离子的浓度（确切地说应是活度）的乘积是一个常数。

$$K_{sp}^{\ominus} = c(Cu^{2+})c^2(IO_3^-)$$

式中，$K_{sp}^{\ominus}$ 称为溶度积常数，它和其他平衡常数一样，随温度的不同而改变。因此，如果能测得在一定温度下碘酸铜饱和溶液中的 $c(Cu^{2+})$ 和 $c^2(IO_3^-)$，就可以求共出该温度下的 K_{sp}。

本实验是由硫酸铜和碘酸钾作用制备碘酸铜饱和溶液，然后利用饱和溶液中的 Cu^{2+} 与过量 $NH_3 \cdot H_2O$ 作用生成深蓝色的配离子 $[Cu(NH_3)_4]^{2+}$，这种配离子对波长 600nm 的光具有强吸收，而且在一定浓度下，它对光的吸收程度（吸光度 A）与溶液浓度成正比。因此，由分光光度计测得碘酸铜饱和溶液中 Cu^{2+} 与 $NH_3 \cdot H_2O$ 作用后生成的 $[Cu(NH_3)_4]^{2+}$ 溶液的吸光度，利用工作曲线并通过计算就能确定饱和溶液中 $c(Cu^{2+})$。

利用平衡时 $c(Cu^{2+})$ 与 $c(IO_3^-)$ 的关系，就能求出碘酸铜的溶度积 $K_{sp}^{\ominus}$。

三、实验用品

仪器：722N 型分光光度计，电子天平，烧杯，50mL 容量瓶，2mL 吸量管，20mL 移液管，漏斗。

试剂：$CuSO_4 \cdot 5H_2O$ 固体，KIO_3 固体，$0.100 mol \cdot L^{-1}$ $CuSO_4$ 标准溶液，50％ $NH_3 \cdot H_2O$（体积分数）。

四、实验步骤

1. $Cu(IO_3)_2$ 固体的制备

用 2.0g $CuSO_4 \cdot 5H_2O$ 和 3.4g KIO_3 与适量水反应制得 $Cu(IO_3)_2$ 沉淀，用去离子水洗

涤沉淀至无 SO_4^{2+} 为止。

2. $Cu(IO_3)_2$ 饱和溶液的制备

将上述制得的 $Cu(IO_3)_2$ 固体配制成 80mL 饱和溶液。用干的双层滤纸将饱和溶液收集于一个干燥的烧杯中。

3. 工作曲线的绘制

分别吸取 0.40mL、0.80mL、1.20mL、1.60mL 和 2.00mL 0.100mol·L^{-1} $CuSO_4$ 溶液于 5 个 50mL 容量瓶中，各加入 50% 的 $NH_3·H_2O$ 4mL，摇匀，用去离子水稀释至刻度，再摇匀。

以去离子水作参比液，选用 1cm 比色皿，选择入射光波长为 600nm，用分光光度计分别测定各号溶液的吸光度。以吸光度为纵坐标，相应 Cu^{2+} 浓度为横坐标，绘制工作曲线。

4. 饱和溶液中 Cu^{2+} 浓度的测定

吸取 20.00mL 过滤后的 $Cu(IO_3)_2$ 饱和溶液于 50mL 容量瓶中，加入 50% 的 $NH_3·H_2O$ 4mL，摇匀，用水稀释至刻度，再摇匀。按上述测工作曲线同样条件测定溶液的吸光度。根据工作曲线求出饱和溶液中的 $c(Cu^{2+})$。

五、数据记录及结果处理

1. 不同浓度 Cu^{2+} 标准溶液的吸光度

编号	1	2	3	4	5
$V(CuSO_4)$/mL	0.40	0.80	1.20	1.60	2.00
相应的 $c(Cu^{2+})$/mol·L^{-1}					
吸光度 A					

2. 绘制工作曲线，根据 $Cu(IO_3)_2$ 饱和溶液吸光度，通过工作曲线求出饱和溶液中 Cu^{2+} 浓度，计算 $K_{sp}^{\ominus}$。

六、注意事项

1. 比色皿中溶液不要倒太多，距离上边缘 1cm，外壁擦干。
2. 用坐标纸作图。
3. 制备 $Cu(IO_3)_2$ 饱和溶液时，过滤用干的双层滤纸。

七、思考题

1. 怎样制备 $Cu(IO_3)_2$ 饱和溶液？如果 $Cu(IO_3)_2$ 溶液未达饱和，对测定结果有何影响？
2. 假如在过滤 $Cu(IO_3)_2$ 饱和溶液时有 $Cu(IO_3)_2$ 固体穿透滤纸，将对实验结果产生什么影响？

实验四十一　乙酰水杨酸的制备及含量测定

一、目的要求

1. 学习乙酰水杨酸的制备及纯化方法。
2. 掌握用返滴定法测定乙酰水杨酸的含量。

二、实验原理

乙酰水杨酸又名阿司匹林，有退热、镇痛、抗风湿等作用，是从3500年前"柳树皮（其中含水杨酸）可以止痛"发展而来的药物，自1899年由Bayer公司投入市场至今已有将近120年的历史。由阿司匹林（aspirin）、非那西汀（phenacetin）、咖啡因（caffeine）配成的复方阿司匹林（APC）为市面上使用最广泛的复方解热止痛药。1980，科学家们共同确认了阿司匹林具有抗血小板的聚集作用，阿司匹林在心血管疾病（如心肌梗死、脑血栓）的预防与治疗方面发挥着越来越重要的作用。

阿司匹林的产生历史是医药发展史上新药研发成功的典范，即开始都是以植物的粗提取物或以民间药物出现，再由化学家分离出其中的活性成分，测定其结构并加以改造，结果制得了比原来更好的药物。

乙酸酐和水杨酸（邻羟基苯甲酸）作用可得乙酰水杨酸，由于水杨酸中的羟基、羧基形成分子内氢键，反应必须加热到150～160℃。但若加入少量浓硫酸或浓磷酸等来破坏氢键，反应温度也可降到75～85℃，而且副产物也会减少。

$$\text{水杨酸} + (CH_3CO)_2O \xrightarrow{H^+} \text{乙酰水杨酸} + CH_3COOH$$

反应所得的粗产物中存在的杂质是裹挟在晶体内部的酸及少量的水杨酸。水杨酸的存在是由于乙酰化反应不完全，或者由于产物在分离步骤中水解造成的。粗产品可用3∶10的乙醇-水溶液重结晶。

乙酰水杨酸是有机弱酸（$pK_a = 3.0$），其含量的测定可采用两种方法：

（1）直接滴定法：在95%乙醇溶液中，以酚酞为指示剂，用NaOH标准溶液滴定。

（2）返滴定法：加入过量的NaOH标准溶液，加热一段时间使乙酰基水解完全。再用HCl标准溶液回滴过量NaOH（碱液在受热时易吸收CO_2，用酸回滴定时会影响测定结果，故需要在同样条件下进行空白校正），以酚酞为指示剂，滴定至溶液由红色变为接近无色（或恰褪至无色）即为终点，此时，pH=7～8。在这一滴定反应中，总的反应结果是1mol乙酰水杨酸消耗2mol NaOH（酚羟基pK_a约为10，NaOH溶液与酚反应生成钠盐，加酸，pH<10时，酚又游离出）。

$$\text{乙酰水杨酸} + 3NaOH \longrightarrow \text{水杨酸钠盐} + CH_3COONa + H_2O$$

$$\text{水杨酸钠盐} + HCl \longrightarrow \text{水杨酸钠} + NaCl$$

总反应：

$$\text{乙酰水杨酸} + 2NaOH \longrightarrow \text{水杨酸钠} + CH_3COONa + H_2O$$

$$NaOH + HCl == NaCl + H_2O$$

三、主要物料及产物的物理常数

主要物料及产物的物理常数见表7-2。

表 7-2 主要物料及产物的物理常数

化合物	分子量	相对密度	熔点/℃	沸点/℃	溶解度/(g/100mL 溶剂)		
					水	乙醇	乙醚
乙酸酐	102.09	1.08	−73.1	139	水解	溶	∞
水杨酸	138.12	1.44	159	211(2.66kPa)	微溶	易溶	易溶
乙酰水杨酸	180.17	1.35	136～140	321	溶(热)	溶	微溶

四、实验用品

仪器：试管，烧杯，锥形瓶，抽滤装置，热过滤装置，电热套，称量瓶，电子天平，水浴锅，移液管，表面皿，容量瓶。

试剂：水杨酸，乙酸酐，浓硫酸，95％乙醇，0.3mol·L^{-1} NaOH 标准溶液（已知准确浓度），0.1mol·L^{-1} HCl 标准溶液（已知准确浓度），酚酞指示剂，2g·L^{-1} 乙醇溶液，FeCl$_3$ 溶液。

五、实验步骤

实验流程图如图 7-2 所示。

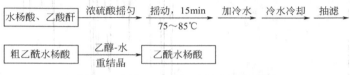

图 7-2 制备乙酰水杨酸的实验流程图

1. 粗产品的制备

在一大试管中加入干燥水杨酸 2.8g（0.02mol）[1]、新蒸的乙酸酐 6mL（0.06mol）、6 滴浓硫酸，充分振荡。将试管置于 80～85℃的水浴中[2]，在经常摇动下加热 15min 后取出。稍冷，在不断搅拌下将反应物倒入盛有 20mL 冷水的小烧杯中，用 10mL 冷水淋洗试管，淋洗液并入烧杯[3]，冰水浴冷却 15min 后抽滤，冷水洗涤[4]，抽干得到乙酰水杨酸粗产品。

2. 粗产品的精制

将粗产品转至一干净的小锥形瓶中，加入 30mL 体积比为 3∶10 的乙醇-水溶液，水浴加热，若有少量不溶解，继续添加少量溶剂至完全溶解[5]。趁热过滤，冰水浴冷却滤液，即有细粒状结晶析出[6]。等结晶完全析出后抽滤，用少量乙醇-水溶液洗涤结晶，干燥，得到无色晶体状乙酰水杨酸，称重，计算产率。

3. 产物分析[7]

在 2 支试管中分别放置 0.05g 水杨酸和本实验制得的乙酰水杨酸，加入 1mL 乙醇使晶体溶解。然后在每个试管中加入几滴 FeCl$_3$ 溶液，观察现象，以确定产物中是否有水杨酸存在。

4. 乙酰水杨酸含量测定

（1）直接滴定法 准确称取自制的乙酰水杨酸 2 份，每份约 0.25g，分别置于 250mL

锥形瓶中,加入 25mL 95%乙醇(已调至对酚酞指示剂显中性),摇动使其溶解。向其中加入适量酚酞指示剂,用 NaOH 标准溶液滴定至出现微红色,30s 不变色为终点(在不断摇动下较快地进行滴定),根据消耗 NaOH 标准溶液的体积,计算乙酰水杨酸的质量分数(%)。

(2) 返滴定法 准确称取约 0.5g 左右自制乙酰水杨酸于干燥的 100mL 烧杯中,用移液管准确加入 50.00mL 0.3mol·L^{-1} NaOH 标准溶液后,盖上表面皿,轻摇几下,水浴加热 15min,迅速用流水冷却(防水杨酸挥发、防热溶液吸收空气中的 CO_2),将烧杯中的溶液定量转移至 100mL 容量瓶中,用去离子水稀释至刻度线,摇匀。

准确移取上述试液 20.00mL 于 250mL 锥形瓶中,加入 2 滴酚酞指示剂,用 0.1mol·L^{-1} HCl 标准溶液滴至红色刚刚消失即为终点。根据所消耗的 HCl 溶液的体积计算乙酰水杨酸的质量分数(%)。乙酸水杨酸的红外光谱图见图 7-3。

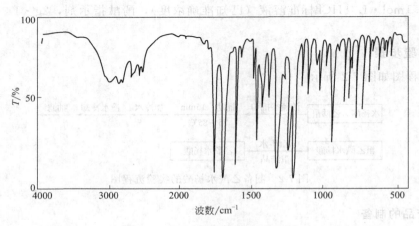

图 7-3 乙酰水杨酸的红外光谱图

六、数据记录与结果处理

滴定序号		1	2	3
$m_{乙酰水杨酸}$/g				
c_{NaOH}/mol·L^{-1}				
V_{NaOH}/mL				
$V_{试液}$/mL				
c_{HCl}/mol·L^{-1}				
消耗 HCl 体积 /mL	初读数			
	终读数			
	V			
$w_{乙酰水杨酸}$/%				
$\overline{w}_{乙酰水杨酸}$/%				
$\overline{d}_R$/%				

七、思考与讨论

1. 制备乙酰水杨酸时,为什么要使用干燥的仪器?
2. 乙酰水杨酸在沸水中受热时,分解得到一种溶液,对三氯化铁试验呈阳性,试解释之,并写出反应方程式。
3. 返滴定法测定乙酰水杨酸含量时,为什么1mol乙酰水杨酸消耗2mol NaOH,而不是3mol NaOH?回滴后的溶液中,水解产物的存在形式是什么?

八、注释

【1】乙酸酐遇水分解,所以实验所用仪器都需干燥。
【2】反应温度不宜过高,否则将会增加副产物的生成。水浴温度与试管反应液的温度约差5℃左右,控制水浴温度为80～85℃,可使反应在75～80℃左右进行。
【3】可能有白色油状物出现,须不断搅拌,冷却充分,使油状物全部转化成固体。
【4】由于乙酰水杨酸微溶于水,所以洗涤结晶时,用水量要少,温度要低,以减少产品损失。
【5】如有油状物出现,应补加溶剂,直到加热后油状物消失,注意加热时间不宜过长,水浴温度控制在90℃以下,以防乙酰水杨酸受热分解。
【6】若放置让其自然冷却,可得针状结晶,但耗时较长,一般需放置过夜。
【7】与大多数酚类化合物一样,水杨酸可与$FeCl_3$形成深色配合物,而乙酰水杨酸因酚羟基已被酰化,不再与$FeCl_3$发生颜色反应,因而未作用的水杨酸很容易被检出。

实验四十二 燃料油酸值的测定

一、目的要求

1. 了解燃料油酸值的测定原理和方法。
2. 学习从非水溶剂中抽提待测组分。
3. 了解指示剂碱性蓝的配制方法及滴定终点的判断。

二、实验原理

中和1g燃料油中的酸性物质所需的氢氧化钾的毫克数称为石油产品的酸值。用乙醇将试样中的酸性物质在沸腾情况下抽出后,用氢氧化钾-乙醇溶液滴定,反应可以表示为:

$$RCOOH + KOH \longrightarrow RCOOK + H_2O$$

用碱性蓝作指示剂,当乙醇层由蓝色变为浅红色即为终点。根据消耗氢氧化钾乙醇溶液的体积,按下式计算酸值。

$$酸值 = \frac{c_{KOH} V_{KOH} M_{KOH}}{m_{试样}} \tag{7-4}$$

三、实验用品

仪器:托盘天平,球形回流冷凝管,锥形瓶,微量滴定管。
试剂:95%乙醇,0.05mol·L^{-1}氢氧化钾-乙醇溶液,碱性蓝6B-乙醇溶液【1】。

四、实验步骤

用托盘天平称取试样8～10g于一洁净、干燥的锥形瓶中。
将50mL 95%乙醇加入另一洁净、干燥的锥形瓶中,装上回流冷凝管,在不断摇动下将95%乙醇煮沸约5min【2】。加入0.5mL碱性蓝6B-乙醇溶液,加入氢氧化钾-乙醇溶液至溶液由蓝色变为浅红色【3】。将此溶液转入盛有试样的锥形瓶中,装上回流冷凝管,不断摇动下,将溶液煮沸 5min。

在煮沸的混合液中加入 0.5mL 碱性蓝 6B-乙醇溶液,趁热用 0.05mol·L^{-1}氢氧化钾-乙醇溶液滴定【4】,至乙醇层由蓝色变为浅红色为滴定终点。记下消耗氢氧化钾-乙醇溶液的体积。平行滴定三份。计算试样的酸值,以 mgKOH·g^{-1}表示。

五、数据记录与结果处理

测定次数		1	2	3
$m_{试样}$/g				
消耗 KOH 体积/mL	初读数			
	终读数			
	V			
酸值				
酸值平均值				
$\overline{d}_R$/%				

六、注释

【1】准确称取碱性蓝 6B 1.000g,将其放入 50mL 煮沸的 95%乙醇溶液中,水浴回流 1h。冷却后过滤。

【2】煮沸的目的是除去溶于其中的二氧化碳。

【3】若未经中和已呈红色的乙醇溶液,用以测酸值较小的试样时,可先用 0.05mol·L^{-1}稀盐酸中和乙醇溶液使其恰好呈微酸性,然后按上述步骤用氢氧化钾-乙醇溶液中和,至溶液由蓝色变为浅红色。

【4】每次滴定过程中,从锥形瓶停止加热到滴定达终点,时间不要超过 3min。

实验四十三 明矾晶体的制备及 Al 含量测定

一、目的要求

1. 巩固溶解、过滤、结晶等无机制备的基本操作。
2. 掌握复盐晶体的制备方法,学习溶液中培养晶体的原理和技能。
3. 掌握明矾产品中 Al 含量的测定方法。

二、实验原理

1. 明矾晶体的实验制备原理

铝屑溶于浓氢氧化钾溶液,可生成可溶性的四羟基合铝(Ⅲ)酸钾,用稀 H_2SO_4 调节溶液的 pH 值,将其转化为氢氧化铝,氢氧化铝溶于硫酸,溶液浓缩后经冷却出现较小的同晶复盐明矾 [$KAl(SO_4)_2·12H_2O$]。小晶体经过数天的培养以大块晶体结晶出来。制备中的化学反应如下:

$$2Al+2KOH+6H_2O == 2K[Al(OH)_4]+3H_2\uparrow$$

$$2K[Al(OH)_4]+H_2SO_4 == 2Al(OH)_3\downarrow+K_2SO_4+2H_2O$$

$$2Al(OH)_3+3H_2SO_4 == Al_2(SO_4)_3+6H_2O$$

$$Al_2(SO_4)_3+K_2SO_4+24H_2O == 2KAl(SO_4)_2·12H_2O$$

2. 明矾产品中 Al 含量的测定原理

由于 Al^{3+}容易水解,与 EDTA 反应较慢,且对二甲酚橙指示剂有封闭作用,故一般采用返滴定法测定。调节溶液的 pH＝3～4，加入准确过量的 EDTA 标准溶液，煮沸使 Al^{3+} 与 EDTA 络合完全，然后用标准 Zn^{2+} 溶液返滴定过量的 EDTA。依据下式计算明矾中 Al 的质量分数。

$$w_{Al}=\frac{[(cV)_{EDTA}-(cV)_{Zn^{2+}}]M_{Al}}{m\times\frac{25}{250}}\times100\%$$

$$w_{Al}=\frac{[(cV)_{EDTA}-(cV)_{Zn^{2+}}]M_{Al}}{m\times\frac{25}{250}}\times100\%$$

三、实验用品

仪器：烧杯，抽滤装置，表面皿，蒸发皿，玻璃棒，滤纸，循环水真空泵，分析天平，容量瓶（250mL），移液管（25mL），锥形瓶（250mL），酸式滴定管。

药品：2mol·L^{-1} HCl，6mol·L^{-1} H_2SO_4，KOH(s)，K_2SO_4(s)，易拉罐或其他铝制品（实验前充分剪碎），无水乙醇，0.02mol·L^{-1} EDTA，0.02mol·L^{-1} Zn^{2+}，0.2g·L^{-1} 二甲酚橙指示剂，20%六亚甲基四胺。

四、实验步骤

1. 明矾晶体的实验制备

将 2g 铝屑分多次加入盛有 50mL 2mol·L^{-1} KOH 溶液的烧杯中，加热至不再有气泡产生，加入去离子水，使体积约为 80mL，趁热抽滤。

将滤液转入 250mL 烧杯中，加热至沸，在不断搅拌下，滴加 6mol·L^{-1} H_2SO_4，使溶液的 pH 值为 8～9，继续搅拌煮沸数分钟。将沉淀静置陈化，减压过滤并用沸水洗涤沉淀，直到洗涤液 pH 值降至 7 左右。

将 $Al(OH)_3$ 沉淀转入烧杯，加入 20mL 6mol·L^{-1} H_2SO_4 溶液，水浴加热至沉淀完全溶解，得到 $Al_2(SO_4)_3$ 溶液。

将 $Al_2(SO_4)_3$ 溶液与 6.5g K_2SO_4 相混合，搅拌均匀，充分冷却，减压抽滤，尽量抽干，产品即为 $KAl(SO_4)_2·12H_2O$，称重，计算产率。

2. 明矾透明单晶的培养

（1）籽晶的生长和选择 根据 $KAl(SO_4)_2·12H_2O$ 的溶解度，称取 6g 自制明矾，加入 30mL 去离子水，加热溶解，然后放在不易振动的地方，烧杯口上架一玻璃棒，然后在烧杯口上盖一块滤纸，以免灰尘落下，放置一天，杯底会有小晶体析出，从中挑选出晶型完整的籽晶待用，同时过滤溶液，留待后用。

（2）晶体的生长（可课下操作） 取一根棉线，棉线上涂抹凡士林，以防结晶长在线上。用棉线把籽晶系好，缠在玻璃棒上悬吊在已过滤的饱和溶液中，观察晶体缓慢生长的过程。数天后，可得到棱角完整齐全、晶莹透明的大块晶体。

3. 明矾产品中 Al 含量的测定

准确称取 1.2～1.5g 明矾试样于 150mL 烧杯中，加水溶解，将溶液转移至 250mL 容量瓶中，加水稀释至刻度，摇匀。

移取上述稀释液 25.00mL 于锥形瓶中，调节 pH 值为 3.5，用移液管加入 20mL 0.02mol·L^{-1} EDTA 溶液，将溶液煮沸 10min，冷却至室温，加入 10mL 六亚甲基四胺调节 pH 值为 5.5，以二甲酚橙为指示剂，用 0.02mol·L^{-1} 标准 Zn^{2+} 溶液滴定至溶液由黄色变为紫红色即为终点。平行测定三份。

五、数据记录与结果处理

序号		1	2	3
m(KAl(SO$_4$)$_2$·12H$_2$O)				
滴定用去 Zn^{2+} 的体积 /mL	终读数			
	初读数			
	V			
w(Al)/%				
$\overline{w}$(Al)/%				
相对平均偏差				

六、注意事项

1. 铝质牙膏壳、铝合金易拉罐等或其他铝制品（实验前充分剪碎），废铝原材料必须清洗干净表面杂质。

2. 铝屑与 KOH 溶液反应激烈，为防止溅出，要分批加入铝屑，反应在通风橱内进行。

3. KAl(SO$_4$)$_2$·12H$_2$O 为正八面体晶形。为获得棱角完整、透明的单晶，应让籽晶（晶种）有足够的时间长大，而晶籽能够成长的前提是溶液的浓度处于适当过饱和状态。本实验通过将饱和溶液在室温下静置，靠溶剂的自然挥发来创造溶液的准稳定状态，人工投放晶种让之逐渐长成单晶。

4. 在晶体生长过程中，应经常观察，若发现籽晶上又长出小晶体，应及时去掉。若杯底有晶体析出也应及时滤去，以免影响晶体生长。

5. 测定铝含量时应仔细调节酸碱度。

七、思考与讨论

1. 复盐和简单盐及配合物的性质有什么不同？

2. 若在饱和溶液中，籽晶长出一些小晶体或烧杯底部出现少量晶体时，对大晶体的培养有何影响？应如何处理？

3. 铝的测定一般采用返滴定法或置换滴定法，为什么？

实验四十四　蛋壳中碳酸钙含量的测定

一、目的要求

1. 了解试样测定前的处理方法。
2. 掌握返滴定方式测定 Ca^{2+} 的方法。
3. 培养学生解决实际问题的能力。

二、设计提示

采用酸碱滴定法测定。查阅有关资料，设计出详细的实施方案，方案的设计要包含下面几项内容：

1. 将蛋壳处理成可以测定的溶液。

2. 实验原理、需要的实验仪器、实验试剂浓度及用量。
3. 详细的实验步骤、实验中注意的安全问题及实验中的关键点。

实验四十五　补钙制剂中钙含量的测定

一、目的要求

1. 培养学生综合考虑问题的能力，解决实际问题的能力。
2. 掌握间接滴定 Ca^{2+} 的方法。

二、设计提示

1. 采用 $KMnO_4$ 法测定试样葡萄糖酸钙。
2. 查阅有关资料，设计出详细的实施方案，设计要包含下面几项内容：
（1）测定原理，试样的处理方法，需要的仪器、试剂。
（2）详细的实验步骤，实验中的安全问题，实验中的关键点。

实验四十六　石灰石中碳酸钙含量的测定

一、目的要求

1. 巩固配位滴定法中条件控制、指示剂选择等相关知识。
2. 增加学生独立实验的机会，培养学生分析、解决问题的能力。

二、设计提示

采用配位滴定法测定石灰石中 $CaCO_3$ 的含量。查阅有关资料，设计出详细的实施方案。方案的设计要包含下面几项内容：

1. 实验原理、实验仪器、实验试剂。
2. 详细的实验步骤，实验的安全问题，实验的关键点。

实验四十七　牛乳酸度和钙含量的测定

一、目的要求

1. 了解牛乳酸度和钙含量的检测方法及其表示方法。
2. 培养学生综合考虑问题的能力，解决实际问题的能力。

二、设计提示

牛乳的酸度一般以中和 100mL 牛乳消耗氢氧化钠溶液的毫升数来表示，正常牛乳的酸度随乳牛的品种、饲料、泌乳期的不同而略有差异，但一般均在 14～18°T 之间。牛乳放置时间过长，会因细菌繁殖而致使牛乳酸度降低。因此牛乳的酸度是反映乳质量的一项重要指标。

1. 采用酸碱滴定法测定牛乳的酸度。
2. 利用酸度计测定牛乳的酸度。
3. 采用配位滴定法测定钙含量；考虑牛乳中的 Fe、Al 干扰，该如何消除。
4. 查阅有关资料，设计出详细的实施方案，设计要包含下面几项内容：
（1）测定原理，试样的处理方法，需要的仪器、试剂。
（2）详细的实验步骤，实验中的安全问题，实验中的关键点。

实验四十八 碘盐的制备及检验

一、目的要求

1. 了解食用碘盐的成分及生产步骤，掌握碘盐中 KIO_3 的测定方法。
2. 通过对 KIO_3 性质的掌握，了解正确使用碘盐的方法。

二、设计提示

查阅有关资料，设计出详细的实施方案。方案的设计包含下面几项内容：

1. 碘盐制备的方法原理，KIO_3 的化学性质，定量测定加碘盐中 KIO_3 含量的原理。
2. 实验仪器和药品、实验步骤、实验注意事项和关键点。

实验四十九 禾本植物叶子中叶绿素含量的测定

一、目的要求

1. 培养学生综合运用化学知识的能力和实验技能。
2. 掌握用分光光度法同时测定叶绿素 a 和叶绿素 b 的方法。
3. 培养学生处理、测定实际样品的能力。

二、设计提示

叶绿素 a 和叶绿素 b 微溶于水，易溶于丙酮、乙醇等有机试剂，因此可以采用有机溶剂-水体系将其从植物叶子中提取出来。

根据叶绿素的吸收光谱，在不同波长下分别测定叶绿素 a 和叶绿素 b 的吸光度。吸光度具有加和性，联立方程，可以计算出样品溶液中叶绿素 a 和叶绿素 b 各自的浓度。

1. 查阅叶绿素 a 和叶绿素 b 吸收光谱图，确定吸收波长。
2. 选定研究样品，采集样品。
3. 样品处理，给出提取叶绿素 a 和叶绿素 b 的方法、操作步骤，所用仪器、试剂及用量。
4. 写出分光光度法测定叶绿素 a 和叶绿素 b 的原理。
5. 给出样品液中叶绿素 a 和叶绿素 b 含量的计算式。
6. 实验中应注意的问题。

实验五十 天然水体水质检测

一、目的要求

1. 培养学生综合运用化学知识的能力和实验技能。
2. 明确水质监测的目的和方法，水样采集与预处理
3. 掌握滴定分析、比色分析、分光光度分析等在水质分析中的应用。

二、设计提示

水质检测是工业分析、环境检测的主要内容。要判断出水质的好坏，需要进过相当多的分析项目，每种项目测定原理及方法也相差很大。通过查找文献、资料，了解水质的一般理化指标检测，如色度、浊度、悬浮物、游离二氧化碳、pH 值、总硬度、总碱度、氯化物、硫酸盐、铁等的测定。选择分析一些项目。

1. 查阅文献及资料，熟悉水质的一般理化指标。
2. 确定水样的采集方法、水样量、深度、时间。
3. 确定测定的项目。
4. 对每一个项目提出详尽的测定方法。
5. 提供实验所需仪器、试剂清单。
6. 每个测定项目实验中应注意的问题。

实验五十一　含碘废液中碘的回收

一、目的要求

1. 培养学生绿色化学的理念。
2. 进一步掌握无机化学实验的基本操作。
3. 培养学生综合考虑问题的能力。
4. 培养学生查阅文献资料，分析解决实际问题的能力。

二、设计提示

含碘废液来源见实验十六"$I_3^- \rightleftharpoons I^- + I_2$ 平衡常数的测定"，废液的主要成分是 I_2 和 I^-。废液中的碘有多种回收方法，请按提示查阅文献设计相应方法。

首先用过滤的方法将固体碘单质过滤出来。过滤后的溶液加氧化剂以及活性炭将溶液中的 I^- 氧化为 I_2，再过滤、升华，最后回收碘。

结合以下问题查阅文献：
1. 废液过滤采用的漏斗。
2. 能氧化 I^- 的试剂很多，综合各种因素，选择合适的氧化剂。
3. 加活性炭的目的。
4. 明确溶液酸度对处理过程中哪个步骤至关重要，了解控制溶液的 pH 值的方法。
5. 升华装置。
6. 列出所需仪器、试剂，做好实验前的准备工作
7. 要充分考虑实验中可能存在的安全问题，做好相关预案。

实验五十二　虚拟仿真实验

一、目的要求

1. 学习在计算机上进行虚拟仿真实验。
2. 实现开放式教学，通过手机端进行虚拟实验的学习、练习和考核。
3. 通过虚拟仿真实验的学习，训练学生的基本操作技术、安全意识，完成实验室难于进行的实验。
4. 认识基础化学实验中的各种常用仪器；了解常用仪器的构造、使用注意事项等。
5. 克服演示实验中的危险性、避免有毒有害物质对师生身体的伤害，防止污染环境。
6. 节省实验试剂和能量的耗损；可以保证实验的成功率。

二、设计提示

实验单元主界面包括以下按钮：基本操作技术、实验原理、实验装置、实验步骤提示、实验演示等。学生可根据需要进行预习和复习实验相关内容，并可点击实验演示进行在线观看。

三、实验步骤

（一）观看基础化学实验基本操作 I

1. 观看"基础化学实验常用玻璃仪器的介绍"，说明用途。
2. 观看"玻璃仪器的洗涤和干燥"，说明玻璃仪器的洗涤方法和注意事项。
3. 观看"试剂的取用"，说明取用液体和固体试剂的方法。
4. 观看"玻璃细工"，说明切割、拉玻璃管、玻璃弯曲、拉熔点管的操作关键点与注意点。

（二）观看基础化学实验基本操作 II

1. 说明原理、方法及注意事项。
2. 学习常用有机装置的搭建。

（三）观看基础化学实验常用仪器

1. 观看离心机、启普发生器、循环水真空泵、电子天平、电磁搅拌器、电导率仪、分光光度计等仪器的使用。
2. 了解仪器构造及使用注意事项。

（四）根据要求选做若干实验

1. 中和热的测定。
2. 无水四氯化锡的制备。
3. 含铬废水的处理及水质检验。
4. s、p、d、ds 区元素的化学性质实验。
5. 尿素含氮量的测定。
6. 乙酰水杨酸的制备及含量测定。
7. 枸杞叶茶中总黄酮含量的测定。
8. 禾本植物叶子中叶绿素含量的测定。
9. 重结晶和熔点测定。
10. 萃取和蒸馏。
11. 薄层色谱和纸色谱。
12. 油脂的提取。
13. 正溴丁烷的制备。
14. 乙酸异戊酯的制备。

在要求的实验时间完成。实验分数达到要求。

附　　录

附录一　国际原子量表

序数	名称	符号	原子量	序数	名称	符号	原子量
1	氢	H	1.00794	41	铌	Nb	92.90638
2	氦	He	4.002602	42	钼	Mo	95.94
3	锂	Li	6.941	43	锝	Tc	(98)
4	铍	Be	9.012182	44	钌	Ru	101.07
5	硼	B	10.811	45	铑	Rh	102.90550
6	碳	C	12.0107	46	钯	Pd	106.42
7	氮	N	14.00674	47	银	Ag	107.8682
8	氧	O	15.9994	48	镉	Cd	112.411
9	氟	F	18.9984032	49	铟	In	114.818
10	氖	Ne	20.1797	50	锡	Sn	118.710
11	钠	Na	22.989770	51	锑	Sb	121.760
12	镁	Mg	24.3050	52	碲	Te	127.60
13	铝	Al	26.981538	53	碘	I	126.90447
14	硅	Si	28.0855	54	氙	Xe	131.29
15	磷	P	30.973761	55	铯	Cs	132.90543
16	硫	S	32.066	56	钡	Ba	137.327
17	氯	Cl	35.4527	57	镧	La	138.9055
18	氩	Ar	39.948	58	铈	Ce	140.116
19	钾	K	39.0983	59	镨	Pr	140.90765
20	钙	Ca	40.078	60	钕	Nd	144.23
21	钪	Sc	44.955910	61	钷	Pm	(145)
22	钛	Ti	47.867	62	钐	Sm	150.36
23	钒	V	50.9415	63	铕	Eu	151.964
24	铬	Cr	51.9961	64	钆	Gd	157.25
25	锰	Mn	54.938049	65	铽	Tb	158.92534
26	铁	Fe	55.845	66	镝	Dy	162.50
27	钴	Co	58.933200	67	钬	Ho	164.93032
28	镍	Ni	58.6934	68	铒	Er	167.26
29	铜	Cu	63.546	69	铥	Tm	168.93421
30	锌	Zn	65.39	70	镱	Yb	173.04
31	镓	Ga	69.723	71	镥	Lu	174.967
32	锗	Ge	72.61	72	铪	Hf	178.49
33	砷	As	74.92160	73	钽	Ta	180.9479
34	硒	Se	78.96	74	钨	W	183.84
35	溴	Br	79.904	75	铼	Re	186.207
36	氪	Kr	83.80	76	锇	Os	190.23
37	铷	Rb	85.46785	77	铱	Ir	192.217
38	锶	Sr	87.62	78	铂	Pt	195.078
39	钇	Y	88.90585	79	金	Au	196.96655
40	锆	Zr	91.224	80	汞	Hg	200.59

附录二 常用酸碱的密度、含量和浓度

试剂名称	密度 /g·mL^{-1}	质量分数 /%	浓度 /mol·L^{-1}	试剂名称	密度 /g·mL^{-1}	质量分数 /%	浓度 /mol·L^{-1}
浓硫酸	1.84	98	18	氢溴酸	1.38	40	7
浓盐酸	1.19	38	12	氢碘酸	1.70	57	7.5
浓硝酸	1.41	68	16	冰醋酸	1.05	99	17.5
浓高氯酸	1.67	70	11.6	浓氢氧化钠	1.44	约41	约14.4
浓氢氟酸	1.13	40	23	浓氨水	0.91	约28	14.8

附录三 一些弱电解质的离解常数

表1 弱酸的离解常数

酸	温度/℃	级	$K_a^{\ominus}$	$pK_a^{\ominus}$
碳酸(H$_2$CO$_3$)	25	1	4.30×10^{-7}	6.37
	25	2	5.61×10^{-11}	10.25
氢氰酸(HCN)	25		4.93×10^{-10}	9.31
氢氟酸(HF)	25		3.53×10^{-4}	3.45
氢硫酸(H$_2$S)	18	1	9.1×10^{-8}	7.04
	18	2	1.1×10^{-12}	1.96
过氧化氢(H$_2$O$_2$)	25		2.4×10^{-12}	11.62
次溴酸(HBrO)	25		2.06×10^{-9}	8.69
次氯酸(HClO)	18		2.95×10^{-3}	7.53
次碘酸(HIO)	25		2.3×10^{-11}	10.64
碘酸(HIO$_3$)	25		1.69×10^{-1}	0.77
亚硝酸(HNO$_2$)	12.5		4.6×10^{-4}	3.37
磷酸(H$_3$PO$_4$)	25	1	7.52×10^{-3}	2.12
	25	2	6.23×10^{-8}	7.21
	18	3	2.2×10^{-12}	12.67
硫酸(H$_2$SO$_4$)	25	2	1.20×10^{-2}	1.92
亚硫酸(H$_2$SO$_3$)	18	1	1.54×10^{-2}	1.81
	18	2	1.02×10^{-7}	6.91
甲酸(HCOOH)	20		1.77×10^{-4}	3.75
乙酸(HAc)	25		1.76×10^{-5}	4.75
草酸(H$_2$C$_2$O$_4$)	25	1	5.90×10^{-2}	1.23
	25	2	6.40×10^{-3}	4.19

表2 弱碱的离解常数

碱	温度/℃	级	$K_b^{\ominus}$	$pK_b^{\ominus}$
氨水	25		1.79×10^{-5}	4.75
氢氧化铍	25	2	5×10^{-11}	10.30
氢氧化钙	25	1	3.74×10^{-3}	2.43
	30	2	4.0×10^{-2}	1.40
氢氧化铝	25		9.6×10^{-4}	3.02
氢氧化银	25		1.1×10^{-4}	3.96
氢氧化锌	25		9.6×10^{-4}	3.02

附录四 危险药品的性质和管理

名称	分子式	性质	危害	存放
硫酸	H_2SO_4	强腐蚀	溅到身上引起烧伤	密封储于阴凉、干燥通风处
高氯酸（过氯酸）	$HClO_4$	强腐蚀、有毒	对皮肤、黏膜、眼睛有刺激	密封放于阴凉、避光处
氢氧化钠 氢氧化钾	NaOH KOH	强腐蚀	皮肤接触引起灼伤	放于阴凉、干燥处，如果是液体，用橡胶塞
氯酸钾 硝酸钠	$KClO_3$ $NaNO_3$	易炸、腐蚀	对皮肤、眼鼻黏膜有刺激	存于阴凉、干燥处，防震，与硫、磷、有机物、还原剂隔开
亚氯酸钠	$NaClO_2$	强腐蚀	对皮肤、黏膜有刺激	密封、与硫黄、酸、磷及油脂隔开
硝酸铵	NH_4NO_3	腐蚀、易炸、有特别臭气	有刺激性	密封放于阴凉、避光处，不可与氧化剂、还原剂、酸类共存放
金属钠 金属钾	Na K	极易燃、易爆、遇水极易炸	皮肤千万不能接触	存放在瓶内的金属钠或金属钾应完全被煤油浸没，并高出物品5～10cm。千万不要与水接触
三氧化二砷（砒霜） 亚砷酸钠 五氧化二砷（砷酸酐） 砷酸钠	As_2O_3 Na_3AsO_3 As_2O_5 $Na_3AsO_4 \cdot 12H_2O$	剧毒	可经皮肤接触、吸入蒸气和粉尘或经口进入肠胃而中毒，重者即死	密封放于干燥、通风处，五氧化二砷、亚砷酸钠应隔绝热源
氰化钠 氰化钾（山奈钾）	NaCN KCN	剧毒、易潮解、腐蚀，与氯酸盐或亚硝酸钠混合易发生爆炸	本品易经皮肤吸收中毒。皮肤伤口接触和吸入微量粉末即可中毒死亡	密封放于干燥、通风处，禁止与酸类、氯酸盐、亚硝酸钠共存一处
氢氰酸	HCN	剧毒、易挥发、易炸	通过皮肤吸收产生重烧伤，重者死亡	密封存于干燥、通风处，切忌与酸、氯酸盐、亚硝酸钠、钾共存一处
汞（水银）	Hg	毒品、极易挥发	主要由呼吸道侵入人体，中毒表现为头痛、胸痛、记忆力衰退、皮肤脓疱、糜烂、眼睑震颤，重者死亡	密封放于阴凉处，下面加水覆盖，以防蒸气。洒落地面时，捡起大液滴，再撒硫黄覆盖

续表

名称	分子式	性质	危害	存放
氯化汞	$HgCl_2$	毒品、腐蚀	中毒现象：呕吐、腹痛、肾脏显著衰变以至死亡	密封放于阴凉、干燥处，不可与酸、碱混存
硫	S	易燃，与木炭、氯酸盐或硝酸盐混合遇火即爆炸，受潮后呈现腐蚀性	吸入硫黄粉尘引起肺障碍，常接触引起皮炎	存于干燥、阴凉、通风处
赤磷（红磷）	P	易燃、易爆，与空气接触能燃烧		绝对密封于阴凉、干燥、通风处。不能与氧化剂、酸类存放一处
乙醛 乙醚 丙酮 乙醇 四氢呋喃 乙二醇	C_2H_4O $C_4H_{10}O$ C_3H_6O C_2H_6O C_4H_8O $C_2H_6O_2$	毒品、易挥发、易燃（腐蚀）	对眼鼻、呼吸道有强烈的刺激性，高浓度四氢呋喃、乙醚、乙醛蒸气对人体有麻醉作用，甚至会造成死亡	密封于阴凉通风处。库温不宜超过28℃。隔绝火源
乙酰胺	C_2H_5NO	有毒、易挥发	溅到皮肤、眼睛上引起烧伤，吸入中毒	密封于阴凉、通风处
乙酸（冰醋酸） 乙酸酐	$C_2H_4O_2$ $C_4H_6O_3$	易挥发、腐蚀、有毒 乙酸酐易燃	对眼睛、皮肤有刺激，吸入中毒	密封于干燥、阴凉处，乙酸不能冰冻
硝胺类		有毒、易挥发、极易燃	吸入中毒	存放于阴凉、干燥、通风处
砷化氢	AsH_3	剧毒	不能直接接触（使用时要戴手套、口罩、防毒眼镜，在通风柜中进行操作）	高度密封于阴凉、干燥、通风处
苯 萘 三氯甲烷	C_6H_6 $C_{10}H_8$ $CHCl_3$	毒品、易挥发、易燃	对眼睛、皮肤有刺激性，吸入中毒	密封于阴凉、通风处，远离火源
苯甲醛	C_7H_6O	低毒、易挥发、易燃易爆	对皮肤、眼睛、上呼吸道有刺激性	密封于阴凉、干燥、通风处
苯甲酸	$C_7H_6O_2$	有毒、易挥发、易燃	对皮肤、眼睛有刺激性，吸入中毒	密封于阴凉、干燥、通风处
溴	Br_2	有毒、易挥发、腐蚀	刺激眼睛、皮肤，吸入中毒	密封于阴凉、通风处
1-戊醇	$C_5H_{12}O$	易挥发、易燃、强氧化性、有毒	对呼吸道有刺激，引起头痛、咳嗽、恶心、呕吐、腹泻	密封于阴凉、通风处
甲胺 甲酸甲酯 乙胺	CH_3NH_2 $C_2H_4O_2$ $C_2H_5NH_2$	易燃、易爆、腐蚀、有毒	对皮肤和黏膜、眼睛、上呼吸道有刺激，吸入甲胺气体会引起头痛	密封于阴凉、通风处
吡啶	C_5H_5N	易燃、有毒	能麻醉中枢神经系统，对眼睛角膜，呼吸道黏膜有损害	密封于阴凉、通风处
四氯化碳	CCl_4	有毒	CCl_4液体和喷雾溅入眼内，当即流泪，灼痛引起炎症，会引起恶心呕吐、便血等全身中毒状	有效于密闭容器内，置于阴凉、通风处

附录五 常用有机溶剂的沸点、相对密度

名称	沸点/℃	相对密度 d_4^{20}	名称	沸点/℃	相对密度 d_4^{20}
甲醇	64.96	0.7914	苯	80.1	0.87865
乙醇	78.5	0.7893	甲苯	110.6	0.8669
乙醚	34.51	0.7139	氯仿	61.7	1.4832
丙酮	56.2	0.7899	四氯化碳	76.54	1.5940
乙酸	117.9	1.0492	二硫化碳	46.25	1.2632
乙酸乙酯	77.06	0.9003	硝基苯	210.8	1.2037
二氧六环	101.1	1.0337	正丁醇	117.25	0.8098

附录六 几种常用液体的折射率

物质	折射率		物质	折射率	
	15℃	20℃		15℃	20℃
苯	1.50493	1.50110	四氯化碳	1.46305	1.46044
丙酮	1.38175	1.35911	乙醇	1.36330	1.36048
甲苯	1.4998	1.4968	环己烷	1.42900	—
乙酸	1.3776	1.3717	硝基苯	1.5547	1.5524
氯苯	1.52748	1.52460	正丁醇	—	1.39909
氯仿	1.44853	1.44550	二硫化碳	1.62935	1.62546

附录七 不同温度下水的折射率

$t/℃$	n_D	$t/℃$	n_D	$t/℃$	n_D	$t/℃$	n_D
10	1.33370	18	1.33316	26	1.33242	34	1.33144
11	1.33365	19	1.33307	27	1.33231	35	1.33131
12	1.33359	20	1.33299	28	1.33219	36	1.33117
13	1.33352	21	1.33290	29	1.33208	37	1.33104
14	1.33346	22	1.33281	30	1.33196	38	1.33090
15	1.33339	23	1.33272	31	1.33182	39	1.33075
16	1.33331	24	1.33263	32	1.33170	40	1.33061
17	1.33324	25	1.33252	33	1.33157		

附录八 实验报告格式实例

例1 无机制备实验报告实例

粗食盐的提纯

一、目的要求（略）

二、实验原理（略）

三、实验用品（略）

四、实验步骤

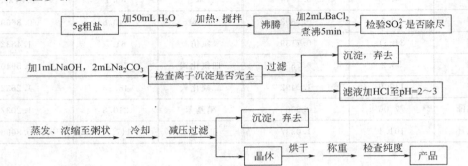

实验结果

1. 产量 __4.1g__   产率 __82%__

2. 产品纯度检验

检验项目	SO_4^{2-}	Ca^{2+}	Mg^{2+}
检验方法	HCl 2 滴,$BaCl_2$ 2 滴	HAc 呈酸性,$(NH_4)_2C_2O_4$ 3 滴	NaOH 2 滴,镁试剂 1 滴
产品	澄清	澄清	紫色
粗食盐	浑浊	浑浊	蓝色

六、思考与讨论（略）

例 2 滴定分析实验报告实例

酸碱溶液的标定

一、目的要求（略）

二、实验原理（略）

三、实验用品（略）

四、实验步骤（硼砂标定 HCl 溶液）

准确称取硼砂0.4~0.5g → 约 50mL 水溶解 → 加 2 滴甲基红 → HCl 滴定 → 溶液由黄色变橙色

五、数据记录与结果处理

项目		1	2	3
m(硼砂)/g		0.4315	0.4211	0.4526
滴定用去 HCl 体积 /mL	初读数	0.10	0.00	0.05
	终读数	20.25	19.72	21.17
	V	20.15	19.72	21.12
c(HCl)/mol·L^{-1}		0.1123	0.1120	0.1124
$\bar{c}$(HCl)/mol·L^{-1}			0.1122	
$\bar{d}_R$/%			0.1	

六、思考与讨论（略）

例 3 有机合成实验报告实例

正丁烷的制备

一、目的要求（略）

二、反应式

主反应：

$$NaBr + H_2SO_4 \Longrightarrow HBr + NaHSO_4$$

$$CH_3CH_2CH_2CH_2OH + HBr \xrightarrow{\triangle} CH_3CH_2CH_2CH_2Br + H_2O$$

副反应：

$$CH_3CH_2CH_2CH_2OH \xrightarrow[\triangle]{H^+} CH_3CH_2CH=CH_2 + H_2O$$

$$2\,CH_3CH_2CH_2CH_2OH \xrightarrow[\triangle]{H^+} (CH_3CH_2CH_2CH_2)_2O + H_2O$$

$$2NaBr + 3H_2SO_4 \xrightarrow{\triangle} Br_2 + SO_2\uparrow + 2H_2O + 2NaHSO_4$$

三、主要试剂及产物的物理常数（略）

四、实验装置图（略）

五、操作步骤、现象及解释

步骤	现象	解释
圆底烧瓶加 1.4∶1 硫酸 18mL，加 6mL n-C_4H_9OH、8g NaBr 振摇，添加沸石	不分层，许多 NaBr 未溶	正丁醇和浓硫酸反应生成盐
装冷凝管、吸收装置，电热套小火加热 40min，振摇至固体全溶	沸腾，雾状 HBr 从冷凝管上升进入气体吸收装置 液体分三层，上层由薄变厚，颜色由淡黄变橙黄；中层为橙黄色，逐渐变薄最后消失	$H_2SO_4 + NaBr \Longrightarrow HBr + NaHSO_4$ 上层为正溴丁烷，中层为硫酸氢酯，中层消失表示正丁醇转化为正溴丁烷。液体呈黄色是副反应产生的溴
冷却，改蒸馏装置，加沸石，蒸出粗产品	馏出液浑浊。粗产物完全蒸出，烧瓶残留液黄色清亮	粗产物：正溴丁烷、正丁醇、1-丁烯、水、溴化氢、二氧化硫等
粗产品：7mL 水洗。有机层：下层	除去 HBr、SO_2	
7mL 浓硫酸洗。有机层：上层	除去醇、醚、烯	醇、醚与硫酸生成盐，烯生成硫酸氢酯
7mL 水洗。有机层：下层	除酸，有机层变成乳白色	
7mL 饱和碳酸氢钠溶液洗。有机层：下层	除酸，有大量气体。两层交界处有絮状物	
7mL 水洗	除碳酸氢钠	
粗产物转入锥形瓶，加适量 $CaCl_2$ 干燥	粗产物由浑浊变透明	除去微量水及醇
产物滤入蒸馏瓶，加沸石蒸馏，收集 95～99℃ 的馏分。温度下降，停止蒸馏	95℃ 前有少量前馏分，稳定于 95～99℃	正溴丁烷沸点为 101.6℃
产物外观	无色液体，有特殊气味	

六、理论产量及产率计算（略）

七、思考讨论（略）

参 考 文 献

[1] 大连理工大学无机化学教研室. 无机化学实验. 北京: 高等教育出版社, 1990.
[2] 北京师范大学无机化学教研室, 等. 无机化学实验. 北京: 高等教育出版社, 2001.
[3] 北京大学无机化学教研室. 无机化学实验. 北京: 北京大学出版社, 1982.
[4] 刘约权, 李贵深. 实验化学 (上、下). 北京: 高等教育出版社, 1999.
[5] 王伯康. 综合化学实验. 南京: 南京大学出版社, 2000.
[6] 武汉大学. 分析化学实验. 第4版. 北京: 高等教育出版社, 2001.
[7] 北京大学分析化学组. 基础分析化学实验. 北京: 北京大学出版社, 1998.
[8] 蒋碧如, 潘润身. 无机化学实验. 北京: 高等教育出版社, 1989.
[9] 古凤才, 肖衍繁, 张明杰, 等. 基础化学实验教程. 第2版. 北京: 科学出版社, 2005.
[10] 南京大学无机及分析化学实验编写组. 无机及分析化学实验. 第4版. 北京: 高等教育出版社, 2006.
[11] 朱明华. 仪器分析. 第3版. 北京: 高等教育出版社, 2000.
[12] 胡满成, 张昕. 化学基础实验. 北京: 科学出版社, 2002.
[13] 周其镇, 方国女, 樊行雪. 大学基础化学实验（Ⅰ）. 北京: 化学工业出版社, 2000.
[14] 华东化工学院无机化学教研组. 无机化学实验. 第2版. 北京: 高等教育出版社, 1985.
[15] 南京大学化学化工学科组. 化学化工创新性实验. 南京: 南京大学出版社, 2010.
[16] 南京大学化学化工学科组. 化学化工实验课程体系和教学内容改革与建设. 南京: 南京大学出版社, 2010.
[17] 兰州大学, 复旦大学化学系有机教研室. 有机化学实验. 第2版. 北京: 高等教育出版社, 1994.
[18] 孙尔康, 张剑荣. 有机化学实验. 南京: 南京大学出版社, 2009.
[19] 赵建庄, 高岩. 有机化学实验. 北京: 高等教育出版社, 2003.
[20] 高职高专化学教材编写组. 有机化学实验. 第2版. 北京: 高等教育出版社, 2001.
[21] 曾昭琼. 有机化学实验. 第2版. 北京: 高等教育出版社, 2000.
[22] 高占先. 有机化学实验. 第2版. 北京: 高等教育出版社, 2004.